物联网与智能制造

翟建平　郑　翼　◎著

人民日报出版社
北　京

图书在版编目（CIP）数据

物联网与智能制造 / 翟建平，郑翼著. -- 北京 : 人民日报出版社，2022.11

ISBN 978-7-5115-7581-4

Ⅰ. ①物… Ⅱ. ①翟… ②郑… Ⅲ. ①物联网②智能制造系统 Ⅳ. ① TP393.4 ② TP18 ③ TH166

中国版本图书馆 CIP 数据核字 (2022) 第 219056 号

书　　名：物联网与智能制造
　　　　　WULIANWANG YU ZHINENG ZHIZAO
作　　者：翟建平　郑翼

出 版 人：刘华新
责任编辑：万方正
封面设计：好运达传媒

出版发行：人民日报出版社
社　　址：北京金台西路 2 号
邮政编码：100733
发行热线：(010) 65369527　65369509　65369512　65369846
邮购热线：(010) 65369530　65363527
编辑热线：(010) 65369521
网　　址：www.peopledailypress.com
经　　销：新华书店
印　　刷：天津钧亚印务有限公司
法律顾问：北京科宇律师事务所　010-83622312

开　　本：710mm×1000mm　1/16
字　　数：340 千
印　　张：19.25
印　　次：2023 年 4 月第 1 版　2023 年 4 月第 1 次印刷

书　　号：ISBN 978-7-5115-7581-4
定　　价：88.00 元

序言一 ▶▶▶▶ ▶▶▶

物联网在智能制造领域中的应用

物联网的发展已经有十几年的历史了，这个探索与培育的发展过程，充分说明了物联网的研究价值和应用价值。1788 年，基于蒸汽机发明了自动控制系统；1852 年，基于电力发明了通信系统；2005 年，自动控制系统与通信系统机理融合，物联网就此诞生。它正以智能感知、通信与智能计算等技术优势，迅速全面覆盖各个领域，如城市管理、智能制造、经济金融等。尤其在智能制造领域，物联网的应用不仅仅停留在制造装备单元，而是已经深入渗透到包括工厂、企业、供应链在内的整个智能制造领域。在优化供应链管理、产品质量检测、环保节能监测以及服务品质提升等方面起到重要作用，进而实现产品全生命周期自组织、自优化、自控制、自协调等功能的技术集成与优化组织生产，逐步成为提升产业竞争力的重要方式和发展方向。

在经济全球化的大背景下，物联网成为众多国家关键技术突破和产业智能转型，加速产业质的跃升的重要手段与业态。随着云计算在各行业的纵深发展，我国也提出了制造云和工业云的发展理念。从宏观上讲，就是基于物联网，将工业实体世界中的人、智能数据分析系统以及装备实体等相结合，构成赛博系统与物理系统智能协同、自主决策的优化闭环，从而实现制造过程自组织、自学习、自迭代的工艺知识推理以及生产系统自我优化、自我修复的智慧特性，进而完成低成本、高质量、多品种以及高复杂性等优化目标，实现工业的再次革命。

当今，物联网产业正进入新一代发展时期，无论是技术还是产业应用方面，都有巨大的发展空间。中国物联网产业化、智能化升级，正比肩行进在由“工业 2.0”向“工业 4.0”升级的道路上，这将是一场宏伟的物联网产业化发展的战略升级，必将带动一场深刻的经济社会变革。发展现代信息产业，核心就是发展物联网产业；推动国民经济信息化，核心就是推广应用物联网。以物联网、工业物联网为代表的信息技术在智能制造中的应用，无疑构成智能制造领域的重要工程建设与数字化管理的探索与实践，其内涵是研究和应用工业物联网以现有的技术优势，使技术内涵及应用模式更为丰富；积极应用“云大物移智链”等先进信息通信技术，探索数字化转型的新路径，提升管控能力；在基于数字化的基础上，实现精准运营，加快传统业态下生产全流程的变革与重构，为工业产品制造、应用运行、全生命周期状态等过程提供更加丰富的数据，为全方位的系统优化提供依据。以制造业为例，信息化与制造业的交融互动也使制造活动更加灵活、敏捷、智慧，进而不断提升物联网产业在国内与国际的综合竞争力。

目前，全球范围内未能充分形成实现物联网大规模应用所需的条件和市场，物联网理论研究远未跟上，仍有一系列问题需要解决，如政策、标准、安全、技术和商业模式等。发展工业物联网既是新一轮产业革命的战略，也是全球化的产业竞争。对于企业而言，重点突破和掌握传感器的核心技术，特别是高端传感器等关键核心技术的原始创新、集成创新和引进消化吸收再创新能力，积极转化和应用新科技成果；推动中国标准“走出去”，参与全球规则的制定，增加国际话语权；基于5G超大带宽、超广连接、超低时延的技术特性，创建数据驱动与柔性制造一体化物联网系统解决方案，为未来智能工厂构建一种高度灵活性、深度定制化、全面智能化的新型生产模式；场景化应用成为物联网创造价值的重要内容，借助人工智能与显示、传感等核心技术的研发与应用，确定“硬件产品＋软件平台＋场景应用”的物联网整体解决方案，从而驱动智能化应用探索向全流程、全场景智能化应用与升级发展协同推进，而使“5G+智能设备”“5G+机器视觉”“5G+AR协作”等场景得以大量应用。拓展物联网产业发展空间，深化物联网场景化应用，推进产业转型升级，加速提升物联网产业的国际竞争力。路漫漫其修远，愿诸君上下而求索！

本书基于好运达智创科技平台及团队的工程探索与实践，汇总了物联网理论研究、技术导向、运营管理应用和应用创新展望等方面的最新理论和成功案例，较完整地论述了物联网的总体技术、基础技术及若干瓶颈问题，介绍好运达智创科技平台相关产业、应用生态的成功案例，阐述工业物联网在推动企业转型、行业变革与生态提升等方面的重要意义。实践表明，好运达智创科技平台成为“中国制造

2025”背景下企业探索数字化转型与创新管理实践的一个典型范例。我非常期待并相信本书能够为读者更全面了解物联网以及为促进工业物联网更深入的研究、应用与发展提供重要的参考与全新的体验。

中国工程院院士　孙玉

2022 年 10 月

序言二 ▸▸▸▸ ▸▸▸

从“中国制造”向“中国智造”转型
铸就大国重器

物联网（Internet of Things，IoT）成为继计算机、互联网和移动通信网络之后的第三次信息技术革命，其战略重要性引发世界各国的普遍关注。作为互联网、电信网等信息网络的承载体，物联网被视为互联网的延伸和升级。物联网技术是蓬勃发展的技术，物联网运用新一代 IT 技术把物和各种形态的网络相连，形成普遍连接的新型网络，实现了人类社会与物理系统的深度融合，极大方便了人类的生产和生活，并且将能够使人类以更加精细的动态方式管理生产和生活。毋庸置疑，物联网正在给人们的生活方式带来革命性的变化，同时也正推动着新的生产力形式发生变革，将人与自然界中的各种物质紧密连接在一起，从而使得企业与客户、市场的联系更为紧密。物联网的发展广泛应用于智慧城市、智能制造、智慧环保、智慧交通、智慧物流等领域。

在互联网领域，物联网作为新一代信息技术的重要组成部分，被称为感觉神经系统。在智能制造领域，物联网作为制造业智能化的核心部分，被称为神经系统。在“工业 4.0”的趋势下，工业物联网改变了传统自动化技术中被动的信息收集方式，推进智能工厂的数字化管理，是发展智能制造的重要突破口，也是推进“互联网 +”、“工业 4.0”及智慧城市、“中国制造 2025”的重要基础，更是推动经济社会智能化和可持续发展的重要力量。

当前，全球发达国家陆续把物联网上升到国家发展层面，工业物联网正在成为各国经济发展和国家竞争力的重要基础。各国都将数字化物联网看作加速推进经济快速增长的有力支撑，加速推进云端物联网 + 传统制造业、边缘计算 +5G 等方面的融合创新，推动制造业优化升级，培育新模式和新业态，真正实现工业物联网为制造业数字化转型赋能。

相较而言，中国物联网产业是在全球主要国家的物联网产业迅速发展的背景下“跟进”的结果，既没有成熟技术的催生，也没有强大应用的拉动。中国有自己独有的产业特点，已经形成一定的细分市场，也有自己独特的驱动因素与阻碍因素，如在创新物联网应用模式、物联网安全关键技术及产品迭代创新、构建自身的标准和科技评价等方面仍存在相当大的差距。技术创新过程通常包括引进、消化、吸收、创新，现在看来，在引进期前还应加上调研、研讨。在日益开放的国际环境下，技术创新已成为各国增强自主创新能力和核心竞争力，争夺全球科技经济制高点的重要手段。国际经验表明：忽视技术引进、闭门造车，在时间和成本上都是不可取的；而忽视技术创新，过度依赖技术引进，又会使自身的科技发展陷入引进—落后—再引进—再落后的怪圈。只有在学习借鉴中创新，实现从消化吸收到自主创新再到成果转化的良性循环，才能加速推进物联网产业发展的加速跃升。

综上，物联网的应用范围正在随着相关支持技术的不断成熟而逐步扩大，工业制造业领域将是其重要的应用方向。工业自动化技术与物联网的互相融合，也必将成为智能制造领域的发展趋势。传统制造业的产业模式已逐渐发生根本性的变化，信息化、智能化及网络化将成为不可阻挡的趋势。通过物联网的应用，扩展传统制造业现有 IT 投资，延伸互联网价值，运用感测技术实现实时信息化，提高生产监管效率。抓住 5G ＋工业物联网带来的战略机遇，加强新型基础设施建设及场景创新，产生出更广的叠加效应、乘数效应及裂变效应，最终实现弯道超车。而作为实现制造业智能化的工业物联网，在构建的过程中需要创新持续支持，这对于中国智能制造产业来讲，是挑战更是机遇。“发展工业物联网，推进智能制造”，进一步明确工业互联网在推动制造业转型发展中的推动作用。

物联网和智能制造的深度融合发展与规划是当下我国需要重点研究和解决的战略问题之一。特别是好运达智创科技平台在对“工业 4.0”“中国制造 2025”的理论研究中发现，无论是从战略发展的视角，还是从基础理论研究或是工程技术和生产应用实践的角度来看，当前都急需一本物联网与智能制造体系方面的著作，能够从理论到实践、从技术到系统、从研究到应用，系统阐述物联网在智能制造领域的理论概念、关键技术和应用实践。基于此，好运达智创科技平台的专家团队针对物联网与智能制造产业的结合与发展，确定以“智能制造——从理论到实践之路”为主题，撰写一本覆盖战略、基础、技术和案例等方面内容的物联网与智能制造专著。好运达智创科技平台的目标是通过将好运达智创科技的智慧研发与物联网、云计算技术相融合，搭建一条信息高速公路，推动中国工业企业实现弯道超车。这也是好运达智创科技平台深耕物联网与智能制造领域，并做大做强的关键。

本书正是大家多年来从事物联网领域相关研究和实践的总结，高度凝聚了大家在长期工作中审慎思考、广泛研究、深入探索和具体实践的丰富智慧，为推进和实施物联网在智能制造领域中的应用提供全面系统的指导，是一本理论与实践并举、内容丰富而又兼具指导性的著作，力争让同人立足科学前沿，对物联网未来应用和发展前景有一个全面科学的把握，培养面向未来的物联网思维模式以及物联网开发实践能力，提高利用物联网解决实际问题的能力。

云桂铁路云南有限责任公司党委书记、总经理、副董事长　翟建平

序言三 ▸▸▸▸ ▸▸▸

推进智能制造实践之路
赋能轨道交通转型升级

在经济全球化的背景下，管理创新对于企业发展至关重要。构建运营管理与产品创新的优化闭环，优化控制成本，提升作业效率和精度、信息技术和工业化的深度融合等，已成为企业提升竞争能力的关键词。管理创新是将知识作为企业最重要的战略资源，通过组织结构改善、企业制度创新及管理方式的革新，完成管理创新，是提升核心竞争力、保证持续发展的关键。随着时代的变革，管理创新拥有了不同的内涵和外延，企业在不同的时期，面对不同的外界挑战和内部问题，从不同角度、不同层面不断进行管理创新，才能保持持久竞争优势。

在“工业 4.0”的背景下，全球科技创新加速成为企业管理创新的重要驱动力。新技术、新产业、新业态、新模式不断涌现并加速发展，以 5G、北斗等现代信息技术和前沿通信技术形成双轮驱动效应，加速产品创新及迭代演进。物联网不仅是企业转型升级重要的技术支撑，更是实现数字化和现代化转型的必然趋势。如今，物联网与移动互联网在硬件、操作系统、管理平台等领域全面融合，技术水平显著提高。物联网推动了传统工业的转型升级，加速了智能制造与智能工厂的建设步伐；与此同时，传统产业的智能化升级和消费市场的规模化兴起，推动物联网的突破创新和加速推广，在工业、农业、交通运输、智能电网等行业的应用规模日益扩展。在数字化经济席卷全球的背景下，物联网正引领整个制造业的数字化运动，它是智能制造的神经中枢，也是数字经济的灵魂所在，在面向“中国制造 2025”的转型升级中将发挥核心作用。而物联网与智能制造产业产生的化学反应和放大效应，不断推进研发设计和生产制造的变革，助推传统制造产业向智能化生产和经济管理迈进，从而衍生出新的价值体系。其体现出以下几个特征。

一是优化智能制造生产过程，物联网技术应用并贯穿于质量管理、能源管理、进度管理等各环节之中。物联网能够有效采集工艺参数、质量检测数据和进度管理数据等来自生产现场的数据，通过数据分析和反馈，在制造工艺、生产流程和质量管理乃至能源管理等具体场景中优化应用。在制造工艺应用中，物联网可对工艺参数、设备运行等数据进行分析，并对设备运行、人员操作、工艺流程提出优化方案，以取得最优工艺参数，从而提升智造品质。在生产制造环节，可提升排序、进度、物料、人员方面管理的准确性，实现生产设备自动分配；在质量管理应用中，可实现在线质量监测和异常分析，降低产品不良率，推进企业生产实现高效化、透明化和柔性化。

二是在"两化融合"背景下加速推进并优化企业管理决策。"两化融合"并非简单的企业信息化，只有围绕企业战略和核心竞争力展开的信息化活动，才能成为企业运作的基础。在企业信息化管理决策中，基于制造自动化和信息化的"两化融合"，从客户关系管理端（CRM）到制造执行端（MES），再到信息物理系统（CPS）和企业资源计划端（ERP），直通供应链（SCM）和产品生命周期管理端（PLM），形成完美的企业管理信息决策体系。物联网极大提升企业信息资源系统的正确性和实时性，为企业管理信息化发展奠定新的基础，也为优化企业管理决策提供有力支撑。

三是物联网、大数据技术的应用进一步优化产品全生命周期管理。由于工业物联网这一纽带，产品的实际应用决策、设备运行周期、材料结构及材质分析等方面的研究得以开展，通过大数据采集、筛选、建模、分析达到产品生命周期的完整信息库，为产品质量和设计提供保证；可根据实时运营的数据，提前进行检修和预测性维修，确保设备维持在健康和有效运行的良好状态。同时，通过实时采集研究设备交付后的实际使用数据，使产品优化设计过程更具物联网特性，从而更快、更优地开发迭代产品。

四是优化社会生产资源配置，构建网络化协同效应。根据企业内外需求，创新利用资源，实现生产能力全面对接，推动设计、制造、供给和服务环节同步组织和协同优化。在制造能力应用上，通过资源优化数据模型集成与评估，统计空闲产能，监测制造能力冗余，实现社会资源的有效利用。在具有个性化、差异化的制造环节，通过物联网数据采集，分析客户需求，推动生产方式向柔性化、个性化、智能化转变，进而不断催生网络化协同制造、服务型制造、智能化生产等新模式新业态，实现跨企业、跨行业乃至跨地域的网络化集成优化，更好地满足消费者对高品质的需求，从而迈进高端产业链和价值链。

五是新技术加速智能制造产业从以制造为主向服务转型。企业的生存之道就是为终端客户带来最高性价比的产品及服务。通过物联网数据采集，打造企业的新型服务系统，可以更加动态的、系统的方式追踪客户的实时需求，为客户带来全面、客观、实时的个性化体验，这预示着生产管理模式与服务全面人性化时代的到来。这些要求企业能够做出快速反应，源源不断地开发出满足客户需求的、定制的“个性化产品”去占领市场，以赢得竞争。可以说，物联网必然伴随着客户的关系重构，如何与客户共同应对企业生态环境的变化，共建产业生态圈，是时代给我们提出的新课题。目前，物联网产业进入跨界融合、集成创新和规模化发展的新阶段，物联网催生新的生态环境，为企业转型提供了新路径。一方面，物联网产品本质上不仅仅是产品或技术平台，而是促进了产品智能化，催生制造服务业，构建了客户和设备以及制造厂商信息平台的大数据库，把产品厚度、深度、广度提升到了一个崭新的层次；另一方面，物联网使得制造厂商、经销商以及客户紧密联系面对终端市场，各方利益格局及生态圈发生质的变化，这既是物联网技术突破的结果，也符合智能化、人性化、信息化发展的需要。

当前，科学规划，合理布局，推动物联网产业良性发展是重要的战略课题，也是亟待解决的问题。顺势而为，企业才能有发展。利用信息技术给企业生产经营管理全过程赋能，构建能够适应互联网时代要求的新型管理模式，企业才能与时俱进，把握创新的主动权，不断完善经济管理方式以及增添技术含量，真正成为技术创新的主体，从而走上一条适合企业自身发展的创新之路；加强协同创新，推进集群发展，进一步提升行业企业的国内与国际竞争力。而这正是我们所希望看到的未来，从而推动智能制造产业步入规范、有序的良性发展态势。在此，衷心感谢评审专家和编辑对本书的内容提出宝贵意见。

北京好运达智创科技有限公司首席执行官　郑翼

目　录

CONTENTS

第一部分　理论研究篇

第二部分　技术导向篇

第五章　基于“工业 4.0”的智能制造

第六章　工业物联网

第三部分　运营管理篇

第七章　远程智能运维，赋能全生命周期管理

第八章　构建“工业 4.0”智能工厂

第四部分　创新展望篇

第一部分
理论研究篇

第一章

物联网概述

科学技术在人类历史上的每一次进步与革新，都会给一个国家的经济及其他相关领域带来飞跃式的进步和跨越式的发展。物联网的发展也不例外。在互联网的基础上扩展和延伸出来的物联网，通过融合应用智能感知、识别技术与普适计算、泛在网络，打造了一个“物物相连的互联网”。物联网以其规模化、产业化发展持续推动生产方式和生活方式的重构与变革，为“新技术、新产业、新模式”等新型经济业态注入新内涵，成为智能制造产业变革的核心驱动和社会智能、可持续发展的基础与重要引擎。

基于物联网对国民经济信息化发展的重要推动作用，它也被视作全球经济增长新引擎。各国制定相关物联网发展战略，以抢占这一轮信息科技发展制高点。物联网与新能源、新材料等技术加速融合，成为推动世界经济可持续发展的重要动力。物联网广泛应用于各国生产、生活的各个领域，带来了巨大的市场潜力和极强的产业集群带动效应。未来物联网将朝着规模化、协同化、智能化方向发展，以应用带动产业将是全球的一大发展趋势。

本章就信息系统概念，以及第一代物联网技术发展、新一代物联网技术与产业问题进行阐述。一个具体课题总是存在于一个大环境之中，事件的来龙去脉与环境相关。深入理解和妥善解决一个具体问题，必须了解和理解与之相关的大环境，这也为“物联网及其在智能制造中的应用”这个命题做铺垫。

第一节　信息系统概论

一、国民经济信息化

（一）概念

国民经济信息化是物联网、智能电子、网络技术和全球通讯等现代科技，与国民经济宏微观经济运行相结合的产物。通过可靠、高效、低消耗的信息传递，加速技术、知识和资金等资源要素的动态配置及集成优化，从而实现物质、能源的使用效率和劳动、资本的投入产出效益趋向合理化。知识、科技和人才成为驱动信息产业发展的关键要素。

（二）内涵

1. 利用现代信息技术，装备并改造国民经济的各个领域。

2. 利用现代信息技术，提高国民经济系统运行的有效性。

3. 发展信息产业，培植新的经济增长点。

二、信息系统概念

作为新兴科学，信息系统是以处理信息流为目的的人机一体化系统，其主要任务是基于系统可维护性、网络安全性等特征，对关键环节和业务流程进行加工分析、智能处理而汇总出各种价值信息。目前学术界针对其不同角度有不同论述。

（一）从管理科学角度提出的信息系统概念

21 世纪初期（发明计算机之前），从管理科学角度提出信息系统概念；后来，统计理论、通信技术和计算机技术相互渗透，形成信息系统（Information system）领域。

（二）从通信技术引出的信息系统概念

通信系统是指支持人与人之间传递消息的电子系统。在通信系统概念基础上扩展，人、机、物之间泛在连接而进行信息整合与传输，实现数智化转型。

（三）从计算机技术引出的信息系统概念

在计算机技术领域，信息系统即以计算机系统为基础工具，构建网络、信息、资源、数据以及计算机系统等要素的优化闭环，进行信息加工、传输以及处理，从而实现软件、设备、流程优化。

（四）本书采用的信息系统概念

本书总结得出，信息系统是能够在人、机、物之间实现信息存储、加工、传输以及共享，进而有效整合、处理以及分析决策的电子系统。简单地说，信息系统是完成特定信息功能的设施整体。每一个信息系统是一套设施，例如电话系统、数据系统、传递数据、电视系统、广播电视系统等。

三、信息系统的构成和分类

（一）信息系统构成

所有信息系统的结构都可以分为两个部分。

1. 核心部分大同小异，称为信息基础设施

信息基础设施由电信网络和计算机系统组成。

2. 边缘部分各不相同，称为信息应用系统

信息应用系统由业务提供者和用户终端组成，或者由服务器和客户机组成。

（二）信息系统的分类

信息系统按应用的对象可以分为以下几类。

1. 通信系统

人与人之间进行传递信息，实现即时通信。

2. 遥控系统

人与物之间进行远程操控、动态监测和数据共享，实现无缝衔接的新型遥控交互以及智能控制。

3. 遥测系统

为物与人之间提供精准可靠的实时数据，为智能预测提供决策支撑。

4. 物联系统

物与物之间传递信息，实现整体感知、可靠传输和智能处理。

国际电信联盟（ITU）针对信息系统的说明：“系统”是“干事”的，“网络”是“垫底”的。可见，物与物之间传递信息的信息系统应该定义为“物联系统”。我国定义为“物联网”。因此，把“物联网”理解为“物联系统”就可以了。

四、我国信息产业的发展历程

从21世纪初至今，信息产业已深刻改变了世界经济格局，并已渗透到人类社会的每一个领域，将人类社会由传统工业时代推进到信息社会时代。现在，信息产业已成为全世界的主导产业，是物质经济转换为信息经济的重要标志。在新一轮技术革命与信息产业对全球经济影响逐步加深与日趋明显的背景下，信息产业必须紧紧抓住这一时期，才能为信息产业将来的发展奠定基础。现就我国信息产业的发展历程做简要阐述。

1960年前，我国信息产业一无所有。当年会修理国外电台的人，就算得上国家一流电信专家。

1960年，开始研制军用遥测系统。这是我国最早的电信科研项目。

1970年，ITU引领国际电信网络数字化。我国开始同步研制数字通信装备。

1978年，开始发展民用通信产业。首先在深圳以军转民方式开始创业。

1960—1978年，信息产业从无到有。以电子部聚集的电信技术力量为主力，配合“两弹一星”任务，肩负历史重任，历经峥嵘岁月，奠定了电子产业的最初基础。

1978—2013年，通过军转民，以民营产业为主力，推进信息产业由小到大，创造了世界奇迹，造就了以华为为代表的国内一流通信企业。

2013年，信息产业开始从大到强发展。

五、我国信息产业的发展状况

（一）通信系统产业已经成熟

1. 即将形成规模产业

物联网已成为我国近年新兴的产业，简单来说，发展现代信息产业就是发展物联网，推动国民经济信息化就是推广应用物联网。特别是在智慧城市、智能制造等领域得到普及应用，并在智能工业、智能农业、智慧物流、智能电网等领域发展较快，可望在未来几年形成规模产业。

2. 已经推广应用

目前，通信系统技术在智慧城市方面得到普及应用且发展较快，在智能制造领域的应用则逐渐从外围向核心扩展。

3. 三网运营融合问题研究解决

首先，我国将三网融合上升到政府规划层面，扩大融合试点范围；其次，在三网融合业务和产品不断拓展与丰富的基础上，开展大规模应用。同时，已由初步进行的电信企业与广电企业合作开发逐步向光纤通信、轨道交通、空间技术等领域扩展延伸。促进其在技术、网络及其支撑体系等方面的融合与创新，以广电产品为例，初步形成较为完善的信息产业链。实现装备融传输、计算、处理等功能一体化的新基础设施形态，产业规模逐步扩大演进。

4. 三网融合意义重大

基于知识和技术密集型的三网融合，能够实现整合网络资源及融合渗透，优化信息产业结构，不断孕育新业态及产业模式创新，加速推进绿色信息技术应用。信息的传播方式和通信服务由此发生根本变革。

目前，我国产业进入新结构、新动力、高质量发展的新阶段，信息产业为国民经济持续发展提供动力与支撑。加速信息技术迭代创新，持续推进产业转型升级，三网融合，在监管机制、运营管理等方面仍面临系列瓶颈问题亟待解决，需要各方面的共同努力，推进信息产业健康持续发展。

（二）信息基础设施基本完善

1. 信息基础设施基本完善

信息通信基础设施是信息化发展的重要基础和支撑，其建设和利用水平已成为衡量一个国家或地区经济发展水平、综合竞争力及现代化程度的重要指标之一。目前，我国的新一代信息技术及相关产业发展迅速，深刻改变和影响着运营模式和业务模式的重构与变革，尤其是在加快推动云、网、端等新型基础设施的大背景下，应提前布局、设计、建设和运营，突破核心芯片、软件系统、多层算力等领域的技术瓶颈，加快构建泛在物联、深度感知、实时传输、计算存储、智能处理等功能一体化的信息基础设施，同时加速构建轨道交通、可再生能源、智能建造等领域的绿色技术创新，为数字经济发展夯实技术基础，实现信息产业跨越发展。

2. 正在补充短板

从产业整体来看，我国仍然存在着行业关键技术能力缺失、国内立法保障有待优化、一些企业活力不足等问题，为此，应强化已有优势，尽快补足产业短板，积极应对各种挑战，推进我国通信信息产业进一步做强做优。一是整合产学研力量，注重打造下一代信息基础设施体系，实现核心技术的突破发展；特别是要加强基础性研究，突出关键共性技术、前沿引领技术、颠覆性技术创新，加快 5G、物联网、云计算、人工智能等领域的技术研发。二是加快共性标准、关键技术标准和重点应用标准研究，形成完善的物联网技术标准支撑体系。三是面向国内国际两个市场，探索国际化协同创新体系，有效利用全球资源推动信息技术突破和产业发展。四是提升产业发展能力，培育骨干龙头企业，发挥引领示范带动作用。

3. 重点解决网络空间安全问题

信息基础设施安全保护是网络与信息安全保障的重中之重。也是确保信息安全顺畅的重要手段。应当开展立法与战略研究，加强技术研发和标准制定，逐步提升我国在网络安全国际标准化组织中的影响力。

（三）物联系统成为新兴产业

目前，在由传统工业向新型工业转型的阶段，加大物联网技术实践和应用力度，将成为工业乃至更多行业信息化的重要突破口。

物联网场景应用碎片化、涉及多产业群，其应用范围覆盖计算机、通信、国防、交通、安防、能源、医疗、建筑、微电子等相关领域，加速推进了行业产业的快速、持续发展。

推动物联网及相关技术、产业的发展，一方面，应加快基础算法、安全信息、系统集成等技术领域的自主创新与迭代应用，培育竞争新优势；另一方面，应加快发展装备材料、芯片业、传感器以及服务应用等关键环节的突破创新，推进产业链优化升级，延伸拓展产业空间，实现信息产业高质量发展。

在未来十年内，以物联网为主导的物物互联的业务将远超以互联网为主导的人与人通信的业务，物联网将成为下一个亿万级的新兴产业。

（四）国际信息产业发展趋势

信息系统的发展重点，从通信系统到物联网系统，是国际信息产业共同的发展趋势，是信息系统的自然发展进程。总之，我国信息产业还没有形成应有的规模，相对于发达国家仍有较大的发展空间。因此，我们应当苦练内功，厚积薄发，促进信息产业发展，提高我国在国际上的竞争力。

第二节　第一代物联网发展状况

2006 年至 2015 年，我国物联网从核心技术研发、信息安全、配套产业等方面仍处于创建阶段，自 2013 年我国发布《物联网发展专项行动计划》（2013—2015）以来，产业规模化、关键环节技术创新与突破以及应用场景创新等方面取得新进展，加速推动我国第一代物联网产业。

在这十余年间，我国从创建第一代物联网产业，到 2021 年推进未来物联网新型基础设施建设，做了大量研究和基础性工作，并在物联网技术研发、标准研制、产业培育和行业应用等方面已初步具备一定基础，推进中国物联网产业步入持续、快速的良性发展轨道。

一、物联网名称的由来

（一）起源

1999 年，最早提出为全球每个物品自动识别标识，是由美国麻省理工学院阿什顿（Ashton）教授在研究无线射频识别（RFID）技术时提出，该设想结合了物品编码和电子标签，以实现对所有实体对象的唯一有效标识。Ashton 教授提出在产品物流和商品零售“物”的领域应用，其理念是基于射频识别技术和传感器网络技术的良好结合，自动采集电子标签承载对照物品的信息，加速构建全球物品的自动识别和信息交换与共享的实物互联网，从而实现人与物的“对话”和物与物的“通信”。

可见，物联网是以互联网为核心，借助 5G、光纤通信、射频识别等新技术，基于人、机、物之间互联互通及泛在连接，构建全球物体能够智能识别、实时感知、精准传递以及信息共享的实物互联网。

此概念包含两层含义：一是物联网为互联网的概念延伸和技术扩展，互联网不存在，也就没有相应的物联网；二是物联网的连接对象有了很大的变化，由各物体间信息传播与转换的广度、深度不断拓展与延伸。物联网基本特征可总结为人、机、物之间的信息交互（完成实时感知、可靠传送和智能处理）。

物联网加速渗透至智能制造的每个环节。国际电信联盟（ITU）在其发布的《ITU 互联网报告 2005 物联网》中，客观且深刻诠释了“物联网”概念。核心在于让物联网的场景创新及技术应用带来全新物联生态，需要建立一个基于物联网的端到端的泛在网络基础架构，在实现人、机、物泛在连接与信息共享的基础上，开发出方便人们使用的应用工具。

同时，由于网络空间和物理空间进行多维度相互联通与无缝衔接，软件、硬件、终端、数据库等环节能够高度集成优化，提升社会信息化程度和运行效率。以物联网为基础构建的泛在网络自然而深刻地融入人类的工业生产及智能制造中。

（二）概念界定与比较

随着5G落地推进数字产业化，物联网的场景应用及融合发展成为全球创新领域较为关注的话题。由于物联网的起源及其概念范畴等问题，未在国际上达成共识，仍存在一些值得思考的问题，各国政府、学术界和工业界人士从不同的角度进行探讨和比较，2009年，我国定义了“物联网”名称，2020年，我国网上仍在讨论什么是“物联网”。

1. 国际电信联盟标准对物联网的定义

国际电信联盟标准（ITU）对物联网的定义，即人、机、物三者间信息集成、反馈与加工评估称为“信息系统”；早期业界将人与人之间信息传输称为“通信系统”；两者的概念有些模糊不清，近年来，习惯上人们将物与物之间进行信息甄别、利用与共享称为“物联系统”。

2005年，ITU发布《ITU互联网报告2005：Internet of Things，IoT》，其中表达的意思是，“物与人、物与物之间的新通信形式诞生”；标题表达的内涵是“Internet of Things”。在ITU报告中，这种词不达意的情况屡见不鲜。

国内媒体把标题“Internet of Things”翻译成“物联网”，这里最大问题在于未能关注原文出处的实质内容。

2. 物联网由来

事实上，国内物联网产业界接连出现“又一个词不达意”这样的词句，由此产生“是系统却不能称为系统”的物联网。从本质上看，物联网是运用现代信息技术、通信感知技术以及人工智能自动化技术交叉融合、深度渗透，为信息化发展提供技术推动力。

3. 物联网到底是什么？

（1）物联网是一种物与人、物与物之间的通信方式。

（2）物联网是一类信息系统。

(3) 物联网与通信系统是并列的两种信息系统。

(4) 电信网络是物联网的组成部分。

目前，我国政府已经把“物联网”写入国家文件，出于现实考虑，可以把“物联网”理解为“物联系统”。

二、我国物联网产业的初步形成

（一）2006年，我国执行《数字家庭行动计划》

2006年，美国人比尔·盖茨建议把中国一亿部模拟电视机数字化，进而拓展成为家居网络平台的物联网体系。在工信部主持下，广东省发改委等机构实施《数字家庭行动计划》，部署研究“机顶盒”产品落地及示范应用，在推动家居家庭数字化及信息产业良性发展方面产生较好的示范效应。

（二）2009年，我国研制“家居物联网”

2009年前后，国家数字家庭应用示范产业基地在广州建设落成，从研制机顶盒延伸到“家居网络平台和多业务系统”，进而向“家居物联网”转变。加速形成清晰的技术创新、应用创新、集聚创新及持续推进产业链迈向协同发展的轨道。

（三）2013年，国家发布《物联网发展专项行动计划》（2013—2015）及物联网发展十大规划

以此为标志，物联网产业作为国家重大信息产业开始发展起来。

三、物联网的总体结构

（一）物联网构成

物联网由信息基础设施和信息应用系统组成。物联网是一种形式多样的聚合性复杂系统。网络体系结构是按照分层思想建立的，物联网也是分层结构，这种分层是按照数据的产生、传输、流动的关系对整个物联网进行划分。基于这样的思想，可以使物联网的设计者、供应商专注于自己领域内的工作，通过标准接口进行互联。如图1-1物联网总体结构。

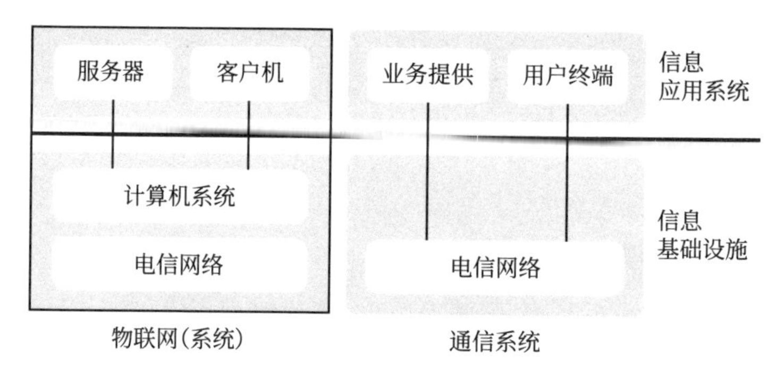

图 1-1 物联网总体结构

（二）物联网基础设施

物联网的基础设施至关重要，其由计算机系统和物联网络构成。

（三）物联网应用系统

物联网应用系统由服务器和客户机组成，服务器包括各种管理服务器和代理服务器，客户机包括各种传感器和执行机构。

四、物联网第一类拓扑结构

（一）物联网第一类拓扑结构

物联网将管理服务器与客户机相连接，构成自动控制系统。

（二）这种物联网结构涉及的知识

1. 非电测量（传感器）技术：测量按照相关规律可转换成输出信号，基于这类检测快速直观、非接触性、精度适中等特征，能够获取该物体的表参数象或数据特征。

2. 传感器种类繁多，例如，按被测量、功能原理、敏感材料、加工工艺、传感对象、应用领域分类。

3. 基础技术：自动调节原理。

4. 核心技术：多传感融合术。

五、物联网第二类拓扑结构

（一）物联网第二类拓扑结构

物联网将客户机与管理服务器配置在一个局域网范围内。这种物联网结构经常应用，称为物联网基础结构。

（二）这种物联网结构涉及的知识

除了第一种物联网结构相关知识之外，基于局域网范围的物联网第二类拓扑结构主要包括局域网知识，可采用多种局域网以适配多种传感器。如图 1-2 及表 1-1 所示。

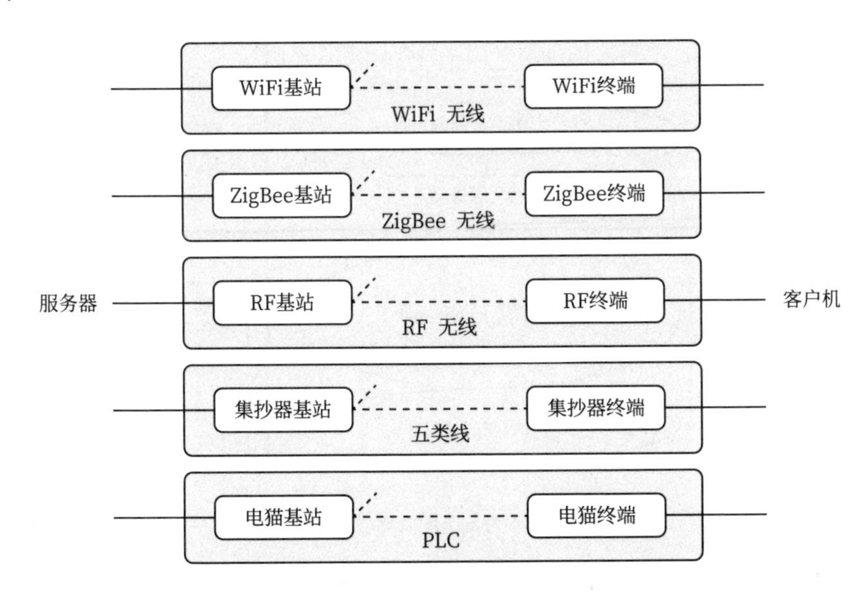

图 1-2　基于局域网范围的第一代物联网典型局域网结构

表 1-1　第一代物联网采用局域网的典型参数

名称	频段	速率	距离	传感器
RFID	125-134KHz	1Mbps	1mm-30m	
蓝牙	2.4GHz	1Mbps	100m	
ZigBee	2.4GHz	250kbps	150m	
WiFi	2.4GHz	54Mbps	100m	
PLC		8Mbps	800m	市电供电
五类线		8Mbps	80m	微电流供电

六、物联网第三类拓扑结构

（一）物联网第三类拓扑结构

客户机与管理服务器配置在一个广域网范围内。如图 1-3 所示。

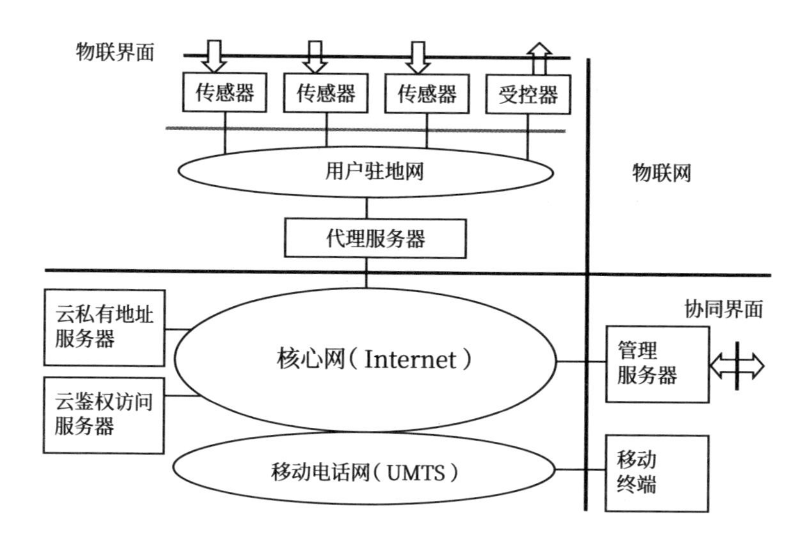

图 1-3　基于广域网范围的物联网拓扑结构

（二）这种物联网结构涉及的知识

除了上述两类物联网涉及的知识之外，必须解决三个问题。

1. 简化层次结构

物联网规模扩大到广域网范围，客户机数量激增，由一个管理服务器管理，系统特别复杂，这时需要多层次管理以简化系统。第一层次，采用物联网基础结构；第二层次，管理服务器通过广域网管理代理服务器。

2. 解决寻址（标识）问题

广域网通常采用互联网，但是，我国互联网公用地址资源不足以支持物联网应用。为此，在公用互联网需设置一个具有公用地址（IP）的服务器。这个服务器与各个代理服务器构成一个专网，在这个专网中各个代理服务器都具有私有地址（NAT）。这时，管理服务器、远程移动终端通过核心网访问代理服务器，执行“私有地址寻址协议”，并借助“云私有地址服务平台（IP+NAT）”实现寻址。

3. 解决访问鉴权问题

广域物联网中，必须解决访问鉴权问题。解决办法为：在广域网上配置一个具有公用地址的访问鉴权服务器。当一个管理服务器访问一个代理服务器时，管理服务器照常拨号，同时呼叫代理服务器和服务鉴权服务器，鉴权服务器进行判断：如果双方有关，就按照规定密级向双方分发密钥，实现访问；如果双方无关，就向双方发送忙音，拒绝访问。如此，管理服务器和远程移动终端通过核心网访问代理服务器，借助“云访问鉴权服务平台”实现访问鉴权，执行标识认证协议。

七、物联系统逻辑结构

（一）系统的逻辑结构

从整个系统研究分类，由若干单元模块组成并进行系统功能优化，加速推进工业生产柔性化、智能化，提升对市场环境的敏捷反应。如图 1-4 物联网逻辑结构。

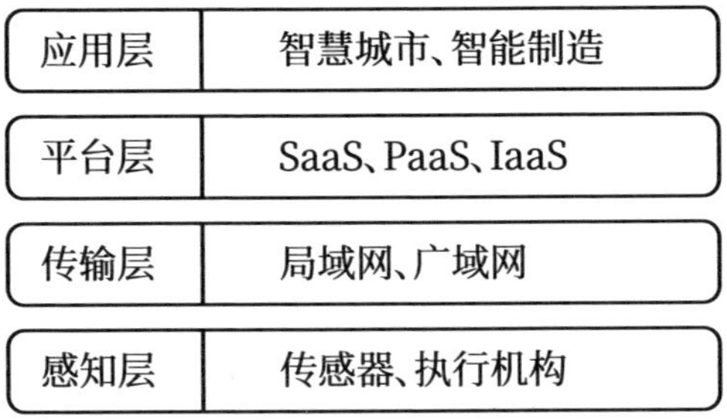

应用层	智慧城市、智能制造
平台层	SaaS、PaaS、IaaS
传输层	局域网、广域网
感知层	传感器、执行机构

图 1-4　物联网逻辑结构

（二）物联网的逻辑结构

1. 感知层

传感器感知外界环境，执行机构实施对外控制。感知识别层是解决对客观世界的数据获取问题，目的是形成对客观世界的全面感知和识别。由于物联网的终端的多样性，该层涉及众多技术层面，核心是要解决智能化、低能耗、低成本和小型化的问题。

2. 传输层

通过局域网和广域网实施信息交互传递。物联网网络传输层建立在现有的移动通信网和互联网基础上，物联网通过各种接入设备与移动通信网和互联网相连，如手机付费系统中由刷卡设备将内置手机的 RFID 信息采集上传到互联网，网络层完成后台鉴权认证，并从银行网络划账。

3. 平台层

平台层是物联网整体架构的关键，旨在解决数据存储、检索与使用以及数据安全问题。平台层技术包括网络数据的统计、查询、处理、评估以及基于云工业生产、云数据安全、云服务等领域实现自动控制、风险管控与决策优化，统一承载平台，打通数据孤岛，加速推进工业制造各环节“管理、控制、应用、共享”一体化。

通信网络运营商在物联网产业链中占据重要地位，而正在高速发展的云计算平台将成为物联网发展的又一助力。

（1）基础设施服务（IaaS）：提供通用数据库服务。

（2）软件服务（SaaS）：提供通用应用软件服务。

（3）平台服务（PaaS）：提供通用开发环境。

4. 应用层

物联网在智慧城市和智能制造两大领域应用日益广泛。一方面加快物联网规模化应用，加速推进信息技术在智能制造上中游产业链场景应用的集成和延伸，从而带动传感元器件、芯片与 IoT 安全以及新型存储器等相关产业领域的持续发展，加速推进智能制造产业的集聚效应、规模效应和导向效应。另一方面，以智慧城市建设为核心，覆盖交通、电子、国防、建筑等相关领域，加速新型智慧城市高质量发展。目前在许多城市已经开始规模化应用，成为近年来物联网产业发展的重点领域。

八、基于第一代物联网国家标准的规划部署

2015 年，住建部向国家标准局提交《家居物联网标准起草（1.0）》，此标准标志着加速推进家居物联网产业发展迈出关键一步。

2020 年，住建部先后颁布《物联网智能家居 用户界面描述方法》（GB/T 39189-2020）和《物联网智能家居 设计内容及要求》，这两个文件为智能家居产品的设计、生产、操作等提供了技术指导，加快了我国智慧家居系列产品产业化的进程，为我国物联网技术在智能家居领域的推广提供了标准化保障。

我国提出第一代物联系统国家标准，标志第一代物联系统技术已经成熟。该系统为跨行业、跨领域的组织或企业提供物联网技术规范、标准架构以及应用创新等方面的参考依据，加速推进物联网产业进一步规范化、标准化，从整体上推进物联网产业的发展，并能够应用于环保、消防、能源等不同行业。

物联网标准体系建设是一项复杂的系统工程，也是物联网产业寻求突破创新的

关键因素。一是，依托国内，加强物联网关键环节、基础关键技术研究创新，并在技术迭代、产业协同、人才驱动等方面抢占科技创新和产业发展竞争高地，以“重点示范、统筹规划”的思路持续推动数字产业生态良性发展。二是，以国际视野和开放兼容的心态，加紧推进物联网在5G关键技术、检测评估方面的国际标准制定工作，加速推动物联网产业规范化、持续化。

第三节　新一代物联网技术和产业

历经第一代物联网探索与实践，政治界、企业界和学术界从不同视角，对物联网产业规划、业务布局，以及持续推进数字化战略转型轮廓逐步明晰。当前，新技术新产品快速迭代，新模式新业态加速孕育，为产业数字化及数字产业化提供强劲支撑。

在此背景下，我国相继实施物联网发展规划，针对我国物联网产业化进程中遇到的问题进行研究、梳理与总结。参考国际物联网产业发展趋势，就物联网关键技术、产业协同等相关问题进行部署规划，加速推进物联网产业快速持续发展。伴随与5G关键技术紧密衔接以及相关扶持政策的持续推进，物联网场景应用创新进一步拓展延伸，物联网产业步入迅速扩展期。

一、建设物联服务平台

（一）物联网服务平台

作为物联网系统的关键组成，服务平台是指运用大数据存储、挖掘等信息技术，加速推进质量检测、设备管理和云数据评估等功能集成，使平台服务具有良好的安全性和可扩展性。系统提供基于海量数据的查询、统计和分析服务，目前信息基础设施中的电信网已平台化，现在讨论的是信息基础设施中的计算机系统的通用化。如图1–5所示。

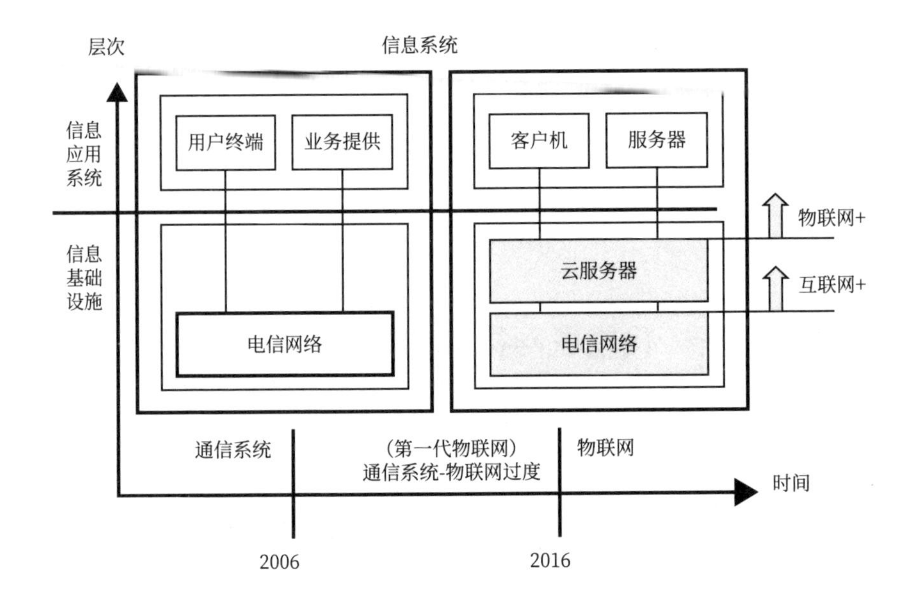

图 1–5　物联网服务平台结构

（二）物联网服务平台功能

物联网服务平台属于信息基础设施（不属于信息应用系统），支持所有物联网公用功能（计算机系统的基本件），它包括三种含义。

1. 基础设施即服务（IaaS）

IaaS 系统基于云端的基础设施，将输入 / 输出设备、内存以及相关基础运算资源整合成虚拟的资源池，并以高度可靠性、可扩展性以及性能优势提供存储资源以及所需服务，作为服务提供给用户。

2. 软件即服务（SaaS）

基于云数据的管理软件以及客户集成优化的特性，并根据构建全生命周期管理中的安全运行、识别维护及评估检测，加速推进系统服务功能组件化、模块化。

3. 平台即服务（PaaS）

根据可复用、易扩展的服务原则，对平台开发、测试和管理软件等模块进行独立开发与部署，构建统一的开发环境。

（三）物联网服务平台推广应用

出现物联网服务平台无疑是物联网的重大发展。2018 年，大企业纷纷建设自己的物联系统服务平台。例如三大电信运营商网络平台、白电巨头物联网云服务平台、电企巨头物联网云服务平台、BAT 三巨头物联网云服务平台、第三方物联系统云服务平台，等等。

二、传感器产业

（一）传感器

传感器是工业制造中不可缺少的关键装置。在工业实践中，将传感器检测装置与计算机相结合，将连接其他设备采集到的数据进行分析评估、集成优化。从而转化成电信号输入到信息处理系统中，基于传感装置自身具有自诊断、自适应、自学习的特性，能够进行数据信息的收集挖掘、监测评估以及决策优化，实现工业制造整全流程、多链条的自动调节与控制反馈，保证制造系统稳定、高效运行。

目前，传感器的类型和应用领域较为广泛，在国防军事、工业制造、航空航天、能耗环保等领域得以应用，传感器正朝着集成化、微型化、数字化、智能化、多功能化、系统化方向发展。新型传感器的技术特点与应用，是自动化和工业控制对智能传感技术的必然要求。

（二）网络传感器

网络传感器是指准确检测且就近传输制造系统运行的各项数据参数，并将其转化成其他形式的信息进行反馈评估，达成在网络覆盖范围内实时集成和共享。有效增强运行系统自诊断、自学习以及自适应能力。换言之，网络传感器能够与网络连接或通过网络使其与微处理器、计算机或仪器系统连接的传感器。其以下几点应予以关注。如图 1-6 所示。

1. 在业务功能和性能未受影响的情况下，需将传感器与无线电信网络终端相结合。

2. 电信网络终端接口标准统一。

3. 网络传感器是传感器主流发展趋势。传统的网络传感器信息获取技术正从独立的、单一的模式向小型化、低功耗、易连接发展。

4. 网络传感器未来将会形成规模化产业。网络传感器集信息采集、传输和处理于一体，其高准确度、强可靠性以及信息处理和自检等功能极大增强运行系统的稳定性与实时性。其发展正从机制创新、系统研发到应用示范试点，正逐步走向成熟，也成为网络传感器进一步产业化、市场化的关键。在国际传感器巨头纷纷进入国内的激烈竞争环境下，网络传感器产业正面临着新的发展机遇与挑战。

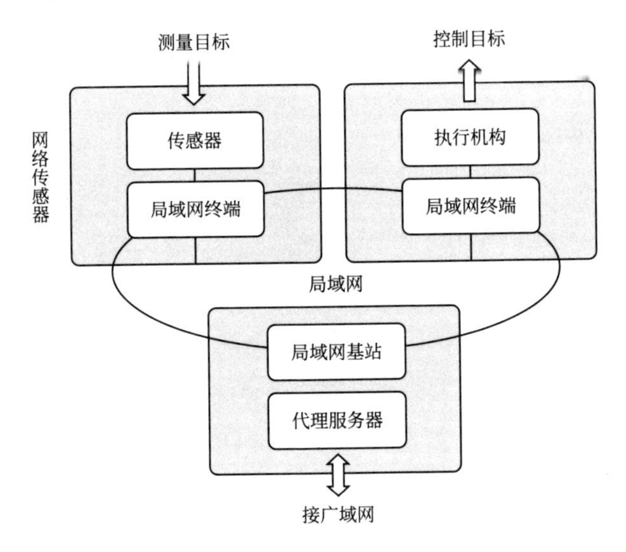

图 1-6　网络传感器在物联网中的位置

三、低功耗广域网（LPWAN）

（一）问题提出

信息界发觉支持通信应用的接入系统，不适配支持物联网应用，需要建设与物联网应用适配的接入系统。

（二）出现了两类不同的低功耗广域网

1. 基于局域网考虑，发明了长距离通信 LoRa（Long Range，LoRa）/LPWAN。从技术生态上看，LoRa 是一种物理层的调制技术，可将其用于不同的协议中，比如 LoRa 私有网络协议、LoRa 数据透传。

2. 基于蜂窝网考虑，发明了低功耗广域网 NB-IoT（Narrow Band Internet of Things，NB-IoT）/LPWAN。NB-IoT 采用自适应技术，能够保证通信质量达到最优化，在智慧建筑、智能停车、物流监控等领域应用。

3. 基于远距离无线电（LoRa）与窄带物联网（NB-IoT）二者的技术优势，低功耗远程无线通信技术（LoRaWAN）本质上是以典型的星型拓扑为网络构架的，能够提供低能耗、低数据速率和长距离以及大容量的网络连接，加速工业生产的智能管控和高效协同。基于 NB-IoT 高速率实时性、强链接以及广覆盖的特点，具备支撑海量连接的能力。其中，远距离无线电（LoRa）与窄带物联网（NB-IoT）都是目前具有发展前景的两个通信技术，两者均突出其广覆盖、低成本及低能耗的优势。下面针对几个方面对二者进行对比分析。如表1 2所示。

表1-2　LPWAN性能分析

项目	LoRa	NB-IoT
本质	局域网基站与终端之间 传输的调制方式	蜂窝网节点与移动终端之间传输系统
带宽	125KHz	180 KHz
网关	需要专用网关	不需要网关
频谱	非授权频谱	授权频谱
适用	不频繁通信	频繁通信
覆盖	12-15Km	18-20 Km
电池	无需同步可休眠	需同步部不可休眠
速率	10Kbps	200 Kbps
用途	公用网 / 私用网	公用网
成本	便宜（1/2）	比较贵（1）

（三）应用评价

因为尚不清楚物联网应用需求属性，没有评论各种接入系统的优劣。只能说，与具体应用要求接近，这种方案就比较好。

（四）IMT-4G与NB-IoT的关系

NB-IoT是物联网非常重要的无线接入手段，几乎就是为物联网行业量身打造的。NB-IoT强调低功耗和广覆盖。

4G可以说是3G移动通信的升级版，其核心变化是信息传输速率上面的变化。4G的核心优势是高数据速率、宽带传输、无线即时通讯、兼容性高。简单来讲，4G信息传递速度快，带宽高，可接入的终端设备丰富。同时，IMT-4G与NB-IoT拓扑结构大体相当，NB-IoT重复利用4G的射频和天线设施，价格适中，能够有效实现物联网接入应用。如图1-7所示。

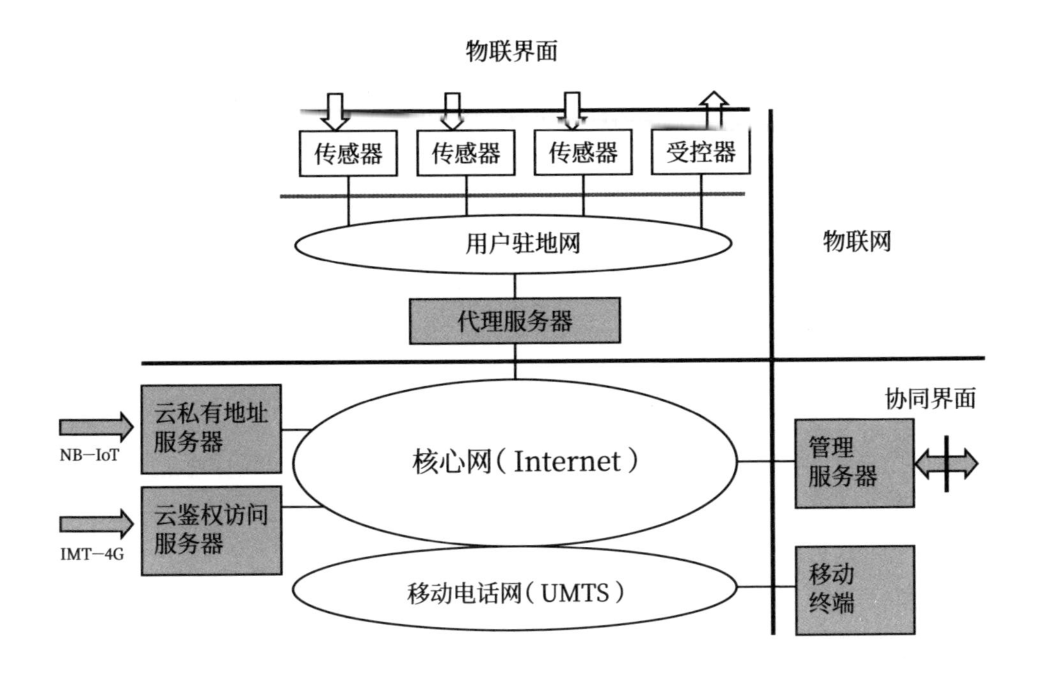

图 1-7　NB-IoT/IMT-4G 融合图解

四、云计算

（一）云计算

作为一种新型计算模式，云计算 (Cloud Computing) 凭借高效、便捷的网络特性，加速推进计算资源、储存资源等相关资源的虚拟整合，并通过网络实时访问云计算系统，提供给终端用户各种可动态扩展和管理的计算服务，达成系统平稳高效运行、业务部署灵活、能耗有效降低。

（二）作者的理解

从个人计算机推广应用就出现了一个问题，标配常常不能满足特定需要。缺一个硬件就买一个硬件；缺一个软件就买一个软件。这时，计算机服务公司找上门来，你缺什么硬件或者软件，我租给你，或者我替你完成这些特定操作，方便且节省开支。于是，计算机服务公司在互联网上挂上一些服务器，并且通过互联网与大量用户机连接，以租用方式提供服务。这就是云计算。如图 1-8 所示。

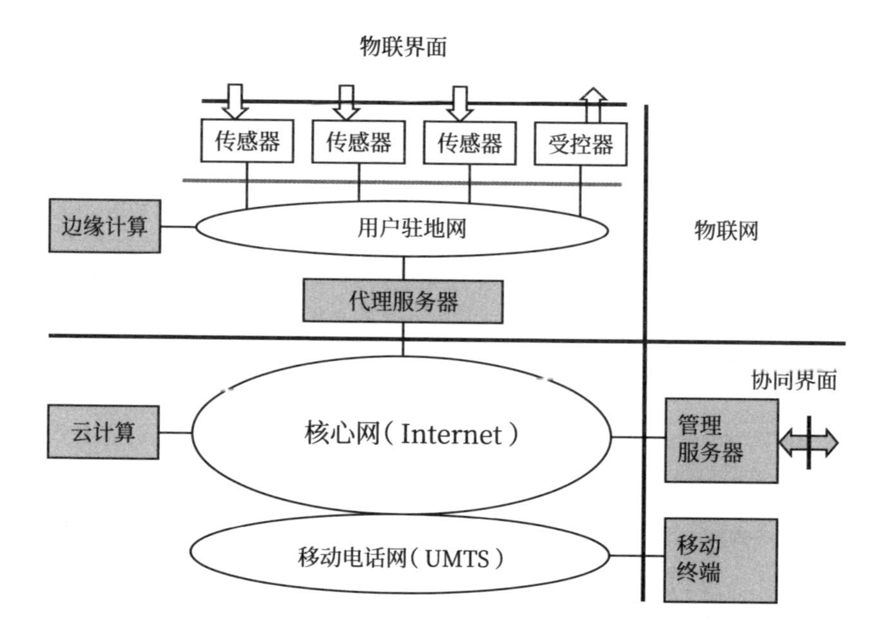

图 1-8　云计算在物联网中的位置

（三）应用评价

目前，国内物联网服务平台加速推广，场景创新不断丰富与拓展，“物”所引发的数据累积日趋庞杂，随着用户访问云计算服务器的频次逐步增多，由此出现核心网容紧缺的问题。配合应用云计算和边缘计算处理海量的数据，成为解决此类问题的很好方案。

五、大数据分析

（一）大数据

大数据通常是指基于数量庞杂、结构迥异、种类繁多且难以捕捉的信息，采用更为先进的算力算法和软件工具进行采集、挖掘、管理和评估的价值信息组合，大数据具有更强的决策能力和流程优化能力，能够适应大型的数据增长处理以及各种信息资产。

（二）大数据分析方法

大数据分析是探索数据分析评估在企业运营管理中的可行性研究方法。由于工业生产涉及因素多、传输速度快，采用“逻辑推理”与“实物仿真”的思路方法，难以实现快速准确提取有价值信息。基于此，通过分类分析方法深层挖掘，且统计评估工业制造中的大量信息数据，从中总结规律，用来指导工业实践及并对制造运行状态及发展趋势做出研判。精准的计算能力成为解决海量数据库存的主要依据。

（三）示例

以计算机为依托，针对物联系统运行中产生的大量数据，经数据处理分析与挖掘评估，把数据转化为能够指导制造实践的价值知识，从而构建出数据、知识库与工业生产良性运行的闭环，赋能企业智能化生产。实践中，需要把部分新知识加载到服务器中，增强物联系统的智能，实现系统性能及制造流程优化。如图 1-9 所示。

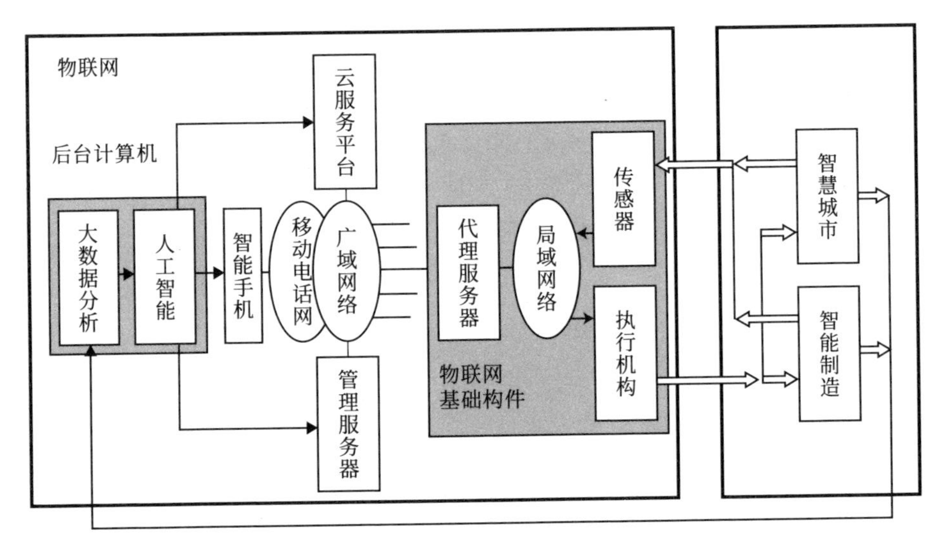

图 1-9　物联网运营与大数据分析的关系图解

六、标识解析

（一）标识解析

标识解析是识别不同实体的名称标记，对企业在资源管理、产品溯源以及智能化生产管控等方面进行相关管理和控制。标识解析强调利用物联网、大数据、区块链、人工智能等信息技术，通过条形码、二维码、RFID射频识别等方式获取信息感知能力。

（二）二维码

二维码（2-dimensional bar code）。二维码及其技术是加速企业数字化转型，产业价值链重塑的重要支撑。二维码基于其高密度性、纠错能力强以及数据防破损能力强的特性，将二维码、物联网技术应用到系统管理中，构建一个能够智能管理、有效识别、高效可靠的数字化闭环管理。同时基于系统管理的生命周期进行记录、跟踪和管理，做到流程精细化、管理痕迹化、操作智能化，二维码技术已渗透于高铁、生产制造、交通运输、仓储物流、安防等领域加以应用。为企业管理者制定战略规划提供依据。

（三）射频识别技术

射频识别（Radio Frequency Identification，RFID）技术又称电子标签。射频技术有益推进生产要素和运行环境的实时管控和优化集成，加速生产管理智能化、柔性化和精益化。常用频段为低频、高频、超高频，一般是微波（1-100GHz）适用于短距离识别通信。RFID 读写器也分移动式和固定式两种。

（四）物联网标识解析及其研究进展

1. 推进标识体系及应用走深向实

以物联网的标识系统与寻址技术为支撑，有力推动生产要素循环流转和生产、分配等各环节有机衔接，同时促进内部信息准确、安全交互。构建与其他异构标识解析体系统一管理机制，加速推进工业物联网规模应用持续拓展。推进经济性优和安全性较强的新型基础设施良性运行的闭环。

2. 构建跨平台、跨系统、跨行业的标识解析服务体系

创新标识典型场景，深化标识应用深度，扩大标识应用体系，加速推进设计研发、制造、供应链等端到端的全生命周期管理，推进产业规模化发展。

（五）我国出现“一物一码”系统

凭借以物联网、云计算为核心的“一物一码”二维码系统，加速产品质量透明化管理。每一个产品赋予唯一对应的电子身份标识，建立一对一的数据关联。“一物一码”系统，实现产品质量管控、产品流通以及防伪管控、溯源追踪等全生命周期管理。保证全产业链产品质量追溯及全程监控的安全与可靠性。打通终端连接（把控企业整体运营情况），根据全流程产品自动化数据精准采集评估，为品牌策略、品牌传播提供支撑。

七、ARQ 技术与无误传输

（一）自动重传请求技术

自动重传请求（ARQ）技术是 OSI 模型中数据链路层的错误纠正协议之一。ARQ 恢复出错报文的方式，是接收方在接收检测出错码过程中，设置分组重发反馈机制，有效提升数字通讯业务传输的容错性、稳定性与可靠性。ARQ 技术基于大幅

降低系统传输时延以及数据丢失率，在军事通讯和无线通信领域具有重要的应用价值。

如何应用5G无线网络针对数据传输速率以及安全传输进行合理的优化，兼顾系统的复杂性和时延换取系统传输的可靠性，也是实现自主学习的无人机操控通讯系统中继通信效能提升的关键。传统上的ARQ技术分成为三种：停等ARQ、回退N帧ARQ、选择性重传ARQ。其中，停等式ARQ基于5G提供一种低时延、高速率、可靠的网络传输，建立错误侦测、重传机制、检错机制的闭环，对系统数据传输状态中信息帧的发送、确认和重发等程序实时反馈和控制优化，动态实时调整帧率，进而提高无线传输性能，最大限度获取有效资源，从而保证数据资源获取的完整性和可靠性。同时加速推进周期性数据和异常性数据的协同传输、重传与资源分配，逐步实现系统信息集成、分析优化和智能化管理，5G为数据自动重传请求传输安全高效提供支撑。

（二）自动重传请求技术的应用价值

在传输系统保障传输误码率符合标准的情况下，ARQ能够保障传输链路实现无误传输。这在物联系统中具有特殊意义。

八、区块链技术与无误存储

区块链（Blockchain）是一项共享分布式账本技术。从本质上讲，它是一个共享数据库，存储于其中的数据或信息，具有“不可伪造”“全程留痕”“可以追溯”“公开透明”等特征。其包括分布式数据存储、点对点传输、共识机制、加密算法等。如图1-10所示。

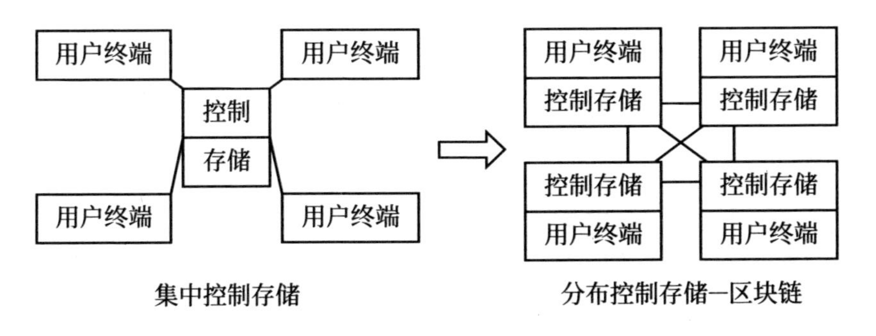

图1-10　由集中控制存储向分布控制存储的转变

区块链技术已经广泛用于防篡改、防伪、容错、降低成本、增强透明等方面。区块链技术的价值在于解决了信息基础设施在随机干扰环境中的无误传递问题，其中包括 ARQ 解决了无误传输，区块链解决了无误存储。

此外，实现“无误存储”，即把同一个信号分组，同时存储在多个存储器中。在使用这个数据分组时，从多个存储器中同时取出这个信号分组，这些数据分组完全相同或者多数相同，就认为这是无误信号分组。这就是著名的“区块链存储方式”。

九、北斗导航系统

（一）北斗导航系统

随着我国自主知识产权、自主建设运行的北斗卫星导航系统在国民经济各部门的研究与应用，已为全球提供全天候、全天时、高精度的定位、导航和授时服务的重要空间基础设施。目前已经在水利、交通运输、测绘、通信、运输、勘探等方面有着广泛的应用。

（二）北斗导航在工业物联网中的应用

基于北斗卫星导航系统高可靠、高精度的定位特性，在京张高铁智能动车环节首次采用，为基础设施维护、故障应急处置提供智能化服务。基于 24 小时自动化监测的无人驾驶和智能调度指挥系统，有效调度与管控“云端”装备的精准运行、定位精度与系统安全性，加速推进智能列车运行实现新的跃升。特别是 5G+ 北斗的深度融合，加速推进智能检测（或巡检）机器人、北斗芯片、掘进自动巡航等系列新技术新装备集成创新，加速推进由北斗基础构件、终端集成、系统集成以及下游应用服务构成的全产业链。

在远洋船舶监管方面，在航线设计、船舶监控、实时导航、定位及测速、遇险求救及报警等导航功能逐步应用北斗卫星导航系统，有效提升船舶监管效率和安全运营水平。救灾应急方面，基于北斗卫星的精确灾害监测与预警系统，并将监控采集信息经反馈评估后传输至云计算灾害预警系统，为应急救灾决策部署等提供技术支撑。生产运维方面，在研判生产运行数据信息（包括设备温湿度）及智能算法的基础上，搭建物联网技术的红外跟踪远程监测系统，制定出设备诊断及智能维修最优决策。北斗卫星导航系统将加速更多领域的技术交叉与学科融合，并在国防军事、调度指挥、环境监测、智能工厂等领域广泛应用。

十、IMT-5G应用

（一）IMT按照移动通信技术的内在规律发展

当前移动通信技术经历了第一代、第二代、第三代、第四代以及当前研究与应用的第五代，这是一个不断改进完善、推陈出新的发展历程，推动移动通信技术向数字化、宽带化和智能化的方向迈进一大步。

（二）IMT-4G/IMT-5G的潜在技术指标

从信息技术发展与演进的轨迹来看，5G是2G、3G、4G数据技术进步的结果。与4G相比，5G是4G技术基础上的平滑演进。具有连续广域覆盖、热点高容量、低功耗大连接和低时延高可靠等技术优势，以更高的速率、更宽的带宽、更高的可靠性、更低的时延为特征，能够满足无线自动化控制、工业云化机器人、柔性生产、预防性维护等领域的应用需求，驱动“工业4.0”真正落地，从而实现“人与人、人与物、物与物之间的连接”，形成万物互联，也进一步激发出新的产业、新的业态和新的模式。如表1-3所示。

表1-3　IMT-4G/IMT-5G的潜在技术指标

技术指标	IMT-4G	IMT-5G
峰值速率（Gbps）	1	10-20
频谱效率提升（倍数）	1	3
移动性（Km/h）	350	500
空中接口延时（ms）	10	1
连接数密度（x/Km2）	10^5	10^6
网络能量效率提升（倍数）	1	10-100
流量密度（Mbps/m2）	0.1	1-10

（三）IMT-5G的应用目标

IMT-5G的应用目标，同时用于通信系统和物联网。

(1) 增强型移动宽带（eMBB）：用户体验速率100Mbps。

(2) 高可靠低时延（uRLLC）：时延1ms，可靠性99.999%。

(3) 海量物联（mMTC）：广覆盖、小数据包、低成本、低功耗。

关于IMT-5G的应用潜力普遍看好，但是，如何有效应用尚待研究。IMT-5G

仅仅是一类传输系统，它的应用必然受制于应用需求和电信网络基础体制。

（四）IMT-5G 引入网络切片

网络切片是指，在统一物理网络基础上，支持多种特定业务的要求的、一组逻辑网络功能的汇集。其包括三种，分别是：移动宽带切片具备增强型低时延传输速率，提升大数据处理能力；海量物联网切片针对普适设备，加大切片资源利用率；关键业务物联网切片用于高速物联网系统，提升安全可靠性。利用机器学习，分析历史监测数据，对流量等性能数据进行预测，并基于预测的结果对网络切片进行实时的调整和优化。AI 技术引入 5G 网络以实现切片管理自动化、智能化。

通过网络切片支持分类应用是一种有效的思路。一个传输系统的传递能力与具体应用性能指标有调整余地。一个具体应用不会同时需要其全部潜在的性能指标。针对具体业务，用其长而避其短，是网络切片思路的亮点。如图 1-11 所示。

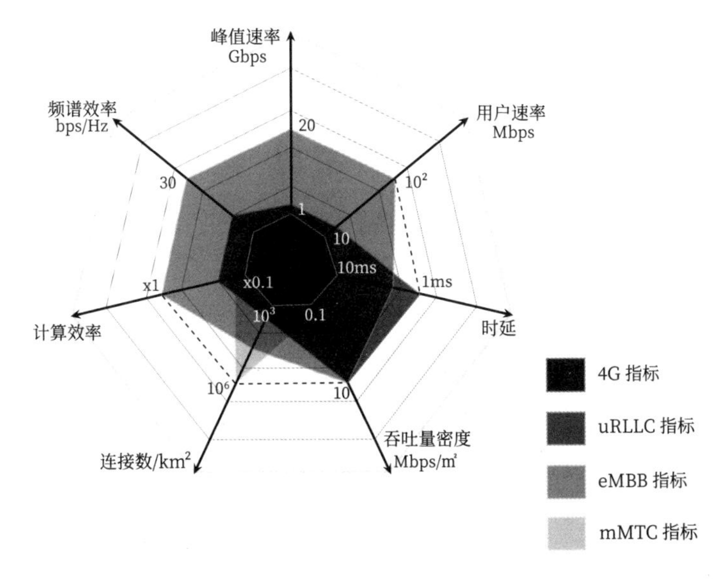

图 1-11　IMT-5G 网络切片应用示意图

（五）在网络切片基础上构造虚拟专用网

网络切片是在统一物理网络基础上，构造不同属性的支持不同种类业务的逻辑网络。在网络切片基础上，还可以构造属性相同支持同类业务的虚拟专用网。例如，支持一类特定物品的“一件一标识”。

第四节　物联网发展的瓶颈及前景分析

一、物联网发展面临的瓶颈

目前，物联网正在蓬勃发展，全球范围内还没能充分形成实现物联网大规模应用所需的条件和市场，仍有一系列问题需要解决，如政策、标准、安全、技术和商业模式等，具体包括以下几个方面。

其一，技术的创新突破是物联网发展的关键。物联网大多数领域的核心技术尚处于发展中，物联网产业持续发展的重中之重，是拥有自主知识产权的共性技术和关键技术体系。目前，我国对物联网核心技术的掌握相对薄弱，与产业化应用还有较大的距离，基本不具备大规模产业化应用传感器网络的条件。例如，高性能高精度传感器，还没有形成国产能力，大多都依赖进口。如何尽快突破和掌握传感器的核心技术，高端传感器的核心技术，形成具有自主知识产权的技术成果和持续的竞争力，是我国物联网发展所面临的重要问题。

其二，标准化还没有覆盖到物联网核心架构及各层的技术体制与产品接口，在物联网行业应用领域也处于初级阶段，导致低成本的应用普及和规模扩张难以实现。由于物联网的研究正处于起步阶段，相关的各类标准还未统一，不同的研究机构和标准组织都在制定自己的标准。由于标准的缺失，技术发展和产品规模化应用都受到了很大的制约。标准化体系的建立，成为我国物联网产业发展的先决条件。到目前为止，还不存在一种被世界各国都认可的、统一的物联网国际标准。在各国积极协商的基础上，加紧研究物联网相关技术的国际标准化进程应提上日程，推进行业产业健康发展。

其三，技术和产业化发展不足，使得物联网应用的成本很高，从产品、技术、网络到解决方案都不够经济，加上物联网本身应用跨度大、需求长尾化、产业分散度高、产业链长和技术集成性高的特点，导致在短时间内从经济成本到时间成本都难以大规模启动市场。目前，由于各方利益机制及商业模式尚未成型，所以物联网的发展普及比较缓慢。同时，根据网络特征和产业关联加快培育创新合理的运行模式以及构建区域协调、上下协同联动机制，以确保物联网行业健康、快速地发展。

社会信息化的发展过程不是一蹴而就的事，而是一个渐进的过程，是在社会需求与科学技术相互影响、相互促进的过程中一步一步地发展起来的。尽管物联网的发展还面临一系列问题，但是其前景是广阔的。随着信息技术在工业、农业、国防、科技和社会生活各个方面的应用，物联网技术的发展会不断成熟，将把我国的工业现代化和社会信息化建设的水平推向一个更高的台阶。

二、物联网应用趋势展望

物联网应用前景非常广阔，利用所获取的感知数据，经过前期分析和智能处理，为用户提供特定的服务。目前，物联网应用已经扩展到智能制造、智能交通、智能电网、智能物流、智慧城市、环境监测、金融安防、工业监测等多个领域。具体描述如下。

（一）智能制造

无论是德国“工业 4.0”还是美国的工业互联网，以及《中国制造 2025》的提出，其核心就是信息化和工业化的深度融合，进而实现生产制造的数字化、智能化、协同化的目标。物联网不仅是智能制造的关键技术之一，也是制造业企业实现数字化转型的重要途径。如何凭借物联网的发展，推进制造业创新转型的契机，将是提升中国制造业竞争力的重要关键之一。基于云端的边缘计算模式，智能控制技术、即时通信逐步渗透到工业制造领域，构建人、机器和系统三者之间的智能化、交互式无缝连接，形成“技术—产品—应用—服务—反馈—技术”的闭环，有效推进产品和技术的持续优化，实现实时感知、准确辨识、快捷响应、有效控制，从而最终使工厂在一个柔性、敏捷、智能的制造环境中运行。基于物联网技术在智能制造中的应用，其不仅提升产品质量，优化生产流程，大幅提高制造效率，将传统工业提升到智能工业的新阶段。从当前智能制造技术与工业生产的结合来看，物联网的应用主要集中在智能制造生产过程工艺优化、产品设备监控管理、质量管控、安环管控、仓储配送、供应链协同等典型应用，从而构成人机共存、协同合作的工业制造体系，使智能制造具有自修正、自重构、自学习、自组织、自协调等特征，重构智能制造产业模式以及产业生态，从而加快推进智能制造朝着数字化、网络化、智能化方向发展。

（二）智慧城市

智慧城市是现代城市建设的主流方向，也是利用物联网进行实时数据采集、分析决策的重要载体。当前，随着城市数量和城市人口的不断增多，部分地区“城市病”

问题日益严峻。借助前沿科技，加快城市升级与智能化是历史的必然趋势。智慧城市高度集成物联网、大数据、移动互联网等众多新形态的信息通信技术，其中涉及到的芯片技术、通信技术、软件系统等关键技术的应用，全面感知城市动态，实时智能识别、立体感知城市建设与管理各方面情况，可为市政建设、公共安全、经济发展、城市服务提供智能化的服务，从而建立一个低碳、环保、可持续发展的城市。例如，在物联网技术的推动下，通过在城市内部构建能源、安防、环保等各系统的物联网感知终端，可以实时了解城市的运行状态，对城市进行智能管理和调控。加速推进城市建设向着智能化、绿色化、高效化方向转变。未来几年，随着 5G、低功耗广域网等基础设施的加速建立，数以万亿计的新设备将接入物联网信息共享平台，物联网将进入跨界融合、集成创新和规模化发展的新阶段。加速推动智慧城市可持续发展。

（三）智能交通

随着人们生活水平的不断提高，汽车保有量日益增加，城市交通压力越来越大，道路拥堵、交通事故等不断见诸报端，造成了资源浪费，环境污染，还给人们的生活带来很大的不便。通过使用不同的传感器和 RFID，可以对车俩进行识别和定位，了解车辆的实时运行状态和路线，方便车辆的管理，同时也便于交通的监控，了解道路交通状况。另外，还可以利用自动识别技术实现高速公路的不停车收费、公交车电子票务等，提高交通管理效率，减少道路拥堵。

近年来，物联网技术在智能交通多场景、多层次的应用示范，促进智能交通管理的内涵和外延得以不断拓展与延伸。公交运营在客流分析、运行态势、车辆调度以及出行服务等环节的智能化程度大幅提升，达成交通运输系统（如客流诱导、优化运力等）始终处于实时数据的动态集成和优化，促使交通运输效率和交通管理更具科学化。基于可靠、精准的数据集成优化，加速推进自动驾驶相关技术持续渗透到智慧交通运营管理层面，而 5G+ 交通技术的加速融合发展而成的 APP 大量推出，催生一些新业态的同时，使得城市交通更具精细化和智能化水平。当然，智能交通建设面临一些瓶颈问题尚需解决。如大数据挖掘与利用能力略显不足，对智能交通运行数据准确采集、挖掘与共享是建设关键。

（四）智能物流

现代物流系统从供应、采购、生产、运输仓储到销售，由一条完整的供应链构成，在传统的管理系统中，不能及时跟踪物品的信息，对物品信息的录入和清点也是以人工为主，不仅速度慢，而且容易出错。引入物联网技术，结合北斗卫星定位系统，能够改变传统的信息采集和管理的方式，实现从生产、运输、仓储到销售各环节的物品流动监控，从而提高物流管理的效率。

近年来，中国快递业迅猛发展，同时也暴露出来很多问题，其中必须思考和解决的一个问题，就是如何让海量包裹更快、更好地送到每一个消费者手中。从物流系统的发展历程，历经仓储配送、统一配送、即时配送等方式，从中不难看出，物联网技术对传统运作模式的改变。随着“互联网 + 物联网”的发展，智能化和信息化技术在生产与物流领域得到快速普及应用，所有核心环节都将更加“智能”。而智能物流使整个物流系统具有如人类一般的思维感知学习、推理判断和自行解决物流中若干问题的能力。智能优化物流系统，重构物流作业流程，加速推进物流管理在要素配置和流程管控等领域进入到持续优化、智能处理和精准控制的管理闭环，并成为未来的发展方向。

（五）智能电网

智能电网以物联网为基础，核心是构建多种能源统一入网和分布式管理的智能化网络系统，它具备智能判断能力和自适应调节能力。通过实时监测收集电网与用户用电数据信息的集成优化，贯穿于系统运行的发—输—配—用各个环节，提升电网运行管控能力的基础上，保障电网运行的实际安全性能和能源的利用效率，从智能电网的输配电调度、继电保护、负荷预测、故障辨识到安全自动化控制，都是通过物联网技术来实现的。例如，针对电气设备节点处理发热的现象，应用光纤传感等现代技术，实现在线监测节点温度的实时数据分析，及早排除故障隐患，大幅提升系统运行和维护管理的自动化和智能化。同时，采集与评估设备异常检测、故障预测等数据信息的准确性和可靠性，客户能够全方位掌握和评估电气设备运行状态，加速运行设备自动巡检与控制优化，为故障精准研判，实现智能维护提供决策依据。

（六）环境监测

目前我国环境和生态保护问题严峻，通过利用不同类型的传感器，可以感知大气和土壤、水库、河道、森林绿化带、湿地等自然生态环境中的各项技术指标，为大气保护、土壤治理、河流污染监测和森林水资源保护等提供数据依据，形成对河流污染源的监测、灾害预警以及智能决策的闭环管理。

从物联网环境监测应用的具体细分领域来看，污染监测系统是物联网环境监测应用市场的主要应用，物联网技术可以实现环境数据的全面监测和分析，保持监测的连续性，防止数据在监测过程中中断对整体数据的破坏性，其中废水和废气污染源监测系统市场发展相对比较成熟，废物在线监管系统兴起较晚，市场仍处于成长阶段。生态环境监测系统市场广阔，其中大气质量监测系统、地表水质监测系统等市场快速发展，土壤监测、近岸海城水质监测等市场也正处于快速成长阶段。

第二章

物联网安全问题

我国信息界普遍认为，安全问题是一个重要问题。随着物联网技术的高速发展，安全和隐私问题逐渐成为制约各国物联网发展的关键因素。实质上，物联网目前的安全问题比通信系统更复杂，而且通信系统未解的安全问题又遗留给物联网。目前，物联网安全问题的研究尚处薄弱环节，大多研究成果亟须突破关键技术或关键环节的“卡脖子”问题，并作为其维持竞争优势、提升核心竞争力的重要基础，为有序解决物联网安全提供技术支撑。物联网从感知、传输到处理的过程中，均面临着不同的安全威胁。本章就信息系统安全的基本问题，尽可能澄清一些基本概念，以及就系统内外所面临的一系列问题进行分析与阐述。

第一节　信息系统安全

一、信息系统安全的概念

信息系统安全（本书是指物联网安全）是指基于物联网是虚拟网络和现实世界实时交互的系统，物联网的软件、硬件及系统中的数据受到保护，不会被偶然地、恶意地更改、破坏或泄露，确保物联网系统可以连续正常运行。这里所说的安全包括两方面：一方面是指物理安全，即网络系统中各计算机设备、通信设备及相关设施等有形物品的保护；另一方面是指逻辑安全，即包含信息可用性、完整性及保密性等。物联网安全涉及包括任何解决物联网感知、网络以及应用等层面易受到安全威胁采用的技术方法或管理防范措施，以及涉及这些安全威胁本身及其相关解决方案。需要从创建方法论，到产品和解决方案深度应用，以及“点面结合”纵深推进工业物联网安全的产业发展。物联网安全威胁和物联网安全技术是网络安全含义最基本的表现。

二、信息系统安全的架构

与传统网络不同，物联网不仅实现人与人的通信，亦实现人与物、物与物的通信。即服务对象由人转变为物，既包含传感器网络、移动通信网络等技术与多网融合的异构网融合网络，互联网等有线传输网络。因此，物联网不仅存在与无线接入网络，也包含与互联网等相似的安全问题，还存在因异构网络融合、移动通信网络机的隐私保护问题、异构网络的认证与访问控制问题。

从分层的角度来看，物联网安全问题可分为感知层安全、网络层安全、应用层安全三个方面，具体阐述如下。

1. 在感知层，感知层包括以传感器为代表的感知设备、以 RFID 为代表的识别设备等。感知设备的种类很多，目前主要通过对感知层进行加密和认证工作来应对安全威胁，防止网关节点和标签的恶意控制与非法访问，为实时感知终端和数据状态提供支撑。实践中，虽然对感知层设置安全芯片、安全标签以及安全通信等层面已经部署相关的技术措施，但为了应对更高的安全需求，仍需要继续提高安全等级。

2. 传输层，主要功能是管理数据通信，高可靠性、高安全性地传递和处理系统端到端（源端口与目标端口）之间的价值信息，基于多节点间的安全协议及维护，确保端到端数据信息传输的准确性、完整性与保密性。

3. 应用层。通过云计算、智能计算对传输层传递信息进行的整理分析，通过各类支撑平台实现跨系统、跨应用的信息互通、共享及协同。数据库安全访问控制技术是目前主要的研究工作，但信息取证技术、信息保护技术、数据加密检索技术等相关安全技术仍需要深入研究。

此外，用户隐私泄露在信息系统安全隐患中是危害用户的最大安全隐患之一，如果将物联网用户数据不加保密就传输到云计算中心，恶意用户或云计算中心的管理者可能分析用户数据从而探测用户的隐私，如用户位置、生活爱好、移动特征等信息。物联网加速物理世界与信息世界的深度融合，并在工业生产中涉及众多技术领域，使现代生产朝着智能化方向发展。同时，需要对物联网中的各种物品包括设备进行功能、行为的分类，从而建立科学的物联网体系结构，这将有利于规范和引导物联网产业的发展，促进物联网标准的统一。

三、信息系统的安全分类

（一）内在安全问题

信息系统内在的安全问题是指其本身存在的安全问题，包括 7 个方面。

1. 物理环境引入的信息系统遭受的安全问题。例如，盗窃。

2. 疏于管理引入的信息系统的安全问题。例如，透传。

3. 错误使用引入的信息系统的安全问题。例如，非法插播。

4. 技术缺陷引入的信息系统的安全问题。例如，电磁泄露。

5. 机理缺陷引入的信息系统的安全问题。例如，互联网。

6. 信息系统作为安全支持系统未达到预期目的。

7. 信息系统作为安全支持系统错误引入的安全问题，等等。

（二）外在安全问题

信息系统外在的安全问题是指人为对抗（网络攻击）引入的信息系统本身出现的安全问题。

1. 非法利用。例如，侦听。

2. 战略对抗。例如，侦测。

3. 媒体网络攻击。例如，拥塞。

4. 支持网络攻击。例如，病毒。

（三）信息系统安全是一个系统工程

信息系统的内在安全缺陷，形成信息系统外在安全漏洞。即使不存在外在安全问题，内在安全也是必须解决的问题；此外解决信息系统的外在安全问题，必须从信息系统的内在安全入手。可见，解决信息系统内在安全问题是基础。

四、电信网络内在安全防卫问题

电信网络内在安全防卫是指内在缺陷引入的安全问题。

（一）实体防护引入的安全问题

1. 实体防护的定义：利用建筑物、屏障、器具、设备或其组合，延迟或阻止风险事件发生的措施称为实体防护。

2. 实体防护的作用，包括三个方面。

（1）威慑作用：预防损失和预防犯罪。

（2）禁止作用：迫使破坏终停止。

（3）延迟作用：拖延损害进程，给防护提供时间。

3. 实体防护引入的安全问题。例如，盗窃。

（二）疏于管理引入的安全问题

在国家对信息系统建设和投入逐步加大的背景下，运营管理尤为重要。我国信息管理仍存在管理方式粗放、未建立良性运行管理机制等诸多问题，不断提高运转效率和增强安全管理，则成为摆在各大信息管理部门和企业亟需认真思考和总结的重要课题。例如，PSTN 中的“透传”问题。

骚扰电话是我们经常遇到的，人们有时会接到有“主叫号码”的骚扰电话，如果你按这个电话号码回拨，提示音会提示你呼叫的是空号。可见，“透传”会逃避投诉。令人不解的是，电信局既然知道这是空号，为什么还照例传递呢？对于 PSTN 来说，根本不需要什么实名制，只要消除“透传”就可以了。电路交换机机理本来就保证了物理上的对映关系。你的电话机号码，你的手机号码，不是用户自己设置的，而是入口交换机分配给那条用户线的。事情就是这么简明。

（三）错误使用引入的安全问题

例如非法插播问题。当年广电总局利用通信卫星转播电视，因为通信卫星上行和下行都是全波束的，在北京或者在其他地方广播，系统设备能力都是一样的，这时只能采用加密方法保障广播，如果一旦破译就可以进行插播。如果采用广播卫星转播电视，因为广播卫星上行是点波束，在北京广播与在其他地方广播，设备能力相差千倍，就彻底消除了插播的可能。可见，仅仅因为常识性错误，才引起插播。

（四）技术缺陷引入的安全问题

科学技术是先进生产力，技术则更有现实性的生产力，体现为两个方面。

一是不断总结或揭示自然事物的客观规律及创新迭代，阐释新的思想，总结出新的原理，扩展新的学科，创造新的思维；二是运用新知识、新技术加速推动生产力成果转化，创造新的成果，拓展新的业态。当前各国信息技术的发展已经取得长足进步，但在技术方面依然存在许多局限，因为技术缺陷引入的安全问题，屡见不鲜。例如在军事、经济情报领域的电磁泄露成为信息安全的一大隐患，也是世界各国高度关注并刻意解决的问题。

（五）机理缺陷引入的安全问题

例如互联网。客观存在四类机理不同的电信网络，因而电信网络安全属性各不相同。互联网机理是统计复用 + 无连接操作寻址，所以，网络安全属性最开放，即用户终端平行接入电信网络，用户地址可由用户自主设置。信源地址、信宿地址和媒体信号在同一个信元中传递。传递信号不需要事先建立连接，信元经过的节点是随机的，这些节点间的电路也是随机的。所以，在这四类电信网络中，最容易入侵。如图 2-1 所示。

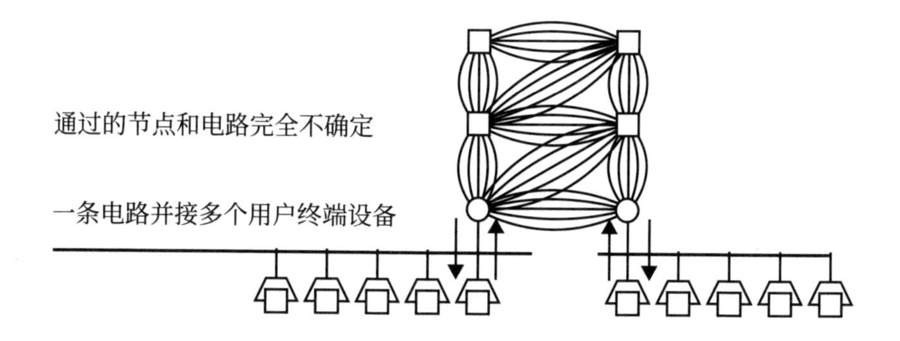

图 2-1　互联网的网络安全属性图解

五、信息系统的外在安全层次结构

信息系统存在多种外在安全问题。如图 2–2 所示。

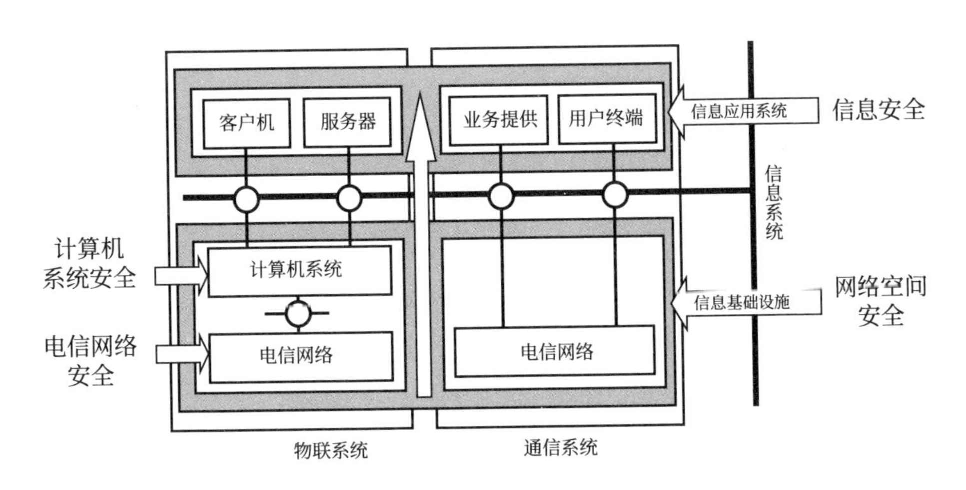

图 2–2　信息系统安全层次总体结构

（一）信息应用系统存在“信息安全”问题

早期的“信息安全”就是传输系统中的“加密和解密”。在信息技术发展初期，“加密和解密”就形成了独立的学科；至今，已经形成“信息安全”技术领域，与信息技术领域并列，互不相关。

（二）信息基础设施中的计算机系统安全问题

20 世纪末，随着计算机系统推广应用，就出现了“计算机系统安全”专业，这就是“防火墙、入侵检测和漏洞扫描”。基本思路就是执行“边缘防卫”策略，即只要把计算机系统与电信网络隔开，其计算机系统就安全了。这些成就至今仍然在用。

（三）信息基础设施中的电信网络安全问题

安全界普遍认为，信息系统诸多安全问题多出自电信网络。例如“加密”“隔离”都是针对电信网络的。但是，对于电信网络安全迟迟无所作为。直至 2005 年，宣告计算机系统“边缘防卫”策略失败，提出“网络空间安全”概念。

第二节　电信网络安全问题引发的思考

一、电信网络安全问题思考

中国网络空间研究院发布的蓝皮书《世界互联网发展报告 2019》指出，在中国互联网的基础设施建设、创新能力、数字经济、互联网应用、网络安全等 6 个项目指标中，唯独网络安全远低于美国。此处“网络安全”究竟什么意思，值得思考。

（一）第一层次思考

2005 年，在解决非法插播和电话骚扰时，方滨兴院士得出结论：在互联网上实施人为对抗，防卫成本相对于攻击成本越来越失衡。

这个结论是否正确？电信网络安全专家普遍认为，至今仍然成立。

（二）第二层次思考

2007 年，孙玉院士在其专著《电信网络总体概念讨论》中提出电信网络机理分类，如表 2–1。

表 2–1　电信网机理分类

电信网络系统	复用技术	寻址技术	现实电信网络
第一类	确定复用	有连接操作寻址	PSTN
第二类	统计复用	无连接操作寻址	Internet
第三类	确定复用	无连接操作寻址	CATV
第四类	统计复用	有连接操作寻址	B-ISDN

2008 年，孙院士在其编著的《电信网络安全总体防卫讨论》一书中，提出四类机理不同的电信网络的网络安全属性比较。第一类电信网络（PSTN）：比较有利于防卫，比较不利于攻击。第二类电信网络（Internet）：最不利于防卫，最有利于攻击。第三类电信网络(CATV)：最有利于防卫，最不利于攻击。第四类电信网络(B-ISDN)：比较有利于防卫，比较不利于攻击。

（三）第三层次思考

1998 年，ITU 关于电信网络核心网技术融合的研究结论。

Internet 和 PSTN 都不适合用于核心网。出于支持多种业务，保障业务质量和网络资源利用效率考虑，ITU 建议，B-ISDN 用于核心网。

问题讨论：ITU 上述建议有误吗？我国为什么不采纳这个建议？因为传输容量受限？

专家给出了简明回答：B-ISDN 机理正确，但是环境没成全它。在传输容量受限（以微波传输为主，速率限于 Mbps 量级）环境中，在支持多业务、服务质量和网络资源利用效率方面，B-ISDN 优于 TCP/IP。

值得指出的是，在传输容量受限（以光传输为主，速率超过 Gbps 量级）环境中，随着以太网、万维网与互联网高速融合发展，Internet 与以太网自然相容，效率较高，接入简单，成本较低。与之比较，B-ISDN 标准效率较低，接入比较复杂，成本比较高。Internet 标准系列产品迅速占领全球市场。

ITU 支持 B-ISDN 标准，美国支持 Internet 标准，国际三大标准化组织 ISO、IEC、ITU 都不接纳美国标准。至今，Internet 也不是国际标准。主推 IP 的思科成为世界巨头，主推 ATM 的北电破产倒闭。Internet 逐步成为事实上的国际标准。

（四）第四层次思考

我国电信网络（专网和公网）都大量应用 MPLS，为什么？

1. 在 Internet/B-ISDN 发展初期，尚未提出网络空间安全问题。

2. 技术机理与技术标准不完全是一回事。B-ISDN 标准被冷落，不等于 ATM 技术机理被否定。

3. 众所周知，MPLS 是支持 Internet 标准的核心技术。殊不知，MPLS 的技术机理却与 ATM 技术机理相同，即统计复用 + 有连接操作寻址。

（五）第五层次思考

为什么我国专网和公网都不全部使用 MPLS？

1. 电信网络发展演变的基础是应用需求。

2. 第一类需求，关注现实电信网络上的资源、应用成本和实用方便，并不在乎电信网络外在安全。现实的互联网已经满足了这类需求。

3. 第二类需求，首先关注电信网络外在安全，其次才是网上资源、应用和成本。采用基于互联网之上的 MPLS-VPN 已经满足了这类需求。

4. 我国现实的电信网络，事实上已经形成 Internet/MPLS-VPN 两网并列，即第二类电信网络与第四类电信网络并存的物联形态。

（六）第六层次思考

那么，我国为什么 再强调“网络安全”？

1. 第一类需求，不关注外在安全。

5. 第二类需求，关注外在安全，普遍采用 MPLS-VPN。可见，采用 MPLS-VPN 的电信网络才需要“加强外在网络安全”。

（七）结论

1. 网络安全分为内在网络安全和外在网络安全。

2.MPLS-VPN 需要加强外在网络安全。例如，建设完整的“合法侦听系统”和“信源定位系统”。

3. 互联网不特别关注外在网络安全。

4. 所有电信网络都关注内在网络安全。显然，内在网络安全的缺陷往往成为外在网络安全的漏洞。

5. 我国强调的“网络安全”通常是指外在网络安全。客观上，我国更应当关注内在网络安全。

二、电信应用环境的演变

自从电信技术出现，就处于竞争环境和对抗环境之中，值得注意的是，近年这种环境在迅速转化。

（一）双重环境

电信技术在出现之时起，就处于双重环境之中。这就是“竞争应用环境”和“对抗应用环境”。在竞争环境中，强调电信技术为全人类服务，要求电信技术有国际统一标准。在对抗环境中，强调电信技术为利益集团服务，要求电信技术有独特的防卫性能和攻击性能。

（二）早年环境

多数应用环境属于“竞争环境”，如民用通信。少数应用环境属于“对抗环境”，如军事通信。在早年环境中主流是民用通信，1852 年发明电报，1865 年就成立了国际电信联盟（ITU），保障国际电信互联互通。

（三）近年环境

近年对抗应用环境在迅速扩大。曾几何时，从军事对抗、政治斗争、经济竞争环境，迅速向民众服务业和日常通信环境扩展。例如，1994 年美国参议院签署《司法强制性通信协助法案》，开辟了“合法侦听”的先河。一个国家在对抗环境中生存发展，必须做出理性反应，甚至别无选择，例如针对攻击的防卫和针对防卫的攻击。因而，任何国家政府，必须和必然支持“对抗类电信技术”发展，特别是在电信网络对抗技术方面。

三、竞争类技术与对抗类技术

（一）技术机理是决定安全属性的基础

网络安全属性取决于技术机理，实现技术和工程应用；其中，技术机理是基础，电信网络机理是全面研究网络安全问题的基础。

（二）不同的网络机理，具有截然不同的网络安全属性

在这四类电信网络中，第三类电信网络（CATV）具有比较好的网络安全性，第一类电信网络（PSTN）和第四类电信网络（B-ISDN）具有比较适中的网络安全性，第二类电信网络（Internet）具有比较差的网络安全性。

（三）需要澄清一个简明的概念

2002 年出现的“电话骚扰”为什么至今未得解决？现在“网络欺诈”“短信垃圾”泛滥究竟由谁解决？显然，“电信网络安全”与“信息安全”不是一回事，“电信网络安全”与“计算机网络安全”也不是一回事。

（四）电信网络环境演变引起的影响

(1) 至今，所有电信技术都是在竞争环境中产生，在对抗环境中应用。必然暴露出广泛的脆弱性。

(2) 过去，根据质量和效率要求进行技术研究，已经得出一些结论。将来，根据质量、效率和网络安全要求进行技术研究，可能得出与以往不尽相同的结论。

(3) 竞争环境愈来愈呈现出现竞争性发展模式与对抗性发展模式并存的态势。

（五）竞争性发展模式与对抗性发展模式

1. 竞争性发展模式

从发明电报以来，电信技术遵循竞争性模式发展，电信技术发展奔向一组竞争性目标，即质量和效率。越接近这组目标，就越能取得越好的竞争效果。

2. 对抗式发展模式

近年来，出现了对抗性发展模式，电信技术发展奔向一组对抗性目标，即网络

对抗。技术越超越这组目标，就越能取得越好的对抗效果。

（六）国家行为取决于国家决策

解决电信网络的网络安全问题是国家行为。如何解决这一问题取决于国家决策。

第三章

物联网产业创新问题

现在，大家都在讨论创新问题。如政治体制、发展思路、商业模式、科技发展创新等。本章将从技术角度讨论物联网产业创新问题。

第一节　物联网产业创新现状分析

一、创新概念

（一）创新定义

创新（Innovation）是以新知识、新技术和新路径为特征的一种创造实践，由于创新角度和领域略有不同，其包括科技创新、自主创新、区域创新、协同创新、企业创新以及管理创新等。产业升级和竞争力的提升关键是创新，产业的创新与创新能力的强弱已成为国力差异和经济发展水平的关键因素，因此，其重要的关注点是创新。

产业创新系统是国家创新系统的重要组成部分，它包括创新系统环境，以及基于创新相关联的组织、技术和政策三个要素。组织结构是创新主体，技术创新是关键，政策保障是创新的基础与前提。

由此，可以将物联网产业创新系统定义为：为加快推进产业转型和质量提升，对于技术创新、政策调控、市场开拓、资本投入、产业链协同等多因素形成的合力，延长产业生命周期，持续推进产业结构优化，不断孕育新业态新模式，提升物联网产业发展的集聚性和协同性。从我国的物联网产业发展来看，物联网的产业创新首先由政府发起，通过制定相关的物联网政策法规，整合相关的物联网企业形成企业群，而后根据市场环境和经济环境的需求，开展相应的技术、组织、管理、服务等领域的创新，并将创新结果反馈给政府相关部门，调整政策导向，构建创新生态的闭环，持续提升产业发展竞争力。

物联网产业创新系统要素包括系统内外两个方面，其联动包括两个层次：一是创新技术、组织管理、生产方式等各要素之间产生的互动与联系；二是系统间（政策、资本、业务、监管等）的要素联动。这两种联动共同决定了创新系统的生成与进化，并分别按非线性和耦合两种机制运行。以我国物联网产业发展为例，在国家“三网融合”（互联网、电信网与广播电视网）战略和移动互联网发展的推动下，在用户、市场、制度以及经济等外部环境的影响下，物联网技术、产品、服务和管理等多个主体要素，通过持续地互动传递知识和资金进行产业创新活动。

（二）创新要素

物联网产业技术创新是将推进物联网关键技术的创新与突破，以及物联网共性技术开发以及加速物联网技术发展与应用作为产业生态可持续发展的关键与核心。基于物联网产业技术创新平台，从产业层面对物联网资源进行战略重组，解决物联网产业技术发展的瓶颈问题；届时，以技术需求为导向、以物联网市场为载体，开发核心技术和共性技术，通过政府、企业、科研机构等三位一体的制度构建与协同创新，加速推进物联网产业生态构建和技术研发的高度对接，为物联网产业化和数字化转型提供支撑。创新要素可以分解为以下几个要素。

1. 创新主体

创新主体即人类，包括两层含义，一是指个人（自然人的发明创造）；二是指团体或组织（如国家创新体系的建立）。

2. 创新资源

企业技术创新所需的各种投入要素，包括人力、物力、财力等。技术创新战略规划正确与否，决定了企业能否用有限的资源获取更多的成果。关键资源的评判标准有三个：一是价值，即占有和使用有价值的资源，能够带来潜在的竞争优势；二是稀缺性，有价值且稀缺的资源能够带来真正的竞争优势；三是不可模仿性和不可替代性，有价值且稀缺的资源为企业带来的竞争优势，只能持续到竞争对手成功模仿或替代了这种资源，包括科技资源、科技创新资源、技术创新资源、区域创新资源等。“知识资产”是形成企业核心能力所必需的资源。它以核心技术为主体或基础，是一种重要的表现形式。

3. 创新环境

创新主体实施驱动创新所产生的相关资源与要素的结合，不断助力企业集聚和产业发展。其包括政策体系、行业监管、体制机制、产业环境与投融资、组织管理环境等。创新环境是聚集创新要素、挖掘创新潜能的关键。

4. 创新行为

将科学的新发现迅速转化为新技术并直接推动技术进步的行为,称为创新行为。例如新材料的发现、信息技术和生物技术的突破，并且这些新材料和新技术都迅速转化为相应的生产力，这种以科学发现为源头，建立在科技创新基础上的科技进步的模式，体现为知识创新（科学发现）和技术创新的密切衔接和融合。

5. 创新效果

在大数据信息分析评估的基础上，根据准备离职技术、制造、信息、数据等新生产要素集成优化和综合研判所达到的预期经济效益以及综合竞争力提升的程度。通过分析评价并优化工艺或管控措施，加速推进产品创新力度，为企业决策提供依据。

（三）科技创新定义

原创性科学研究和技术创新的总称，称为科技创新。

1. 原创性科学研究是提出新观点、新方法、新发现和新假设的科研活动，涵盖以下两个方面

（1）开辟新的研究领域。

（2）以新的视角重新认识已知事物。

2. 技术创新泛指生产技术的创新，包括以下两个方面

（1）开发创新。

（2）把已有技术进行应用创新。

3. 技术创新具有五大特征

（1）风险性。技术创新涉及许多相关环节，基于技术创新的风险带来一定的不确定性，技术创新周期较长，需要持续加大科研投入，并且这种投入不仅限于技术创新研发阶段，还可能延伸到生产经营管理阶段，甚至市场营销阶段，如投资生产设备、培训生产人员等。受竞争程度、企业规模和垄断力量的市场影响与综合分析，中等规模的企业较易激活各种潜在的技术，提高技术转化为现实生产力的水平，成为技术创新的主体。在企业成长期必须投入大量的人力、物力和财力，受技术创新或市场等相关因素的制约和影响，使得创新活动的投入产出比难以形成良性循环。技术创新的根本环节是商业化，若不能商业化，那就只是技术的发明创造，而不是技术的创新。

（2）首创性。自主创新追求的目标称为首创性。技术创新只有具有创造性，才能在竞争中占据制高点。新技术先进性首先表明该核心技术在相当长的时期内难以模仿复制，且是独创独有的，即使现有技术局部经过创新或改进，使其更加完善，明显提高了应用效果；其次表现在重组生产要素的过程，把新技术创新成果创造性地转化并应用于现实生产力，加速推进技术形态的转化。

(3) 社会效应。技术创新需要投入大量的社会经济资源、自然资源和科技资源，才能制造出新的知识产品形态，加速推进前沿引领技术、共性关键技术的战略布局，突破创新数量，提升创新质量，实现全球跨时空、跨地域范围内的共享和传播。

(4) 知识的内在性。创新成功的内在基础是知识和能力支持。现代新经济增长理论的观点阐述，知识与技术创新是推动经济持续增长的决定因素。由于知识本身具有内在性，形成源头创新（知识系统迭代创新、关键核心技术突破）到产业化应用创新的良性闭环迭代，加速推进知识成果转化及产业化，相应的知识和能力的支持着研究、开发设计、生产制造等每一个创新的环节。创新者本身在创新的过程中积累了知识和能力。

(5) 效益的显著性。综合国力竞争的本质是科技实力的竞争。发达国家及其跨国公司之所以能对世界市场特别是高新技术市场形成高度垄断，凭借的就是科技优势以及建立在科技优势基础上的国际规则。只有不断增强自主创新能力及具有自主知识产权的产品创新，在国际产业分工中向“高精尖”技术体系迈进，在市场上获取超额利润。目前整体现状是我国制造业与发达国家相比创新技术上仍有不小的差距，其应有利益分配难以持续。

二、关于物联网产业创新

物联网是推动新一代信息产业发展的战略支点。人类社会的发展史从某个角度来说也是信息技术的发展史，社会的进步必然会伴随着信息技术的更新换代。信息技术自产生之日起便对经济社会有着不可估量的影响，其对社会各方面的影响不断加深，应用也将有所改变。以下列举国际电信创新发展的标志性事件，以及国内信息产业发展的相关情况。

（一）国际信息创新发展现状

1. 信息基础设施建设

在数字时代背景下，信息基础设施建设是拉动信息经济产业化的重要基础。当前各国都在大力推进信息基础设施建设，信息通信技术的渗透与倍增效应，不断催生新技术、新应用、新模式、新业态，加快经济结构优化升级，驱动产业持续增长。如日本“e-Japan 战略”，目标是构建一个功能集成、强覆盖率的信息网络。

2. 信息技术建设

信息技术研发与产品创新是构成信息产业高质量发展的唯一动力。发达国家创新资源与要素加速集聚，并将部分关键领域技术研发与应用，构建新型创新生态作为全球科技革命和产业变革的关键。日本以信息技术创新及应用为方向，推动“三网融合”，增强信息产业的竞争力；美国把宽带技术的研发和应用作为信息产业现阶段的发展重点；中国积极推进5G网络部署，加快数据中心、千兆光纤、物联网发展，强化应用导向，加速工业企业数字化转型赋能。

3. 信息社会化建设

在信息化发展的新时期，各国无不将推进信息化社会建设作为加速产业发展的重要内容，在国际电子贸易、商业交易等领域战略布局。如，韩国大力推动电子政务发展，在政府管理、金融服务、国防军事、教育等领域加快信息化，并将电子商务和国际电子贸易的发展作为加速信息产业的关键要素；美国也是一向重视电子政务和电子商务建设。

4. 信息人才建设

培育高端化、复合型信息化人才，是信息产业良性发展的关键。赋能破解与突破信息核心技术关键环节卡脖子难题打下基础。

（二）国际电信创新发展标志性事件

（1）1852年发明电报。

（2）1876年发明电话。

（3）1935年发明电视。

（4）1949年发明计算机。

（5）1958年发明集成电路。

（6）1964年发明同步卫星转发。

（7）1970年发明光纤传输等等。

（三）我国信息产业发展情况

（1）1960年以前，信息产业一无所有。

（2）1960年，开始军用物联系统研制。

（3）1960—1970年，配合“两弹一星”发展军用信息产业。

（4）1970年，与国际同步开始研发数字通信系统。

（5）1970—1978年，信息产业从无到有。

（6）1978—2013年，信息产业从小到大。公用通信产业创造奇迹。

(7) 2013 年至今，信息产业从大到强。国家发布《物联网专项行动计划》，物联网产业加速发展。

（四）推动我国信息产业创新发展的若干思考

(1) 制定合适的政府干预模式，合理协调政府调控和市场调节。各个国家都是以本国国情为基础，形成迥然不同的发展模式，政府有必要统筹规划，重点部署，系统梳理并加快制定培育产业数字化相关的政策举措，推进在信息安全、智能管控、链条短板、融合应用等方面的创新与突破。同时，进一步实施将市场的基础作用与政府的恰当干预二者有机融合，其效率价值和公平价值不断加大，加速推进以新型基础设施建设为引领的数字产业化行稳致远。

(2) 兼顾技术引进与自主研发并重。二者间双轮驱动是加速产业竞争力的关键。一方面，在消化、吸收和创新的基础上，实施后发比较优势，加速产品创新自主研发、加快突破卡脖子关键环节技术难题，以创新驱动推动产业结构优化升级。另一方面，加强基础研究，做到实践与理论相结合，建立科技创新平台，拓展产业发展空间。力争在某些优势领域占据全球产业竞争制高点，提升产业发展综合竞争力。

(3) 遵循规律，研究与培育信息主导产业较为关键。日本、印度等国根据不同国情，遵循客观规律，找准加快信息产业重点领域、重点环节，加速推动信息产业迅速发展。一方面，结合国情找准立足点，重点发展轨道交通、智能制造、绿色能源以及国防科技等前沿领域，依赖知识库或软件信息的系统集成与利用，优化产业结构，为信息产业高质量发展提供新动能；另一方面，探索适合自身特色的发展模式，培育一批基础研究强，拥有自主创新技术和产品独具优势的专精特新企业，加速推进创新资源、创新生态良性发展。

(4) 高层次科技、管理人才是科技企业创新驱动实施的关键。基于信息产业多学科多领域交叉融合的特性，以知识、技术、信息和数据等新生产要素为依托，打造一批宽国际视野、具有跨学科知识储备以及开拓创新精神，能够引领行业发展的领军型人才，以及掌握学科前沿、具有较强理论功底与实践能力、跨界融合的研究型创新人才。

第二节　物联网产业创新的实践基础

一、实施创新的社会基础

（一）创新主体为创新人才与创新资源

(1) 创新人才首先应当具有奉献精神，认识到创新的意义、创新的难处和为之付出的必要性。

(2) 创新总是在原有的人才基础、技术基础和产业基础上进行的。可见，创新过程是一个在原有基础上之上的攀登过程。

(3) 现实社会环境造就创新人才，同时奠定创新资源基础。

（二）创新环境与创新行为

(1) 创新的基础环境首先是社会需求，其次是创新基础。从无到有，从小到大，从大到强，这是我国创新的大环境。

(2) 新中国成立初期一穷二白，主要依靠“仿制”创新，实现从无到有。

(3) 在改革开放初期，国家经济逐渐好转，主要依靠“跟踪”创新，开始执行“863计划”支持技术创新。

(4) 到20世纪初，国家逐渐富裕起来，主要依靠“借鉴”创新，开始执行“973计划”支持理论创新。

(5) 1978年至2013年，改革开放35年，从下游产业做起，逐渐向上游延伸，积累财富、积累技术、培育人才。国民经济规模从小到大。

(6) 2016年，国家提出《十三五国家科技创新规划》。目标是支持国民经济从大到强。首先，国家需要创新发展；其次，国家已经有条件实施创新战略；最后，国际环境逼迫必须创新。

二、关于创新实践

（一）创新的基础是实践

(1) 实践是获得知识的基本行为，实践出真知。

(2) 实践是实现创新的基础，熟能生巧。

(3) 只有长时间实践，才能认识深化。

(4) 实践必须付出辛苦，耐得住寂寞。以获得真知灼见。

（二）个体创新与协同创新

（1）早期产业发展从小到大是分立发展的。早期创新主体也是分立的。

（2）创新资源和要素的有效汇聚称为协同创新。以知识增值为核心，加速推进创新主体间“人才”“资源”“知识”“信息”等要素的价值转换与有效汇聚，达成创新效果与创新收益最大化及产业间深度合作。

（3）协同创新的主体是“官产学研用”的融合。

（三）创新实践应当明确自己的工作位置

（1）系统工作位置为理论研究、系统研发、装备生产、服务运营。

（2）要明确自己在信息系统中的位置，实现自己工作的价值。

（3）要明确自己的工作与相关工作的关系，实施协同创新。

（四）科技创新的层次结构

（1）基本概念是什么？

（2）基本原理为什么？

（3）设备研制如何做？

（4）系统集成如何用？

三、应用中的创新与讨论中的创新

（一）应用中的创新

中国电信界普遍存在一种偏见，认为从事系统设备研制的技术领域才具有创新，而从事系统设备应用的技术领域没有创新。

这种错误认识直接导致轻视使用研究，其结果是严重影响了信息技术的发展。例如，一项具有代表性的重要应用创新是“数据链”，一部半双工电台居然可以用于现代化协同作战。

（二）讨论中的创新

在一个熟悉的技术领域，只要经常带着问题，讨论也可以创新。

（1）问题：一张办公桌上放置三部密级不同的电话机，电话机一响，分不清究竟是哪一部电话来电。能否寻找出一个切实可行的解决方法至关重要。

（2）办法：在一部电话机上装一个按钮。打非密电话，直接择机拨号。打加密电话，按下按钮，然后择机拨号，呼叫对方，同时呼叫密钥分配中心，密钥分配中心得知双方用户信息，判断通话密级，分配相应密钥，然后再连接双方通话。一部电话机，支持三种电话业务，已经推广应用。

四、关于创新效果

（一）创新工作的层次结构

（1）国家研究院所的重大科技领域创新。

（2）大实业公司的产品创新。

（3）大学里科技理论创新。

（4）工厂生产线上的技术革新。

这些创新工作层次不同，各有各的用途，各有各的价值。所以，国家着力创造条件，支持国家级重大创新，同时，也提倡万众创新。

（二）创新成就的层次结构

（1）创新支持国家迈进创新型国家行列。

（2）创新支持关系国家全局和长远发展的重大科技项目。

（3）创新支持具有国家竞争力的现代产业。

（4）创新支持民生改善和可持续发展的产业。

（5）创新支持发展保障国家安全和战略利益的技术领域。这些创新的成就层次不同，各有各的价值。

（三）增强性创新

逐渐改善原有技术，创新效果逐渐增加的创新。例如，在模拟用户线数字传输方面的创新。其表现为下列几点。

（1）发明传输机，传输速率 2.4Kbps。

（2）发明 ISDN，传输速率 2B+D=136Kbps。

（3）发明 xDSL，传输速率 1.5-52Mbps。

（4）把数据传输终端放在用户家外边，通过短短一段现存模拟用户线，把 1Gbps 高速数字信号传递到家庭终端。

（四）我国创新发展经历

信息领域科技创新的替代过程，一无边际，二无止境。一项技术的兴衰不仅仅取决于自身的潜力，更重要的是取决于比较。科技创新已经成为国民经济发展的新常态。

五、增强性创新与颠覆性创新

（一）一场持续四年的争论

20 世纪 80 年代，国际电信界在完成了数字传输、数字复用、数字交换研制之后，就提出了用户线数字化问题。针对这个问题出现了两种截然不同的思路：其一，北美公司认为，为了充分发挥数字化的潜在工程效果，必须建设全新的数字用户线；其二，欧洲公司认为，现有的模拟用户线几乎占现存电话网成本的一半，这是不容忽视的经济现实。这个问题连续讨论了四年多。

（二）增强性创新

讨论结果，经济现实思路获胜。从那以后，接入网数字化都是以现存模拟二线制用户线为基础。这电话网中的用户线，确实是一种尽美尽善的技术成就。直到现在，它仍然在全世界成功地支持着电话业务。问题出自如何同时支持数据业务。

在遵循“经济现实”原则的基础上，开始了基于现存模拟用户线的接入网数字化研发工作。

(1) 发明了数据传输终端，即传输机。利用原有电话线，在不影响原有电话业务的前提下，把 2.4Kbps 低速数据信号，从家庭的数据终端传输到交换局中的数据交换局，这就形成了公用交换分组数据网（PSPDN）。

(2) 时至 1980 年，发明了著名的综合业务数字网（ISDN）。其实质是在现存模拟用户线上实现了 2B+D 数字链路。这就解决了接入网 136 Kbps 中速数据传输问题。

(3) 时至 20 世纪末，发明了著名的数字用户线（xDSL-Digital Subscriber Line）系列方案。利用双绞线，在距离 300m~6km 范围内，支持 1.5~52 Mbps 高速数字传输。

(4) 尽管如此，有人还在继续挖掘现存模拟用户线资源的潜在能力。例如，最大限度缩短用户线长度以扩展带宽。首先，通过光缆把数字信号送到用户门口，即把极高速数据传输终端放在用户家门口外边，通过短短一段现存模拟用户线，把 1Gbps 高速数字信号传递到家庭终端。

看来，已经把现存用户线资源挖掘殆尽，难道这条增强性质创新之路走到尽头了吗？

（三）颠覆性创新

一项技术的兴旺与衰落不仅仅取决于它自身的潜力，更重要的是取决于比较。当电信界遵循“经济现实”原则，发展接入网研究初期，光传输技术即处于起步阶段。

曾几何时，在光缆之中，Gbps 量级数字信号传递已经不成问题，而成本也远低于基于模拟用户线的对应方案。无疑，用户接入技术出现了颠覆性创新。

（四）颠覆创新与颠覆性应用

发展中国家，模拟二线制用户线基础设施尚未普及或者质量欠佳，于是迅速采用无源光网络作为用户接入媒体，轻易实现了高速用户接入，实现了颠覆性应用。

然而，发达国家在颠覆创新与应用方面的做法值得借鉴。例如，欧洲模拟二线制用户线基础设施久已普及而且质量甚佳，于是仍然采用原有的模拟二线制用户线媒体，采用上述技术，实现高速用户接入。

可见，就技术与应用而言，发明颠覆性技术，未必出现颠覆性应用。就光传输这种颠覆性发明而言，颠覆一些地区未必颠覆全世界。采用颠覆性技术可谓先进，采用传统技术未必称为落后。

六、对于创新的理解

（一）创造与创新

“创新”需要设置一个定量门槛，创造多少效益才称为“创新”。效益门槛越高，“创新”越少；效益门槛越低，“创新”越多。

（二）科学这把双刃剑

创新过程普遍存在两个阶段，首先，创造正面成果；然后，解决负面问题。从创造正面成果到解决负面问题，需要一个认识和适应过程。问题常常出现在这认识与适应过程之间。其一，一旦创造出正面成果，就会被人利用，容不得解决负面问题；其二，解决负面问题比创造正面成更困难、更复杂、甚至无解。那么，这由科学家打开的潘多拉盒子，应该由谁来把它关上呢？

（三）对于创新的理解

（1）从哲学角度看，创新是人自我发展基本途径。从认识论的角度看，创新是无限的。从辩证法的角度看，创新是永无止境的。

（2）创新总是在现实环境中进行的。创新环境可遇而不可求，在现实环境中成就创新。

（3）对于创新主体来说，关键是充分适应现实环境，在现实环境中努力做出尽可能的创新。

第四章
物联网产业发展问题

目前，物联网产业发展迅速，已成为全球信息科技迅猛发展的必然趋势。许多国家高度重视对物联网产业发展的研究，已将发展物联网产业作为推进制造业转型升级、提升国际竞争力的重要战略。我国已正式将物联网作为新兴产业发展战略的重要组成部分。现阶段如何在我国“十四五”规划的大背景下，科学规划，合理布局，推动物联网产业良性发展，是亟待解决的重要战略课题。

本章将从技术角度对物联网产业及相关问题进行阐述。

第一节　物联网产业发展概述

一、物联网产业发展历程及整体概况

随着5G网络快速发展，物联网正加速迈入“重点聚焦、跨界融合、集成创新”的新阶段。受各国战略引领和市场推动，全球物联网应用正加速在深度和广度上重构整个产业生态，可以提供多维数字孪生模型构建，支持高级建模分析及可视化运维管控，更精准描述和优化物理世界，构建智能决策载体。物联网使新型工业化和传统领域走向深度融合，平台化服务、泛在化连接和智能化终端成为物联网产业的特征，在诸多前沿领域一大批创新型领军企业脱颖而出，第三方运营服务平台也应运而生并逐步崛起，物联网产业发展布局日渐清晰。

一是，物联网与移动互联网加速融合，成为信息业发展的一大趋势，加速推动物联网技术创新应用和产业生态建设的优化与培育。有利于摆脱我国物联网产业链低端锁定的困境，有利于补短板强技术，转型升级提速，系统推进物联网产业创新发展。目前我国信息业在融合应用服务、新型终端制造、硬件创新生态、开放平台构建、移动网络优化等方面呈现出良好的发展态势，并带动传感器、无线芯片等相关支撑产业迅猛发展。基于数据挖掘技术的日趋成熟，海量数据蕴藏的巨大价值将被释放，基于物联网数据的服务将是未来物联网产业价值重心。同时，物联网与移动互联网的融合发展将深度重塑终端制造业、应用服务业等业务模式，加速推动信息通信技术向各行业、各领域的渗透融合，我国应加大这方面的研究，重点突破核心关键技术，掌握技术知识产权，加速信息产业优化升级，加快形成产业发展新模式，培育服务新业态，释放发展新潜能。

二是，工业物联网成为新一轮部署焦点，推进生产领域的智能化、数字化、精益化管理。工业物联网是赋能制造业数字化转型，重塑产业竞争新优势的重要基础，也是促进企业战略转型的关键要素。一方面，生产制造企业部署与构建工业物联网，实现工业资源（包括人、机、物）能够以有线（或无线）的方式泛在连接（推进网络互连、数据互通和系统互操作三者的加速跃升），及时、动态掌握网络中各种生产制造设备的状态，优化生产工艺流程，进行工业数据的采集和设备控制的智能化、数字化、信息化管理，更为重要的是，构建物理工厂的数字化布局仿真和物流优化，包括数字车间、生产工位以及物流系统的提升优化。对数据进行实时采集、分析和优化，有助于搭建具有精益生产管理理念的高效数字化车间管理平台，推动生产方式向精益生产的转变。另一方面，对数据进行分析和优化，从数据仓库中提取隐藏的预测性信息，实现多源异构数据的深度开发应用，快速而准确地找出有价值的信息，为智能决策提供有力支持，有效提高系统的决策支持能力。

三是，智能制造成为物联网集成应用的综合平台。制造业是实体经济的核心。基于工业物联网平台，企业需要构建设计、采购、生产以及销售等贯通各环节的横向集成，以及工位、设备产线、车间和智能工厂等组成的纵向集成；采用物联网、高级建模等技术，将基于泛在技术的算力算法和移动通信等贯穿于智能制造的各个环节，搭建起由人、产品、系统、资产和机器之间形成实时的、端到端的、多向的通讯和数据共享的闭环体系，构建生产工艺、工厂规划、生产运营的集成管控环境，大幅提高制造效率，改善产品质量，提升企业竞争优势，推进智能化生产高质高效发展；构建以数字化虚拟仿真系统为基础的智能互联研发环境，实现生产流程和柔性控制的动态调整和优化，以自主创新提升核心竞争力，为工业转型提供强有力支撑，推动制造企业创新发展。

四是，加速物联网集成应用，支撑新型智慧城市建设。智慧城市融信息技术与智能技术于一体，加速城市管理智能化。在智慧城市建设中的交通运输、智慧电网、智能建筑等领域得以应用。利用城市管理运营和大数据分析平台，形成城市运行中的海量数据集成，构建具有高度分析和预测能力，推进城市管理更为便捷、精细与高效。基于5G低时延、通讯高速稳定的特性，提升城市智慧管理的响应速度，以图像、音频等形式对城市管理运行状态实时监控、精准决策，加速城市资源配置优化，提升城市管理更具科学化，通过移动 APP 提供城市管理和生活服务，促进城市绿色、低碳发展。目前，全球的物联网更多地应用于新型基础设施领域或智能工厂闭环应用。信息的管理和互联受到较大限制，大多智能化子系统集成度低，难以解决系统的互联、互操作问题，彼此无法兼容，无法形成真正意义上的物物互联。因此无法充分体现出物联网的优势来。只有闭环应用形成规模并进行互联互通，才能形成完整的物联网应用体系，实现不同领域、行业或企业之间的开环应用，充分发挥物联网的优势。

二、物联网的应用定位

（一）目前处于发展初期

就物联网产业发展进程来看，目前处于发展初期。整个物联网产业在通信系统产业基础上发展起来，逐步完善系统技术，逐步扩大规模产业，逐步推广应用。其间，逐渐明确了物联网的应用定位。

（二）信息系统应用定位

国民经济信息化是在国民经济中推广应用信息系统的过程。可见，信息系统处于工具地位。

（三）智慧城市的主体是城市

城市有城市的发展规律，物联网是城市信息化的工具，城市有相当的基础，应用物联网才有实际意义。

（四）智能制造的主体是制造

制造有制造的发展规律，物联网是制造信息化的工具，制造有相当的基础，应用物联网才有实际意义。

三、推进物联网产业发展的四个着力点

物联网是全球信息科技竞争的关键要素。在新旧动能转换的战略机遇期，各国都纷纷开始进行战略布局，以重大融合创新技术的研发与应用为着力点，力求将代表信息科技竞争趋势的核心技术牢牢掌握在本国手里。我国应加快实施战略部署和专项行动计划，加速物联网与5G、数字孪生等技术深度融合，推动智能感知设备、传感器等关键技术的研发及创新，深化物联网场景化应用，促使物联网产业化与规模化持高速增长态势。

（一）自主创新研发，突破发展障碍

随着全球化进程，国际竞争态势呈现出全新的格局。全球化的研发、制造、市场时代已经来临。竞争在不断加剧，当今的研发已成为企业竞争的主战场。科技研发是一项系统工程，涉及面广，相关因素和变量很多。

当前，我国物联网技术创新能力明显不够，一些关键技术仍处于初始应用阶段，核心芯片、传感器件以及智能传感器、智能终端以及核心部件、核心技术对外依赖度高，受制于人，像无线网络、数据融合、存储与挖掘评估、计算与服务以及信息安全等核心技术，成为加速物联网产业可持续发展的关键。

第一，聚焦全球物联网前沿技术，以物联网推动自主创新，加速培育核心产业提质增效。首先，以工厂内智能单元关键技术创新为基点，加速重点领域或关键技术的创新应用，从“点式突破”到“线式推进”。其次，逐步扩展到制造系统的其他设备产线（关键环节）乃至整个车间，实现“点—线—面”的逐级创新应用。特别要在物联网产业的关键领域（或关键共性技术）展开重点攻关，形成智能制造持续发展的关键支撑。

第二，战略层面的重大技术自主创新，解决信息产业关键共性技术卡脖子问题。这里包括关键工艺、核心元部件以及系统集成等相关共性技术研发攻关，加大基础技术和核心技术的研发，积极开展共性关键技术和跨行业融合性技术研发，重点突破智能和微型传感器、超高频和微波射频识别（RFID）、地理位置感知等感知技术，以及近距离无线通信、低功耗传感网节点、人机 / 机器智能交互（M2M）终端等传输技术的研发与应用，加速创新科技成果转化，持续优化物联网产业生态，提升产业核心竞争力。

第三，技术创新与标准制定双论驱动，加大行业标准及规则的开发制定，在全球化的大趋势下，国家竞争层面延伸到企业竞争领域，“软实力”越来越备受瞩目，通过参与和主导标准的引领作用，促进中国标准“走出去”，参与全球规则的制定，增加国际话语权，加速提升产业的核心竞争力。

（二）突破协同创新，融合发展，着力打造世界级先进物联网产业集群

提升产业集群竞争力，发挥其竞争优势，是一个国家或地区经济发展面临的重大战略问题。尤其是随着新一轮科技和产业革命蓬勃兴起，产业生态和集群网络逐步成为全球新一轮科技竞争的制高点。如何加强协同创新，推进集群发展，打造具有全球先进物联产业集群？笔者认为，一是夯实基础，强化关键技术攻克，推进产业纵向深入。以创新驱动战略为引领，打造全球产业高端技术创新高地。着力解决物联网产业具有国际先进水平的关键核心技术，提高原始创新、集成创新和引进消化吸收再创新能力。以关键技术突破为抓手，以科技快速转化为生产力作为主线，畅通科研成果产业化渠道，实现技术创新驱动产品升级和产业转型。所谓技术创新，并不是单纯的某一项技术研发或专利发明，在于聚焦当今科技前沿，不断催生新技术、新业态、新经济，不断推动产业组织模式、生产制造模式和市场模式的变革从

低级到高级演进、上升和发展。二是，以数字化经济为基本载体，以数字化技术的拓展应用作为效率提升和经济结构优化的重要推动力，协同创新，形成立足国内，辐射全球的万物物联体系，打造国际物联产业新高地。优化产业规划布局，加速产业链高端空间集聚，加强与制造业深度融合，推进产业转型升级。同时，协同创新不仅是指集群企业或机构的国际化布局、技术合作交流，还应注重集群与集群之间的开放合作，不断强化集群的本地化和国际化联盟，如在由全球产业技术创新联盟、科研机构以及国内院士工作站等产学研合作创新平台建设力度的基础上，形成优势互补、协同创新的智慧生态闭环，促进创新要素流动与共享，推动企业单一的技术创新向政产学研协同创新一体化模式转型，形成全球的国际竞争力。三是立足我国国情，将特色产业发展战略向纵深推进。加速物联网产业高质高效发展，必须坚持高端战略，突出协同创新，破解产业同构化，走出做专做精做优的特色发展之路。

（三）优化融合资源，完善生态环境

良好的物联网产业生态环境是实现高质量发展所必需的。事实上，物联网产业生态环境中上下游产业链完善、基于大数据挖掘与评估技术的物联网公共平台，以及培育多元化融合发展的产业生态，加速实现资源要素的高效配置和柔性制造的高效协同。持续深耕创新协同、产能共享与集群发展的物联网产业生态，从而实现高质量发展。

第一，加强优化与融合物联网产业内的资源。智能制造产业的领军企业要加强科技创新与产业融合并重，积极推动“上云用数”，构建产业内数据、软件、技术、知识、人才和管理等生产要素在不同企业的集成优化、协同创新。构建产品从互联互通到数字控制，以及数据分析挖掘与评估等全方位、多链条、跨网络的数字化生态系统。打破技术“孤岛”，进而推进整个产业链优化升级。构建以先进智能制造企业和智能工厂龙头企业为核心，放大数字产业叠加、倍增效应，逐步形成以大带小，上下游企业耦合共生、协同联动，以及各细分领域企业深度参与的发展生态。

第二，借助物联网技术构建支撑跨区域的智能制造协同创新平台。优化与完善虚拟体系架构，确保信息孤岛间的传输通路畅通，完善平台运行机制，加强跨区域企业间在技术创新、数据挖掘、产品工艺、应用服务等要素的集成创新，推动平台成果转化及产业化，推进价值链重构优化，在更大程度上推进区域内资源的配置优化和优势互补，加速培育产业生态持续优化。

第三，对于物联网跨产业资源，要加强优化与融合。智能制造跨产业资源包括创新链、产业链、信息链、服务链、数据链等相关要素，通过多链耦合效应带动产业集聚，形成新的产业增量支撑，构建集要素供应链、产品价值链、技术创新链、产业配套链等基础健全，且多链协同的智能制造良性发展创新生态环境，实现技术、创新等要素向其他区域的精准配套与协同集聚，推动项目落地和产业结构均衡发展。

（四）破解人才瓶颈，释放产业集聚效应

高层次复合型、专业化人才是加速企业持续发展的关键要素。在经济全球化的背景下，呈现出竞争空间全球化、竞争对象高端化、竞争手段多样化、竞争格局多元化的特点，在智能制造业中，素质高、能力强的人才是关键生产要素，高质量智能制造产业的发展，离不开多层次的、稳定的队伍。

第一，打造一批物联网行业领军人才，在经济全球化、新科技革命推动下，经济发展模式正在发生深刻变化，领军人才竞争成为产业跨越发展的核心。大力培养能够推进智能制造关键技术创新突破，并带动产业智能转型升级的专业技术人才与领军人才尤为关键。在培养造就人才策略上，可以采取优化科研环境、创新人才激励机制和以高层次科技领军人才牵头造就和培育高水平课题攻坚团队等多种措施并举，实现产才融合的良性循环。

第二,着力培育一批拥有理论经验和实战经验,既懂经营管理又熟悉物联网技术，具有创新精神和能力，有着国际视野的复合型高管团队，从产业经济、产业生态视角阐释物联网产业的内在规律和发展路径，总结市场与政府双轮驱动背景下物联网产业链、产业集群的发展机理及实践方面的真知灼见，提升物联网企业的运营水平。同时，人才的需求面临从知识型向创新型转变，以培养创新能力为核心，具有多学科跨专业、以应用需求为导向，将物联网技术与传统行业相结合的创新型人才；与工程应用为导向，具有工程意识和工程素质的工程型人才；加快培养物联网专业人才，建好用好专家智库，为产业集群发展和创新发展持续赋能。

四、物联网产业发展趋势

物联网作为新一代信息通信技术的重点领域，正在加速发展之中，具体发展趋势为以下几点。

（一）技术进步和产业扩展，推动物联网的终端网络、服务分别走向智能化、泛在化与平台化趋势

1. 终端智能化

在引入物联网操作系统等软件的同时，传感器等底层设备自身也在向着智能化发展。传感器及终端设备的智能化以及操作系统软件的集成优化，支持系统不同异构存储设备的本地化协同，异构数据源适配与整合评估，实现云端存储和多维数据分析的场景应用更具智能高效。持续推进底层设备面向异构硬件开发的技术创新和场景化应用。

2. 连接泛在化

基于广域网和短距离通信技术在传感器设备的应用,实现系统终端间高可靠性、大范围组合融通连接，提升基于云存储的计算模式以及数据交换、数据分析能力，加速推进运行数据的实时监测与动态优化，确保系统相互间的通信或数据交互。

3. 服务平台化

垂直行业的“应用孤岛”已被物联网平台打破，加速推进大规模开环应用，新模式新业态日臻完善，服务增值功能延伸系统化。平台数据集成优化，使得物联网的数据价值在平台上可以被深度挖掘，从而衍生出新的应用类型和应用模式。

（二）物联网与区块链等新技术的融合成为各国发展的战略方向

近年来，物联网、人工智能及智能制造技术的日臻成熟与广泛应用，已成为推动科技创新、驱动转型升级的关键要素。而物联网与区块链技术相互间的渗透、融合与促进，越来越受到业界学者及工业界高管热议的研究课题。

在经济和全球化的大背景下，政府和企业已经认识到，核心技术是国家和企业在激烈的国际和市场竞争中立于不败之地的根本。区块链是全球争夺的技术制高点，对整个技术和产业领域都将发挥重要作用，最关键、最核心的技术必须要立足自主创新、自立自强，在新一轮的技术产业竞争中保持优势地位。

在政策法规方面，政府出台系列产业发展规划，配合各个地方政府编写相关政策和意见，提升自主研发能力，加速突破区块链核心技术的攻关；同时，开展试点

示范，促进区块链与实体产业的深度融合；建立健全区块链人才培养机制，打造区块链人才队伍；推动国内标准化机构积极参与国际标准的制定，以标准引领区块链应用的规范，从而有力推动区块链技术与产业的健康有序发展。

在技术层面，由于区块链具有去中心化信用、不可篡改和可编程等特点，可以很好地降低因单点故障而导致整个网络无法使用的概率，同时也使网络的可扩展性与健壮性得到大幅提升。随着物联网与人工智能的融合，从智能制造到智能维护的各种应用将会在未来几年内快速发展。平台与服务供应商会越来越多地提供集成分析解决方案，并将数据直接提交给人工智能算法进行分析。使用人工智能技术的另一个重要优势是可以更好地支持物联网设备中相关流程的优化与调整。在区块链应用落地层面，在政府可控领域，持续地推动区块链的创新应用。区块链技术落地的场景已从金融领域向实体经济领域延伸，覆盖供应链金融、互助保险、清算和结算、资产交易等金融领域场景，也覆盖到商品溯源、版权保护、电子证据存证、电子政务等非金融领域场景。

雾计算会更加普及。雾计算允许通过位于边缘的物联网设备进行计算、决策和采取行动，并仅仅将相关数据推送到云端服务器。使用雾计算带来的好处对物联网解决方案供应商非常有吸引力，其中包括最小化延迟、节省带宽、支持快速决策、收集和保护大范围内的数据，且可将数据移至最佳的地点进行处理等。

产业层面上，加快商业模式创新升级，创新不仅局限在技术方面还包括技术方面的商业模式创新。区块链多主体、跨行业的融合渐成趋势，未来单一场景应用将向跨行业场景应用发展；技术升级和应用场景的多元化推动区块链应用模式升级，从金融领域延伸到实体领域，区块链技术与实体经济产业深度融合成为发展趋势；区块链与边缘计算等新技术的融合，加速推进在建模分析、智能应用、数据安全等方面的研发部署。并以5G、大数据等为新基建产业发展的技术迭代创新能力驱动力，带动产业数字转型、智能升级、融合创新等方面的基础设施体系，赋能能源优化、交通运输等传统产业新生态，同时，区块链复合型高端人才的培养是一项系统工程，当前，亟须培养出一大批在区块链、物联网以及人工智能等领域，拥有较高的理论素养和实战能力的跨专业、跨行业的高层次研究型或应用型人才，这成为行业发展的关键，并为区块链产业高质发展数字化建设提供重要支撑。

需要指出的是，如何充分将区块链的共识机制、激励机制、智能合约等优势在物联网应用中的多主体、跨行业的服务中实现落地和推广，有效推进区块链技术在物联网中的商业价值体现，如何在多领域和跨行业应用中创造出安全、可持续的商业运行环境等问题日益凸显，物联网和区块链融合发展的成熟商业模式目前尚在探索中。

（三）物联网与移动互联网深度融合，为传统制造行业发展筑云、融数、赋智，成为数字经济发展的重中之重

近年来，物联网与移动互联网在硬件、操作系统、管理平台等领域全面融合，技术水平显著提高。在工业、农业、交通运输、智能电网、民生服务等行业的应用规模日益扩展。物联网推动了传统工业的转型升级，加速了智能制造与智能工厂的建设步伐。物联网应用在农业生产领域，大大激发了农业生产力，降低了生产损耗。物联网应用于交通运输领域，实现了运力客流优化匹配，有效缓解了交通拥堵。物联网应用于智能电网领域，通过对各类输变电设备运行状态进行实时感知、监视预警、分析诊断和评估预测，实现了对电力资源的“按需配置”以及对能源环境的“节能减排”。物联网应用于医疗，优化了医疗资源的配置，提升了医疗服务体验。物联网应用于智慧城市建设，实现了社会生活的安全高效、和谐有序、绿色低碳、舒适便捷。

（四）传统产业加速智能转型，加速推动物联网技术应用创新

当前，全球物联网进入了由传统行业升级和规模化消费市场推动的新一轮发展浪潮。一是加速推进物联网突破创新，成为传统制造业智能升级的关键要素。物联网技术是工业制造业转型升级的基础，工业制造业的数字化进程加速促进物联网数控技术在产品创新、工艺制造、流程重构和生产服务中的应用、网络配置的连接部署以及柔性制造中的数据分析和业务创新，加速构建 5G 产业生态。二是规模化消费市场的持续开发，加速物联网新技术、新应用及新生态迭代创新成为新常态。具有人口级市场规模的物联网应用，包括车联网、智慧城市、智能家居、智能硬件等，成为当前物联网发展的热点领域。

简言之，作为推动制造产业智能转型的关键技术，物联网呈现出智能化、协同化、精益化和应用化发展特征，逐渐形成物联网互联技术—柔性生产—应用创新—精益管理—生态合作的闭环。同时，物联网与其他 ICT 技术以及制造、新能源、新材料等技术的加速融合，也将成为夯实数字经济高质量发展的产业基础。

第二节　物联网产业发展的关键问题

一、关于军民融合

随着科学技术不断发展，多学科专业交叉群集、多领域技术融合集成的特征日益凸显，单靠“军口”或“民口”科研力量让封闭式研究难有大的作为，必须搞好军民科技成果转移转化和军民科技力量的协同创新。当前我国军民融合应当重点关注以下几个问题。

（一）军民融合是强国的基础

国民经济发展到一定程度，必然实施军民融合。军事用品与民间用品不同，但是，生产能力却是相同的。

（二）军民融合的产业基础

我国军事科技长期执行“多试少产”政策，我国民品积累了多年规模生产经验，我国具备军民融合的产业基础。

（三）关于规模产业

实现规模产业是国民经济从小到大的基础。实现规模产业至少要解决三个难题。

1. 成本设计：目标价格必须低于现实市价。

2. 成本率设计：第一次测试废品率低于千到万分之一。

3. 高效率测试：第一次测试时间在分秒量级。

（四）军民融合提供的发展机遇

改革开放初期的军民融合，其实是军转民。当时，仅有的电子技术集中在国防科委的研究院所，那次军民融合创造了深圳奇迹。现实的军民融合，其实是民转军。向规模民品开放军用市场，这为物联网产业发展提供了难得机遇。

二、关于标准的制定

在当今大力推进数字经济的背景下，构建智能制造领域标准体系建设，强化标准应用与实施，加大国际标准跟踪、评估和转化力度，推进优势、特色领域标准国际化，持续强化标准化机制，为信息产业有序发展提供关键支撑。

（一）标准制定的时机

每一种产品都应有相应的标准。但是，什么时候制定标准合适呢？过早制定依据不足，过迟制定又将难以改变既成现状。所以，研制一种产品，从设想到上市一直在争论它的标准。

（二）谁来决定标准

参与制定标准的可能是大学、公司、有政府背景的行会等。最后决定标准的通常是掌控市场的政府部门或者大公司。

（三）制定标准的多样性

实在制定不出统一标准，就承认多种多样的标准，行业标准、地域标准等。通信系统标准如此，物联网标准呢？只要比机顶盒标准好一些就是万幸了。

工信部传感器网络标准化工作小组于 2009 年 9 月成立，这标志着符合我国发展需求的传感器网络技术标准的制定将被加强，力争主导制定这方面的国际标准。我国相关研究机构和企业积极参与物联网国际标准化工作，在国际标准化组织（ISO）、国际电信联盟（ITU）、国际电工委员会（IEC）等标准组织取得了重要地位。目前，物联网标准体系的建立已加速，已完成的物联网基础共性和重点应用国家标准有 200 多项已立项，为中国新型基础设施建设领域国际标准制定及规划夯实基础。

第三节　物联网应用属性研究

一、物联网应用属性研究

（一）现状

目前，由于对物联网系统应用属性的认识还不十分清楚，导致物联网系统发展的思路也不明确。

（二）困难

物联系统的应用范围是主要困难，兼顾其广泛应用。

（三）业界对于物联网应用系统的认识

1. 对于物联网应用属性的认识应当顺其自然，不考虑物联网应用属性，只要可行就构建，这就是第一代物联网；澄清局部属性，以便构建局部新一代物联网。

2. 基于不同阶段的属性理论研究，物联系统应用属性研究的切入点可以定在信息业务划分上，将其分为低速物联业务、通信业务和高速物联业务。

3. 基于不同的行业性质归属，分别支持不同的产业基础设施，物联网应用创新加速部署，进一步拓展与延伸新的应用场景，例如“军事物联网”“工业物联网”“车联网”等物联系统。这可能会成为物联系统近期的发展思路。如图 4-1 所示。

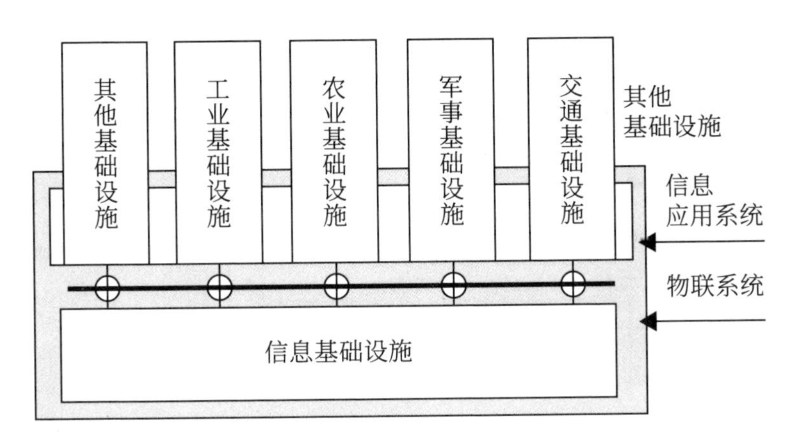

图 4-1　物联网与其他基础设施的关系

二、物联网对于自适应技术的需求

（一）物联网对于自适应的需求

尽可能少的人为干预、高精度数字化控制是物联网与通信系统的根本区别。由此可见，物联网需要引入适当的自适应控制，加速系统工艺参数、操作数据输出的指令实现工业生产的智能监控、制造和业务执行自适应控制以及智能决策自动化。物联网渗透各行业并应用落地和应用反作用于物联网两个层面的交互与协同，是物联网研究学者和产业界高管热议的重要课题。

例如，物联网业务自适应物联网系统，即支持非实时业务可以大幅度提高网络资源利用效率；物联网系统自适应物联网业务，即采取最佳字长传递，支持实时业务也可以大幅度提高物联网资源利用效率。

（二）电信网络适应电信服务的自适应技术

ITU 关于通信系统的自适应技术研究，从提出问题起，就限于讨论电信网络适应电信业务，即根据用户业务需求，改变电信网络结构，以获得高工程效果。如高质量、高效率、高安全、低费用等属性。尽管 ITU 研究给出了自适应电信网络总体结构，但是进展不大。如图 4-2 所示。

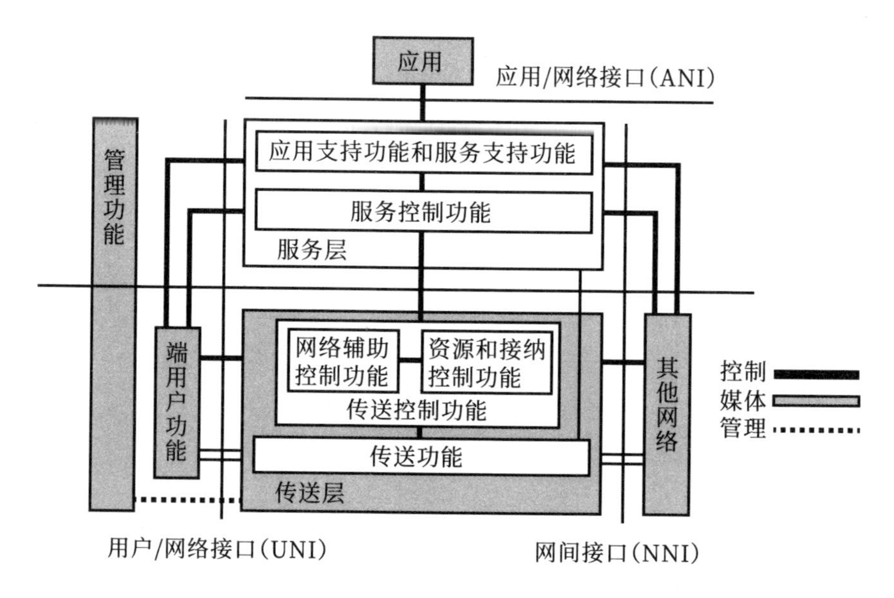

图 4-2　自适应技术的通信网络总体结构

实现电信网络相对于电信服务的自适应，主要困难在于发现问题的机理。例如，根据服务质量、接入速率和字头长度，就可以确定最佳字长，以获得最大网络资源利用效率。

另外，困难在于寻求适当的数学方法。例如，在网络资源利用效率、服务质量、接入速率、字头长、字长等变量形成的函数中，如何导出以网络资源利用效率为因变量、字长为自变量，其他为参变量的简明函数表达式。

（三）电信服务适应现实电信网络的自适应技术

近年，值得特别关注的是，电信服务适应现实电信网络的自适应发展，即在现实电信网络基础上，设计适当的信息应用方式，以获得高工程效果。如高质量、高效率、高安全、低费用等属性。例如，在传统互联网上，营运“微信”系统，利用互联网降低服务质量（扩大延时）以获得高网络资源利用效率的属性，获得低收费的工程效果。这是一项了不起的自适应现实电信网络的应用发明。这项发明不仅仅获得了极佳的工程效果，而且扩充了电信领域中的自适应技术的内涵。

（四）电信网络与电信业务双向自适应技术

电信网络与电信业务双向自适应，工程效果将会怎样？例如，电信业务自适应电信网络——尽可能放宽延时。支持非实时业务可以大幅度提高网络资源利用效率；

电信网络自适应电信业务——采取最佳字长传递，支持实时业务也可以大幅度提高电信网络资源利用效率。

第二部分
技术导向篇

第五章
基于“工业 4.0”的智能制造

物联网、信息物理系统（CPS）、智能制造，是当前制造业最为热门的三个词汇，代表着新一轮产业变革发展中技术、模式和产业的重要方向。

作为智能制造的基础与核心，物联网集机器学习、边缘计算、智能技术渗透于智能制造的各个环节，由于工业物联网具有基础性、渗透性和融合性的特点，制造业各环节中对新一代信息技术的深化应用，必将带来制造业的新业态、新模式，加速全球范围内价值链、产业链和创新链的重构与变革。

当前，全球各国智能制造的核心、共同点都是信息物理系统。信息物理系统是研究、实现“工业4.0”战略的关键，并将成为各个企业优先发展的重点产业。智能制造充分利用通信、计算、控制技术和信息物理系统创新制造方式，通过信息物理系统将无处不在的控制系统、智能硬件、传感器及通信设施终端连接成智能网络，使人、机、物以及软件、数据、流程之间实时互联，实现横向集成、纵向集成和端对端集成的迭代演进，加速推进信息资源、知识库及物理系统间的虚实整合与集成优化，并逐步成为构成新型工业体系的先进制造模式。

本章将在“工业4.0”背景下，对信息物理系统、智能制造之间的关系进行阐述。

第一节 “智能制造”——一个覆盖全球的重大课题

“智能制造”自20世纪中期开始就已经成为一个世界范围的时代话题，其前身为网络化制造，再往前追溯则是数字化制造。从以计算、通信和控制应用为主要特征的数字化制造到现今的以万物互联为主要特征的网络化制造，物联网已日趋成熟，并在大规模普及应用的前提下，逐渐扩展到智能制造各领域，以5G、人工智能技术为核心的先进制造开始步入智能化制造阶段。

从全球范围来看，欧盟、日本积极布局智能制造发展战略，基本形成了全球化的创新研发。如日本在1994年启动先进制造的国际合作研究项目，旨在新的科技竞争中重塑经济增长新动能。该项目是当时全球制造领域内规模最大的国际合作研究计划。欧盟将发展先进制造业作为重要战略，于2014年实施“2020地平线”计划，并将智能型先进制造系统的探索推进与创新突破作为加速制造业智能转型、重构国际竞争新优势的战略抉择。美国积极筹划布局，着力进行自动化技术与数字信息化技术的研发与应用，加速构建知识密集型、技术密集型和以新技术为特征的新兴产业的整体跃升，构建积极完善的工业配套政策体系。

当前国际经济竞争的突破口就是智能制造，它也是加速产业数字化转型的关键引擎。全球各国积极谋划和部署战略布局，培育优化新兴产业，融入全球产业再分工。这也是中国制造业转型升级、提质增效的关键之举，加快构建更高水平的智能制造是中国企业做大做强、创新升级的必由之路。

中国经济发展方式进入从高速增长阶段转向高质量发展阶段的新常态，倒逼产业结构优化升级，进而推进智能制造向高端攀升成为政府关注的新焦点。加速推进关键技术突破、场景应用创新及智能化模式构建转变，从而形成关键基础研究、业态创新以及推进产业协同的良性闭环。应该说，实体经济尤其是制造业乃是支撑中国经济高质高效发展不可忽略的重要力量，强化基础性研究创新，供给侧结构性改革的主要领域必然是制造业。而中国制造业必须要解决的关键问题是如何提高质量效益、转变生产方式。

对于传统制造业而言，智能化就是变革的方向。智能化成为智能制造系统的核心价值，加速驱动业务模式、管理机制、商业模式等要素的重构与集成以及深层次的融合创新；在智能制造体系中，基于工艺制造、组织流程、调度执行和营销服务等信息的集成共享，以及经营管理数据传输与集成，进而优化产品质量和提升生产效率，加速推动企业经营模式、管理理念、业务拓展等方面的拓展与变革，驱动精益管理、敏捷制造、动态控制、高效决策；基于数字高级建模，形成虚实交互、数物融合、知识驱动、持续动态优化的全生命周期管理闭环；优化客户体验、支持智能运维、构建产业生态。积极探索智能设备应用场景创新，构建由“点”智能单元的单点突破及创新应用，到关键生产“线”智能的系统集成，加速布局形成基于数字化的智能车间（或智能工厂）“面”上开展全流程、多链条集成优化，构建“线”和“面”的整体协同联动；同时，智慧企业依托工业软件平台，推进产业数字化以及数字产业化生态“体”系的集成创新，基于“点、线、面、体”的协同推进，重点突破，在动态中把握系统运行的内在逻辑和规律，为企业优化决策提供依据。

以智能制造为核心的新一代科技革命和产业变革席卷全球，全球先进制造国家围绕智能制造积极探索适合本国国情的发展战略，加大科技创新力度，抢占制造业发展先机，各国智能制造发展呈现出以下新的特征。

（一）“数字化”成为智能制造发展主流

国际金融危机后，尽管受资源环境约束增强、土地要素供应趋紧等各种因素制约，近年来全球智能制造市场仍然呈现高端化、高效率的持续增长态势。以移动互联网、大数据、物联网、云计算为代表的新一代信息技术，以工业机器人、人机协作为代表的新型制造技术，与新材料、新能源、生物科技一起，呈现交叉融合、多点突破的特点，智能制造技术的创新也因此而不断取得新突破。以认知、学习和自主决策能力为本质特征的新一代人工智能的融合，势必会使智能制造实现质的飞跃。未来的无人工厂以基于云平台的大数据驱动的 CPS 系统为核心，加速工艺流程、核心装备以及供应链管理等要素的自主可控与迭代优化，从而高精度、高质量完成生产任务。高速网络和云存储的发展，将机器人推至物联网的终端和结点。随着信息技术的进步，生产系统将加入更多的工业机器人，使多台机器人协同完成一套生产解决方案成为可能。数字化制造的主要特征有三个：第一，数字技术在产品中得到广泛应用，形成以数控机床等为代表的第一代数字产品；第二，数字化装备、数字化建模与仿真、数字化设计被大量应用，便于采用信息化管理；第三，生产过程的突出特点表现为集成和优化运行。

此外，利用“大智云移物”技术，加速推进生产过程涉及产品质量管控、提升产线柔性等环节的优化提升，强化数据要素的集成驱动，构建智能制造价值链、产业链的组合重构和协同优化，加快制造方式变革、管理创新、产业业态创新和商业模式创新，夯实工业基础设施，增强产业链韧性，实现产业链级、工厂级、装置级的智能制造水平的全面提升。

（二）基于各国智能制造基础不同，发展模式各有侧重

先进制造技术的快速发展融合，重塑了制造业的技术体系、发展要素、生产模式及价值链，使得制造业的精益生产、数字设计以及柔性制造、智能决策等功能的智能化趋势明显。智能制造正在引领着新一轮的制造业革命。不同国家、不同企业都基于各自的基础、优势和能力，形成各具特色的发展策略。一是强调自上而下的技术路线，即由内及外，通过渐进、改良、升级的发展过程，促进实现生产系统的网络化、智能化，此类大多为实体企业；二是强调自下而上的技术路线，强调信息的实体化，由外及内，以生产方式、产业形态、商业模式的变革、颠覆、重构为原动力，促使制造业与互联网向更深层次融合发展，形成叠加效应、聚合效应、倍增效应，能够极大地促进创新的商业化进程，推进生产力的跨跃发展。

（三）竞合趋势及格局重构全球制造生态体系

在新技术革命背景下，全球制造业竞合趋势重构贯穿于制造业竞争的全过程。随着智能制造技术的不断推进，20世纪的传统制造强国（如美国）将工业互联网作为工业化的战略抓手。凭借各国在创新、人才和雄厚的工业生态系统集群方面的基础优势，向更高的先进制造业转型，为未来全球竞争力开辟一个新的战场。与此同时，新一代信息技术与制造业深度融合，各国在智能制造的政策制定、技术研究、产融结合、人才培养、成果转化等方面相互之间既有竞争，又有合作，促使技术更新和成果转化不断加快，催生新的生产方式、商业模式、产业形态和经济增长点，竞合趋势重构将贯穿于制造业竞争全过程，从而引发影响深远的产业变革。

近年来，全球各主要制造强国愈发关注智能制造，以工业物联网为新动能，加速推进制造业转型向中高端迈进，持续提升在工业机器人、云与边缘计算、网络空间安全等技术创新以及知识产权领域的产业竞争力。从全球产业发展层面来看，强强联合的竞合态势将成为智能制造的发展趋势。

一方面，跨行业、跨领域的企业间逐渐强化合作。包括同类企业间横向合作、

与上下游企业的纵向合作以及跨行业的企业间合作。近年来，美国工业互联网联盟已吸引和培育具有全球前沿科技领先地位不同领域的龙头企业，在加速产业和 5G 新技术等融合创新、发挥核心企业标杆作用等方面进行多领域、多维度的联合研发，其研究重点也由工业系统正在从单点、局部的信息技术应用向更为深度的智能化、数字化、网络化演进。

另一方面，区域性的联盟组织间达成深度合作，形成制造强国强者更强的态势。以德国工业 4.0 平台与美国工业互联网联盟对接为例，其在合作模式、发展规划等方面达成共识基础上，进一步推进融合创新，其跨平台、跨领域对接与合作为全球跨国制造企业重塑竞争新优势提供新思路。

（四）新型工业化，推进智能制造业进入战略转型期

智能制造的本质是借助物联网和大数据，带动知识和信息的创新优化，加速企业价值提升。新制造、新运维、新服务也给全球制造企业提供了新的转型思路，目前，全球尤其是发达国家都面临着制造业实力下滑的问题，旨在通过信息技术和制造业的深度融合和应用，在未来的竞争中取得新一轮技术革命领导权，重新提振制造业，重塑国家竞争力。世界主要工业化发达国家重振制造业的重要抓手都选定了智能制造，以“技术 + 产品 + 服务”为主线，推进本国制造业高速高效发展。其中美国提出先进制造业国家战略计划和美国制造业创新网络计划，大力推动以无线网络技术全覆盖、云计算大量运用和智能制造大规模发展为标志的新一轮技术创新浪潮，德国制造业则全面受益于“工业 4.0”战略的推动。

第二节　智能制造的智能化内涵

近年来，无论是国家产业政策层面，还是技术创新与应用层面，学术界、产业界对智能制造概念及研究对仍没有一个完整而确切的内涵，即发展阶段不同，智能制造含义不尽相同，其概念内涵伴随着新一代信息技术的创新应用和制造新模式新业态的不断涌现而处于动态更替发展中。“智能制造”这一概念最早出现在《智能制造》一书中，该书是由美国卡内基梅隆大学教授布恩和纽约大学教授怀特合著，在新形势下，发展智能制造是中国赶超发达国家的一个重要契机。智能制造发展分

为三个阶段，必然经过从数字化逐渐向网络化转变，进而形成智能化的迭代演进，进一步加快与拓展智能制造的宽度、广度和深度。一是装备系统化，制造系统更为智能化与数字化。达成从设计制造、技术能力以及产品质量改等各环节集成优化，并通过诸如分析、推理、判断、决策以及控制等功能，使企业的人、机、物、技术、通讯、计算、装备等融为一体，提高资源利用率，精度更高，使制造系统智能化创新发展。这是有别于传统制造的本质区别。而基于智能系统容错能力，可以做到故障瑕疵自行排除，保障系统安全稳定运行。二是控制系统化、智能化。数据驱动和知识积累的制造是实现智能化的关键。基于系统实践中海量用户数据产生与积累知识管理以及知识分析系统的获取、消化、转换和提炼，构建一个具有自学习、自组织、自维护、自诊断的整体闭环，促使整个智能系统动态重构、集成优化、深度协同和智能决策。从而帮助企业决策更准确、更快捷地做出技术革新和市场判断。新一代智能制造以“鼎新”带动“革故”的根本转变，成为制造业转型升级及高质量发展的重要趋势。

笔者认为，智能制造（Intelligent Manufacturing，IM）是以工业物联网、CPS、5G等现代信息技术与先进智能技术相融合，贯穿于制造工艺、组织生产、产品创新、装备和管理以及经营决策等要素集成优化，加速推进基于云端的精准控制自执行、远程运维自预测、调度决策自优化等方面的工业智能化转型，达成协同、柔性、安全、敏捷地智能化制造过程。近几年，新技术革命的重大突破初显端倪，基于工业物联网、深度学习的现代信息技术与制造产业形成虚拟化的网络集聚，凸显工业物联网对传统制造方式的重大变革，协同推进产业链、价值链各要素优化配置。呈现出以下几个方面。

（1）建立面向用户需求的个性化和数字化相结合的定制式生产模式。

（2）推进管理模式由集中控制模式转变为分散增强型控制模式。

（3）优化售后服务，挖掘产品附加价值，走软性制造与个性化定制商业模式，智能制造包括两大关键要素：智能工厂和智能生产。

智能工厂是未来制造业的先进生产组织模式，是企业信息流、物资流、能源流的枢纽节点，也是企业从创新设计到产出智能产品的重要制造环节。借助物联网、虚拟现实等信息技术和物理系统有机融合，对安全生产、调度管理、供应链等环节实时动态调整、优化控制，减少人工对产线的干预，构建绿色、节能、环保、高效、舒适的人性化工厂。为高质高效生产提供决策依据。

智能生产以智能工厂为载体，构建人、机、料、法、环等要素相连接，进行全流程、多链条的动态融合与协同优化。针对在制造活动中构建判断、反馈、决策、控制优化和自主学习等智能集成，使用智能装备、传感器、过程控制、智能物流、制造执行系统、信息物理系统组成的人机一体化系统；按照工艺设计要求，持续推进企业生产制造、统筹调度、能耗自动检测、故障远程运维以及产品溯源、生产绩效等环节的全生命周期闭环动态优化，基于高级建模，达成高端制造和信息技术的深度融合。加速推进生产制造精益化、柔性化、敏捷化。此外，提高企业生产效率，拓展企业价值增值空间是发展智能制造的核心，其优势表现在以下几个方面。

(1) 缩短产品的研制周期。通过智能制造，产品从研发到上市、从下订单到配送的时间都有所缩短。通过远程监控和预测性维护，减少了设备的停机次数和生产中断次数。

(2) 提高生产的灵活性。智能制造通过采用数字化、网络化和虚拟工艺规划等手段，开启了大规模定制生产以及个性化小批量生产的大门。

(3) 创新价值。企业通过发展智能制造，能实现从传统的“以产业为中心”向“以集成服务为中心”的转变，将重心放在优化系统和解决方案层面，利用服务在整个产品生命周期中实现新价值。

第三节　CPS 是“工业 4.0”的核心驱动力

一、信息物理系统（CPS）的工业化应用

回顾人类近三百年的工业革命历史，每当科技的进步突破了生产力要素的发展瓶颈后，人类的生产力就会迈上新的台阶，这背后的根本驱动力是对效率和价值的永恒追求。2011 年，在汉诺威工业展上，德国正式对外宣布“工业 4.0”国家战略，由此拉开了第四次工业革命的序幕。随后，世界各国也相继推出符合自己国情的工业转型战略。信息及互联网技术与工业的深度融合成为各个国家战略规划中的一个共同趋势。德国将 CPS 作为第四代制造系统的核心技术。美国将“Cyber-Physical System”（CPS，信息物理系统）定为其新的国家竞争力战略中最重要的关键技术。

对于制造企业而言，工业大数据、智慧网络系统、人工智能等新兴技术对制造业产生了革命性的影响，如何运用这些科技帮助人类能胜任更复杂的工作，并把制造的知识传承下去，是需要我们深刻思考的课题。

无论是一个国家还是一个企业，制造业的核心竞争力都体现在知识和价值两个方面。一方面，随着制造系统不断复杂化，人类依靠经验和学习来实践并积累新知识的速度，已经不能满足发展的需求。另一方面，制造系统的价值从过去的提供标准化产品转型为提供满足用户定制化需求的产品与服务。这意味着制造系统要从“产品交付”转向“价值交付”，对这个过程中的效率提出了新的挑战。于是，人们开始从一个新的空间—赛博空间中寻找答案。未来企业之间的竞争，将从实体空间转向赛博空间，在赛博空间中的科技和价值布局，将决定一个企业是否具有持久的竞争力。

（一）信息物理系统的概念内涵

CPS 是“工业 4.0”的核心驱动力。无论是工业物联网，还是“工业 4.0”理念，其核心技术之一是 CPS。尽管每个国家提出智能制造的战略思路各不相同，但 CPS 是一个始终无法回避的概念。

在国外，美国自然基金委员会就 CPS 技术理论、体系规划、运行环境和安全应用等要点开展研究评析。基于各国学者研究领域及研究方向的差异化，以及 CPS 系统自身所具有的复杂性，目前各国理论学术界各自理解略有偏颇，未能对 CPS 进行精准而全面的定义。

本书根据作者潜心研究及生产实践中总结，给出 CPS 定义：CPS 是虚拟世界与物理世界融合的核心技术，它是集先进的传感、通信、计算与控制系统于一体，基于数据与模型，构建信息系统与物理系统的集成交互与闭环反馈，使物理系统中包括的人、物、机、软件、数据等环节自主智能感知—反馈—决策—控制—执行，实现系统内及时空约束下集成优化运行可协调、可扩展且实时、可靠、远程、安全的智能复杂系统。

二、信息物理系统是“工业 4.0”的核心驱动力

纵观工业革命对经济发展和人类社会发展的影响至今从未停歇。“工业 4.0”是继机械化（“工业 1.0”，蒸汽动力机械设备应用于生产）、电气化（“工业 2.0”，工业电气化，大规模流水线作业）、自动化和信息化（“工业 3.0”，应用 IT 技术

实现自动化生产）之后，以智能制造为主导的第四次工业革命。不论世界科技发展如何进步和飞跃，作为中国经济发展的主导与核心力量——中国众多的科技企业仍要抓住工业革命历史呈现的逻辑特征，通过移动物联网、虚拟现实、数字仿真等新型信息技术，发展智能制造，推进信息化与制造业的深度融合，推进智慧城市进程，促进国民消费提升，这是中国未来经济发展的基本逻辑。

当前中国工业的现状与存在问题不容忽视。大量从事低端加工的中小企业，缺乏创新力和核心技术的平面管理，人口老龄化，资源日益枯竭等问题成为制约制造业做大做强的重要因素。物联网、信息物理系统（CPS）将取代传统封闭式的生产制造系统，成为未来工业的根基。对于人口红利逐渐消减、工业处于换挡期的中国而言，构建 CPS 为基础的技术体系是改变中国制造业大而不强的重要路径。特别是在工业物联网、云计算与先进制造技术深度融合等热潮下，智能制造系统具有高度感知、强大计算分析以及知识集成优化的能力，柔性化、集成化与精益化的智能制造加速取代人工制造流程和传统生产制造设备，实现生产智能化；通过智能制造系统自适应、自组织、自学习与自决策功能的自主控制与优化，重新整合工艺、建模、市场、分配、维护等全生命周期各个环节，均因新型信息技术而形成新的智能化需求。在此基础上，物理世界与信息世界之间的协同进一步推进智能制造生态的打造，从而全面提升智能制造的核心竞争力。在今后相当长的一段时间内，信息物理系统（CPS）工厂、车间、生产线的智能升级将成为推进智能制造的主要战场。

近年来，全球各主要经济体都在大力推进制造业的复兴。以 CPS 为基础的智能工厂制造新模式成为智能制造产业创新发展的关键。德国将“工业 4.0”的核心技术基础纳入《工业 4.0 实施建议》中，培育新市场，确保在研发创新、标准化与参考架构等方面仍具有强大竞争力。CPS 因控制技术而起、信息技术而兴，随着制造业与物联网融合迅速发展壮大，正成为支撑和引领全球新一轮产业变革的核心技术体系。智能工厂或者“工业 4.0”，是从嵌入式系统向信息物理融合系统（CPS）发展的技术进化。利用 CPS 对制造过程的组织管理模式进行革命性变革，通过工业软件、智能器件实现制造过程的智能化、虚拟化，力图在制造工厂这一德国的传统优势领域保持领导地位。在设备层面，通过智能器件和控件的小型化、自主化实现设备的智能化；在工厂层面，通过工业软件整合设备资源，实现制造过程的智能化，打造智能工厂；在生产与市场的整合方面，把设计、生产计划、制造过程管控、产品运营维护等全生命周期信息进行整合，在智能工厂内实现端到端集成，加速推进制造模式的根本转变，从而实现智能制造从数字一代向智能一代的整体跃升。

随着“中国制造 2025”“工业 4.0”等战略的推进及普及，CPS 必将成为这些战略的突破口、落脚点，成为这些战略成功的关键。以 CPS 为核心驱动力，在制造设备层面实现互联互通，进而实现生产过程管控的智能化，实现横向集成、纵向集成、端对端集成三个集成，最终打通整个价值链，实现社会化生产。其表现为以下几个方面。

（1）通过价值链重构加速企业间的横向集成，即将商业活动和制造过程不同阶段的 IT 系统集成，它强调产品创新整个环节中的设计研发、供应链管理以及价值流的集成与重构，涉及内部数据和资源共享、生产业务和供应链集成，还包括上下游企业在生产制造、物流配送、营销等要素的衔接与协同。

（2）企业内部的纵向集成通过其灵活可重组的网络化制造系统实现，即把无线传感器、工业机器人等关键装置以及涉及组织生产以及智能执行等不同层面的 IT 系统有机集成，强调信息技术与物理系统间的深度集成。包括生产现场的状态反馈、工况等要素的实时监控与集成优化，以及工艺参数、数据代码、指令下发、生产运行等要素的动态调整与实时分析。达成人机自动化、产品数字化、产线柔性化。

（3）全生命周期管理及端到端系统工程，集成各类软件系统（如 MES、PLM、CRM 等）的基础上，将生产研发、制造工艺、服务营销等数据信息融入全生命周期管理，通过数字孪生、建模仿真以及虚拟制造相关技术，达成产品创意、客户需求与生产调度系统良性运行的闭环，形成包括产品设计—客户需求—品牌营销—价值创造等环节的正循环，同时，将产品创意要素传输至云平台的信息库，加速产品创新的集成优化与动态提升。

（4）智能工厂的横向集成：网络协同制造的企业通过价值链以及信息网络所实现的信息共享与资源整合，确保各企业间紧密合作，提供实时产品和服务，推进产品创新、生产运营、供应链管理等要素在上下游企业间的业务协同和信息共享，主要体现在网络协同合作上，从企业集成过渡到企业间的集成，进而走向产业链、企业集团，甚至跨国集团间基于企业业务管理系统的集成，产生全新的价值链和商业模式。

（5）智能工厂的纵向集成通过智能工厂中网络化的制造体系，实现贯穿企业内部管理、运行、控制及现场等多个层级的企业内部业务流程集成，是实现柔性生产、绿色生产的途径，主要体现在工厂内的科学管理从侧重于产品的设计和制造过程，转向产品全生命周期的集成过程，最终建立有效的纵向生产体系。

（6）智能工厂的端到端集成加速推进产业价值链数据与资源集成优化，加速制造资源协同优化与服务延伸。端到端集成是基于满足用户需求的价值链的集成，通过价值链上不同企业间及每个企业内部资源的整合及协作，是实现个性化定制服务的根本途径。端到端集成可以是企业内部的纵向集成，可以是产业链中的横向集成，也可以是两者的交互融合。

供应商层面，基于“工业 4.0”中的动态商业模式和业务流程，推进研发、生产、物流、库存以及交付更为智能可控，并对供应链系统出现的故障预测建模分析、智能评估与智能决策，加速推进供应链的整体优化，此外，智能制造系统成功的关键是安全和安保，生产制造企业需要特别保护产品和设备中包含的信息，加强数字供应链企业间紧密协作，持续优化数据安全能力和安全运营与评估的闭环管理。达成制造商、供应商与客户之间的协同运作与快速响应，进而提升供应链企业市场竞争力。

企业从信息集成、过程集成、企业集成不断向智能发展的集成阶段迈进，在智能工厂的横向集成、纵向集成和端到端集成三项核心特征的基础上，智能制造将推动企业内部、企业与网络协同合作企业之间以及企业与顾客之间的全方位整合，形成共享、互联的未来制造平台。另外，这三项集成实际上为我们企业指明了实现“工业 4.0”的技术方向。

第四节　加快 CPS 发展，推进物联网与制造业融合

一、工业物联网的重要使能——CPS

作为集成综合计算、实时感知和动态控制及反馈的多维复杂系统，CPS 能够使物理系统具有计算、通信、远程协作、精确控制、自治等能力，它通过物联网组成各种相应的信息服务系统和自治控制系统，完成物理空间与虚拟空间的有机协调。

CPS 是解决信息世界与物理世界融合一体的问题，基于工业物联网的泛在连接、智能控制以及制造工艺持续优化，CPS 能够促使虚拟信息与物理实体形成感控闭环进行双向交互，实现制造全过程、全产业链与全生命周期各要素的高效协同和动态优化，更好地组织智能化生产。CPS 是工业物联网的重要使能。

（一）技术维度

作为感控反馈回路的关键技术，CPS 通过在物理系统中嵌入高性能计算且生成控制指令，实现生产工艺、生产协同、工艺建模等维度实时监测、控制反馈与协调优化，从而实现运行系统自主感知、自主可控、自主判断和自主决策。

尽管传感器技术发展的基础研究与应用研究都比 CPS 略早，但是它们在工业领域的应用却有不小差距，这主要是因为无法从技术上实现感控反馈回路，从感知检测数据到设备执行指令的转换必须由工人操作。目前工业物联网技术日趋成熟，CPS 有了更加广泛的应用和发展，在工程实践中，通过设备嵌入计算能力检索并处理环境信息，经 CPS 系统传送到计算设备层，针对物理对象的虚拟化并结合用户的需求来调整模型（或控制策略优化）。通过系统的动态控制与计算设备之间的自主协调，不断推进生产工艺的迭代优化，并根据接收指令来完成相应操作。由此可见，CPS 已经成为实现感控反馈回路的关键技术。

（二）系统维度

在工业应用场景下，CPS 是支撑信息系统（工业物联网）与物理执行系统连接、进行智能计算、智能控制于一体的核心体系，通过计算进程与物理进程的交互协作，实施系统整体协同的调度和管理。它将传感器、控制系统、计算系统以及工艺产线等要素数据集成与运行优化，构建可靠、安全、协作的闭环交互控制，如图 5–1 所示。

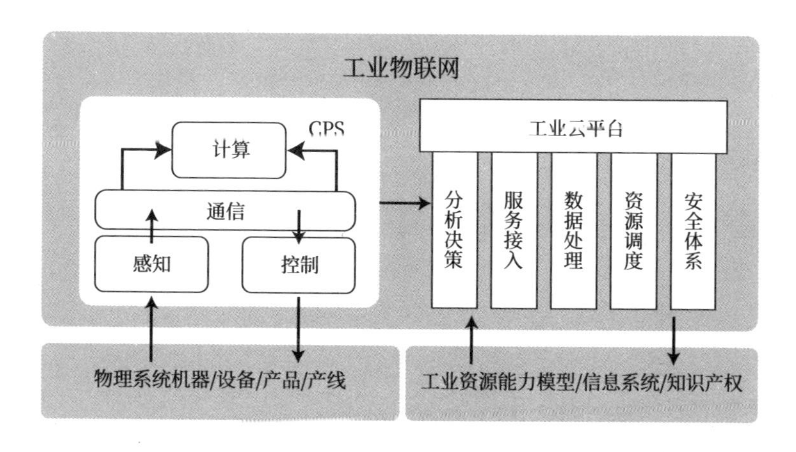

图 5-1　CPS 是工业物联网连接物理执行系统的核心部件

在工业应用场景下，CPS 多数时候都是连接物理执行系统的核心部件。基于构建一个自学习、自决策、自适应能力的无忧生产，能够实现人与系统交互，信息系统的深度嵌入等功能及资源的服务接入以及车间级、企业级系统集成优化，达成系统间“感知—分析—计算—决策—执行”闭环交互控制。基于在云平台与物理智造单元间构建小型CPS，消除工业运行中的信息孤岛，依托指令来实现制造过程智能化。

（三）业务维度

作为一项集成创新技术，它是以智能生产为核心，推进运行系统协同研发、智能生产和敏捷服务等范式集成优化，进而实现物理系统、计算系统与信息系统之间的信息集成、技术集成及创新集成，然而受制于目前系统的应用深度与技术瓶颈，CPS 主要目标是持续推进具有柔性制造能力的机器装备等物理系统的自主决策与精准执行，逐步延伸至装备产线、制造单元、车间乃至智慧工厂平台级，实现对各物理实体系统化、智能化的集成控制与动态优化，实现工业系统的智能交互。打通信息系统和物理系统之间的阻碍，从而形成虚实世界的融合。

二、工业物联网实施的关键目标——智能制造

智能制造已是大多数跨国巨头的战略核心，成为其加强数智化转型，培育发展新动能的关键。智能制造具有四个方面要点，分别是以智能工厂为载体、以端到端数据流为基础、以生产制造关键环节智能化为核心、以全面深度互联为支撑，通过虚实结合、数据优化以及建模迭代，不断提升与拓展智能制造系统及发展战略创新思路及理论研究领域的延伸。

智能制造是工业物联网的深度应用，其主要包括两种能力：其一，工业制造技术，如数控技术在柔性自动化生产、智能装备控制中的应用，这是提升生产制造精益化程度，探索制造示范升级的关键；其二，工业物联网，主要包括算法机理模型开发、工业大数据云平台（数据互通）等相关要素，从而实现生产工艺持续改进与质量控制，生产资源实时调度优化，生产过程精益化管理，创造差异化产品和挖掘企业内生动力的关键。可以肯定，工业物联网加速工业设备与数据、资源等要素的组织协同，进一步推动智能制造活动的迭代提升。

（一）智能制造依托工业物联网促进工业资源要素贯通优化

工业物联网将新一代信息技术与先进制造相关软硬件技术结合起来，信息通信技术创新成果的集中体现。信息对象也由人逐步扩展至能够进行自感知、自执行以及自决策的智能设备，实现生产智能化；基于数据挖掘技术在产品全生命周期各环节的存储计算与监测分析，加速推进制造工艺、质量监控、成本控制、能耗分析等制造信息的智能评估与协同共享，实现生产智能单元、车间乃至工厂协同生产、智能控制与优化决策。

同时，在计算机虚拟环境中，构建功能完备的数字化工厂模型，实现生产制造环节、工厂设备运行与数据信息的仿真评估优化，推动制造环节中的智能决策与综合管控，促使企业生产设计能力、技术研发能力和服务能力以及集成创新加速跃升。

（二）智能制造依托工业物联网建立支撑平台与工控网络

工业物联网是智能制造转型发展的基石。驱动制造体系的智能化升级，需要工业物联网这一平台来支撑。

要实现关键制造环节、生产装备以及系统数据的集成共享，加速生产过程与业务数字化管控的重构优化，实现跨业务、跨系统、跨平台的数据协同互联，有必要解决下面几个问题：一是生产装备、工艺产线相关层面的数据连通；二是价值创造层面，集成接入生产制造、组织协同、服务创新等各类制造资源与服务能力，并使其能够被上层智能制造应用动态调用；三是产业制度层面，智能制造转转型升级的深层原因是将信息技术和产业实践、知识库优化更新三者融合与系统集成，以数字化转型赋能传统制造业加速跃升。由此，工业物联网起着工控网络和支撑平台等基础设施的关键作用。

（三）智能制造依托工业物联网驱动工厂智能化转型

作为全球产业变革的焦点，制造业智能升级需要工业物联网提供技术支撑。工业物联网加速数据要素和数字技术在生产、运营等环节的迭代组合，精益生产与敏捷制造能力大幅提升，实现智能制造系统的设备、控制、工厂等方面的智能互联。一是纵向层面，包括生产、机器、质量、库存等环节的运行优化；二是横向层面，包括企业内部，如物流配送，以及企业外部，强化产品设备监测维护。加速推进价值链、产业链以及供应链等资源的统筹优化，实现生产智能化。

此外，智能制造注重制造过程的高效高质，强调一条产线、车间内部乃至工厂范围自学习、自适应、自主化等功能的制造系统集成优化，云制造的概念和外延更为宽泛，通过工业稳物联网拓展延伸到服务、流通领域，加速智能配置、智能服务等能力支撑，更加注重为全球制造业提供跨区域、跨时空、跨系统的资源能力整合、制造能力集成优化以及以资源协同和共享为基础的主动制造能力。正是由于云制造生产协作关系的随机性，凸显工业物联网的属性与特征。智能制造本质在于依托工业物联网驱动工厂高效协同与智能生产。

第五节　中国智能制造企业转型升级路径分析

在“工业 4.0”的背景下，全球制造业以工业物联网为支撑加速变革，发达国家积极实施新型工业智能升级发展战略，其主要意图都是要抢占智能制造这一未来产业竞争的制高点。

中国制造业企业的智能化转型升级，信息化和工业化深度融合成为提升竞争力的关键，可通过智能数据设计、智能仓储物流系统、远程运维服务、创新管理、业态融合和转型发展新思路等路径来实现。

一、数字化研发是实现智能制造的关键基础

在全球智能制造浪潮的背景下，作为一种新的经济形态，数字化不仅是全球新一轮产业革命竞争的制高点，也是企业转型升级的重要驱动力。当数字技术与传统工业结合，可使制造工艺、智能运维、过程控制以及研发设计等环节集成优化，加速传统工业向智能转型发展，数字化与制造业的交融互动也使生产制造活动更加灵

活、敏捷、智慧。工控平台、工业技术软件等相关国家政策相继实施，加速制造业数字化转型持续增速，制造业由此真正成为加速推进数字经济产业化的关键突破口，而数字化也为企业转型升级，提质增效提供重要支撑。一是技术角度，从传统信息技术逐步转变为新型 IT 数字技术，即优化与提升技术应用；二是融合角度，加速数字化进程从实体状态到信息状态，以及物理形态到虚拟形态的两个方面转变，实现制造全生命周期数据的集成共享，提升数据利用价值，实现数据应用智能化升级；三是重构角度，在实施数字精准运营的基础上，加速推进制造业组织生产、管理模式、服务营销等方面的优化重构，进一步提升其在国际国内的市场竞争力。

在数字设计方面，传统的研发设计流程是以模块化设立，按照顺序完成生产任务，其缺点是生产周期长，且技术成熟度难以有效评估。数字化设计及仿真利用计算机辅助设计软件、CAD/CAM 软件、数字化仿真分析技术等，能够将产品创新过程中的产品开发、制造协同、能源系统协调优化、运营维护、关键工序及关键生产指标实施建模分析，提升产品设计中的生产决策与控制能力，从而大幅缩短产品整体的研发周期，降低产品设计成本。比如，第三代产品设计语言 MBD（基于模型的产品数字化定义）能够使数字设计与数字制造相协同，形成设计制造全生命周期的模型驱动、数据融通，并通过数控技术与有限元分析对模态参数、结构振动、运行特性等优化设计提供依据，基于多学科、多领域的知识库与专家经验、工程实践相结合形成的整体协同，促使产品创新更具竞争力。以全三维产品设计为基础，构建产品全生命周期数据管理平台（PDM）、仿真数据管理平台、三维数字化工艺设计平台、试验数据管理平台等，推进研发流程的优化和再造，使企业研发活动在一个可知、可控、有序、高效的协同环境中进行，有益于企业研发能力数字化和研发管理数字化的双向提升。

二、智能数据赋能企业新价值

现阶段，高质量、高价值的数据已成为企业创新转型和高质量发展的关键因素，如何构建智能制造数据已成为政府和产业界关注的焦点。智能制造的实践过程就是通过对生产运行数据的采集、传输和分析，将信息转换成知识，通过知识的积累形成可供决策执行的模型或规则，进而能够对生产制造过程进行诸如推理、判断、构思和决策等智能活动，从而推动制造自动化扩展到柔性化、智能化和高度集成化。

中国制造企业结合各自实际，以企业战略为基点进行智能数据的收集评估，通过对行业特征、战略规划、盈利能力、发展目标等方面进行研判分析，根据企业自身情况实施不同的智能制造实施路径和举措。智能制造业与现代服务业的深度融合，进一步深化对数据资产的梳理应用，提升数据分析应用能力和数据资产价值，为变革组织方式、生产模式、业务拓展提供支撑。通过数字技术有效提高制造业生产效率，降低企业运营成本，整合上下游企业资源，拓宽制造业全产业链，提高运营质量与效率，使生产过程变得柔性、灵活和智能，是打造先进制造业集群高地的重要路径。工业生产数据是智能制造发展的核心，数据价值分析和应用在工业实践中的应用日益广阔。而生产过程是数据集合与应用的重要环节，加速推进人机物互联 + 数据集成优化 + 提质增效的生产制造环节数字化，实现产品设计、质量管控、柔性制造、定制服务、装备升级的高度集成与协同优化。生产过程数字化能够从根本上提升生产效率。这需要企业应用大数据模型对人员调配、设备连接以及自动化产线关键工艺参数进行持续的调整优化，整合各项数据流的集成优化，即从生产排产（ERP）到车间制造执行（MES）的数据流，MES 此基础上现场设备与通信设备、数控计算设备之间的数据流。利用区块链技术将生产制造中的控制模块系统、产品生命周期管理软件、传感设备等相结合，不断推进信息安全的自主可控与优化，及时应对生产制造环节存在的问题，做到精准追溯，提高智能化管理水平。

三、生产远程智能运维新模式

智能远程运维是企业高质高效生产的重要一环。目前全球远程智能运维仍处发展初期，缺乏比较研究且研究成果略少。当今全球制造业共同面临的挑战是地铁、城轨、动车等行业相似故障数据分裂、关联少，欠缺对产品在研发、制造、使用、服务等环节的数据进行挖掘集成，统一数据采集；对于人工运维的模式依赖性依然过大，加上网络运维成本高昂，智能运维有待进一步进行成本控制与优化，技术成熟度有待提升；通过运维各阶段关键数据的萃取推理与知识的集成迭代，拓展智能远程运维的深度与广度，加速大型装备全生命周期的运维服务和功能优化，而要实现运维系统维护的智能化、敏捷化还有不小差距。

产品远程运维服务是典型的制造企业智能化服务模式，企业借助物联网、智能传感、机器学习技术对生产运行中智能产品的性能参数、设备状态、环境走势等多维度的数据挖掘分析，实现工况监测、故障诊断、质量检测等数据要素做出精准的评估判断，为推进系统智能运维以及业务创新提供数据支撑，也为生产商制造装备的研发方向提供优化方案；形成以数据为核心，从智能采集、智能分析、智能诊断、智能排产、推送方案、远程支持到智能检验的闭环运行模式，进一步提升设备使用率与使用寿命，降低设备故障率，显著提升产品价值，形成状态监测、预测诊断与维修维护的良性循环。随着复杂装备健康评估技术、复杂装备运维服务和功能优化技术的应用，将先进传感器技术与信号处理技术相结合的基础上研制专家故障诊断系统，构建融合专家的知识与思维方式的积累与优化的智能运维平台成为发展趋势，从而实现数据分析评估、智能决策与精准控制的良性循环，为优化运维提供决策依据。目前，国内机械制造、轨道交通、新能源等领域的众多企业，均明确了未来的发展方向，即研发生产智能化产品，为客户提供智能远程运维服务。并在全流程、全生命周期绿色运维智能建造实践中迈出重要一步。

四、装备智能化赋予新动能

在全球化的背景下，伴随着产业升级以及技术创新的突破，智能装备成为现阶段智能制造产业发展的重要一环。发达国家纷纷加大智能制造业回流力度，提升智能装备在国民经济中的地位。中国制造企业面临发达国家和其他发展中国家“双向挤压”的严峻挑战，紧紧抓住智能转型契机，开拓创新，重点布局，构建智能生产体系、智能服务体系和智能产品体系，加速推进智能智造单元、智能产线、数字化车间以及智能工厂等相关的智能生产核心单元技术支撑，逐步实现从点到线、从线到面、从面到体的突破，进而推动产业转型升级，提升全球竞争力。

现阶段，轨道交通、新能源等行业智能化创新步伐加快。智能工厂建设涵盖领域很多，系统极为复杂，企业根据产品和生产工艺，在做好需求分析和整体规划的基础上能够稳妥推进，并且产品结构不断优化升级。像芯片、传感器、机器视觉等新型人工智能产业仍有较大的发展空间。同时，制造设备从单机智能化向智能生产线、智能车间、智能工厂转变，研发生产出集成化、系统化、成套化的生产设备成为产品创新的发展方向。在产业链协同创新驱动的背景下，移动互联网、物联网、云计算、大数据等新一代信息技术在制造业的集成应用，推进生产工艺、技术迭代、产品设计、服务营销等方面的集成创新，加速从传统的要素驱动向创新型驱动转型。另外，定制化生产和产品追溯逐渐成为智能制造装备的新业态、新模式，通过在设计、制造、物流、供应链、服务等全流程植入客户参与界面，客户能够全程参与生产制造和价值创造的整个环节，加速推进产品结构设计、部件采购、加工制造以及物流配送等方面的集成优化与动态协调。

制造业是国民经济的脊梁，企业是制造业转型升级的主体。针对当前智能制造装备呈现出自动化、信息化、集成化、绿色化的发展趋势，中国企业应在国外技术模仿与吸收的基础上，自主研发，突破创新，瞄准发展前沿，弘扬工匠精神，不断实现“从无到有”的突破和“从有到优”的提升，完成从“跟跑”到“并跑”进而在某些领域“领跑”的技术跨越，成为智能制造装备技术的领军者。其发展趋势为下列几点。

一是自动化。体现在制造过程可根据客户要求由装备自动化完成，对制造环境和制造对象的适应性高，优化制造过程。二是集成化。体现在软件、硬件、生产工艺技术与应用技术的集成、设备的成套化及新能源、纳米等新材料、跨学科、高技术的集成，从而不断升级设备。以下几点值得关注：智能制造系统集成引领设备供应商及软件集成商融合发展新方向，有望成为智能制造龙头企业发展核心模式；局部解决方案仍是市场主流，但是国内企业需要积极向整体解决方案领域发力，力争突破国际龙头企业在该领域的行业垄断地位；边缘智能技术加速应用将打破传统设备集中式软件集成发展思路，使边缘端设备成为集成新端口。三是信息化。体现在将计算机技术、传感技术、软件技术“嵌入”装备中，提升装备性能和“智能”。四是绿色化。主要体现是从产品制造全生命周期内，构建资源消耗低、生态影响小、环境污染少的产业结构和生产方式，协调优化企业的经济效益和社会效益，从而赋能企业高效高质发展。

五、企业管理新途径

制造业是实体经济的主体,也是技术创新的主战场。在新型工业企业管理过程中，重要的是做到管理中多角色、多环节、多层级决策活动的多目标协同优化，以运营管理的安全、经济、高效为目标，实现运营管理的智能化。通过综合运用现代化信息技术与人工智能技术，推进企业信息要素及各环节数字化和智能化进程，并贯穿于企业信息管理．生产管理、智能化管理的各个环节，有效提升企业管理中认知与决策能力的关键问题，且其核心目标正是实现“视情”的无忧（worry-free）管理，即做到视情运维与精确管理、能够通过装备状态的有效掌握和企业活动的有效认识，推动企业管理的视情化，包括一站式信息服务、层次化活动协同、经济 / 安全 / 高效使用装备等，解除人的认知能力在智能制造和智能管理与控制活动中的束缚与制约，提升中国企业精细、高效和敏捷的管理能力。

（一）生产管理方面

主要贯穿于模拟产品的设计、生产制造、成本分析、管理等各环节，制造执行系统（MES）强化对制造过程的智能控制优化，重点构建生产调度、工艺管控、成本质量以及设备运行等要素的管理闭环；资源计划系统（ERP）则是推进供应、生产、财务、销售与分销等价值链进行综合平衡与优化管理；借助新一代信息技术，建立生产过程数据采集和分析系统，构建智能工厂内人、机、物、数据、业务、信息等资源的集成与协同优化，达成生产进度、质量检验、设备状态、物料传送等生产现场数据的传递、分析和共享；强化技术创新，优化原有业务服务模式和组织生产方式，提供高效低耗、且提升客户体验度的定制服务，达成企业、资源、市场、信息以及客户创意之间的整合优化；强化生产管理智能化、数字化设计的持续创新和动态改进，构建对生产线制造工况、生产能耗、物流和质量等多源数据动态集成的闭环反馈，加速推进生产管理精益化，大幅提高产品开发能力，缩短产品研制周期，实现最佳设计目标和企业间协作，使企业能在最短的时间内组织全球范围的设计制造资源，提升核心竞争优势。

（二）协同管理方面

从组织方式看，资源配置全球化和内部组织扁平化已经成为制造业培育竞争优势的新途径。工业物联网思维强调开放、协作与分享，强调减少企业内部的管理层级结构，在产业分工中注重精细化与专业化，这使得企业的生产组织更富有创造性和柔性。在产业链发展中，打通企业内外的信息流、业务流、资金流、知识流的协作链条，推动资源、主体、知识集聚共享，形成社会化的协同生产方式和组织模式，为产业链各方资源集聚共享提供一站式服务。整合“平台提供商 + 应用开发者 + 海量用户”等生态资源，打通产业链上下游企业，实现技术、市场、服务等数据资源共享、实时连接和智能交互，构建开放共享、协同创新的产业生态体系；以客户为纽带，构建开放共享的轨道交通工业互联网新生态，全面增强技术融合、业务集成、创新引领和价值创造能力，拓展数字领域新兴业务，服务制造业数字化转型升级，从而提升设备生产效率，降低生产成本，提高客户满意度。

（1）在生产自动化程度相对比较完善的情况下，智慧物流与产业转型、技术升级以及生产管理密切相关。智能物流仓储系统的数字化及自动化，加速推进原材料和辅料等物理对象能够在制造过程、半成品、成品各个生产工序间顺畅流转。降低物流仓储成本的办法还有实施仓储物流系统的智能化，对物流过程的数据监控与调度管理的不断优化，准确反馈物流各环节运作以及对物流资源的配置与协调。使资源、物品、机器和操作人员等进行合理调配和有效运转。如立体库仓储物流控制系统 WMS 与 ERP 之间对接，有效推进物流配送与自动化出入库无缝衔接。有序控制库存总量，优化仓库货位利用效率。在数字化建模系统优化和调整的基础上，实施物流系统仿真优化分析、评价和决策机制，促进后续模型正确性和物流能力的提升。

智能物流仓储系统虽然是整个智能制造系统中的重要子系统，但是它并不直接参与产品的生产。其组成架构由设备层、操作层、企业层组成。各层间相互协同，有序衔接。智能物流旨在通过物联网、物流网等智慧化技术，实现物流企业和供应平台之间的物流信息数据共享与交互，整合物流资源，达成物流全过程的智能反馈、智能跟踪、智能决策和智能控制；而需求方在有效筛选数据反馈信息，实施智能化管理的基础上，能够快速获得服务匹配，大大促进整个产业链上的物流、信息流和资金流的合理化和优化，从而提高整条链的竞争能力。

(2) 市场是实现智能制造企业目标的关键，也是智能制造企业管理的重要环节。这方面的主要工作包括以下方面：信息收集、整理、分析、使用过程的管理，市场预测和开拓管理，新产品开发、研制和推广管理，企业形象，公关关系和营销策划管理等。销售智能化在市场订单层面的作用尤为突出。通过构建以市场为导向、以客户为中心的生产服务平台。优化产品设计及工艺，强化目标成本管理，数控化的定制参数与柔性化产品解决方案，以及差异化的定制消费需求相结合，加速智能制造整条产线的精益、柔性、数字、智能。有助迅速打通市场凸显产品价值，增加客户黏性，达成柔性生产、市场拓展和敏捷制造三者的协同高效。

同时，借助大数据分析优化提升定制服务尤为关键。运用大数据整合分类评估以及增加体验度等手段，形成产品数据—信息反馈—知识管理—创新技术或新服务的闭环管理，带动与之对应的理念创新、技术创新、生产模式创新与服务创新，优化与提升服务流程与业务模式，深挖数据价值，提升柔性服务能力，为市场决策提供支撑。

六、业态融合和转型发展新思路

智能制造究其实质是一场“深度融合”，其中有生产流程与数据运用的融合，也有产业上、下游之间的融合，还有智能制造与相关产业的融合。发展业态融合和转型具体包括以下方面：改变制造业质量差、档次低的企业形象；从价值链低端向高端转移，提升产品附加值；优化制造业产业结构，使其更加合理化；实现绿色制造，改善对环境污染大、工业能耗高的现状；改善信息化水平，实现企业全产业链互联互通和信息化生产管理；使企业转变为创新驱动的增长模式，增强自主创新的能力；智能化服务以顾客端的价值缺口为导向，利用增值服务提升中国工业产品的核心竞争力。

CPS是应对新经济条件下两化融合和产业转型的使能技术之一，其价值和能力会随着使用的不断积累而增强。而在应用过程中，CPS对实体空间的装备、设施、资源和场景所构成的大数据环境进行采集、存储、建模、分析、挖掘、评估、预测、优化、协同等处理，获得信息和知识，产生与实体空间深度融合、实时交互、互相耦合、互相更新的赛博空间，进而通过自优化、自认知、自重构以及自治和智能支持促进装备资产和产业服务的全面智能化；基于系统“信息—认知—知识—决策”的点对点思维逻辑，构建实体空间与赛博空间中个体空间、群体空间、环境空间、活动空间、推演空间的知识交互、知识共享与知识再生社区，将知识从核心生产要素转化为核心生产力，进而达成将产能优势转化为知识优势的能力，推进工业系统从“伪智能”到“真智能”的转变。从价值链底端向顶端转移的能力，同时，将产业链企业用户以及其他上下游产业，有效纳入同一个知识互动体系当中，创造了基于智能制造的业态融合新形态。

CPS的工业应用，可以有效实现产品的自省性、自预测性和自比较性，以此来提升中国工业产品在使用阶段的实用性，极大增强中国产品在世界市场的竞争优势，改变中国制造业在经验和先进知识上与传统工业发达国家的竞争劣势。中国企业需要从点、线、面等不同层面探索企业转型的发展路径，探索适应中国特色的CPS与工业智能化应用实践之路。这些不仅需要认真学习、消化、借鉴和吸收其他发达国家的成功经验，更需要结合自身的国情需求、现状与能力，建立适合自身发展的方法论、技术体系和工业应用能力，而非盲目追随与模仿。兼容并举，自主创新，也是中国企业转型升级，提质增效的必由之路。

第六章

工业物联网

制造业是国民经济的主体，是立国之本、强国之基。当今，世界各国都把工业物联网作为一项最重要的技术领域上升为国家战略，为实现制造业智能升级而展开全球竞逐。无论是德国“工业 4.0”、美国先进制造，还是中国实施“两化”融合战略，旨在通过工业物联网与制造新工艺、新材料、新装备、先进软件等资源要素有机结合，构建智能制造生态系统，实现智能控制、优化运营和变革生产组织方式，也是构成实现智能制造的重要基础与关键要素。

在新基建浪潮的推动下，工业物联网日益成为产业“智能”升级的关键支撑，对未来产业发展带来深层次、全方位、革命性影响。工业物联网作为实现“中国制造 2025”战略的关键基础，给企业带来的变化不仅是提升生产效率，还将大幅升级企业资产管理模式、经营模式、核心竞争力培育等多个方面的实力。工业物联网成为引领新一轮科技革命与产业变革的重要驱动力量。本章就工业物联网发展现状、产业发展，以及未来工业物联网平台落地思路等问题进行分析与阐述。

第一节　工业物联网——全球制造业实现跨越发展的重要驱动力

20世纪末，新一轮科技革命重塑全球产业结构升级，工业物联网技术的场景应用突破创新与日臻完善，加速各国迈入创新发展新阶段。以智能制造为主导的第四次工业革命，将全球工业带入了传统产业与信息产业深度融合发展的崭新阶段。工业物联网作为实现“中国制造2025”战略的关键基础，给企业带来的变化不仅是提升生产效率，还将大幅升级在企业经营模式、资产管理模式、核心竞争力培育等多个方面的实力。工业物联网成为引领新一轮科技革命与产业变革的重要驱动力量。

在这波工业物联网的浪潮中，工业物联网平台的竞争就是制高点的竞争核心，正在迅速改变世界各国的制造业生态系统。一方面，工业物联网融现代制造、数字通信等技术的集成，贯穿于工业生产的各个环节（研发、运营、管理、制造等），通过具有智能监控、协同能力的传感控制系统以及泛在技术、智能分析等技术渗透于工业系统中，使得生产运行、能耗监控、实时参数采集等工业数据与企业信息管理系统协同联动，优化控制工艺流程，提升资源利用配置，加速产品创新效率，提高生产制造敏捷性，实现智能工厂无人化、少人化。另一方面，依托“云大物移智”等信息技术，推动工程技术、产品创新、运营管理等层面融合贯通，促进企业进行服务升级和组织管理的提升优化，由此构建与覆盖包括设备巡检监控、供应链优化管理、产品安全溯源管理等领域的延伸与拓展；依托上云赋智部署工业系统集成和共享，带动智能制造关联产业发展和催生服务新模式、新业态，形成新设计、新智造和新运维，构建企业新的竞争力、生产力和决策力，持续推动向跨工位、跨车间、跨工厂、跨区域以及内外部客户协同的生态系统转型。可以说，工业物联网加速推进产业化进程，成为促进经济发展模式正由要素驱动、效率驱动转向创新驱动的强有力动力，而“新基建”领域的核心方向正是工业物联网。

无论是美、德、英、日等发达国家，还是中、韩等新兴产业国家，当前正处于由“制造”向“智造”的转型阶段。在制造业全球化趋势下，为了使工业重新焕发强大的竞争力，确保其自身在未来经济竞争中的领先优势，美、德、日、英等主要工业强国纷纷加强工业物联网顶层设计，布局工业物联网。在战略层面上，各国通过政府资助支持企业组建创新中心、研发中心等致力于工业物联网技术研究和应用创新以及产业链升级整合，以期物联网产业保持持续增长态势与加速传统制造业转型的良性循环。在企业层面上，企业则积极投入研发创新，在提质、认同和融合的前提下，通过战略投资、构建联盟等方式，加速产业转型与突破，由此迈向由计划部署到产业实践，由“制造”向“智造”转型发展的新阶段。例如，德国西门子加速工业物联网工业布局，加快推进云平台、机器软件以及生产系统端到端的一体化布局。

中国同样重视智能化转型，从政策层面多次提出 5G、人工智能等技术产业发展战略，探索产业新的增长动能和发展路径，在生产力、商业模式以及战略发展上获得变革性的跃升，加速推进传统产业向智能化转型。布局数字园区，构建智能制造产业园融合 5G 商用应用、数字孪生等新兴技术，集研发设计、环保节能、物流物管、贸易服务等资源整合和要素协同优化的整个生命周期生态闭环；加快数字化试点示范平台建设推广，特别是工业物联网推动数字经济延伸到实体经济更多领域、更多场景创新应用；多措并举拓展企业上云，优化大数据推动跨领域、跨行业数据融合和集成创新，为科学决策提供支持和依据；构建产学研良性互动、优势互补合作机制，实现制造、研发内外联动的新发展模式。

企业层面，加快数字化转型与融合，培育一批有集成创新能力强、技术创新突出的独角兽企业和隐形冠军企业，达成企业管理价值链和业务价值链的协同优化，构建可持续竞争优势。同时，专精特新企业深耕细分领域，平台技术和服务能力实现单点创新，把握关键环节和核心技术优势，实现产业智能化升级，也提升了系统解决方案的能力。随着云服务生态技术体系逐步完善，工业物联网应用进入高速增长阶段，数字化能力明显提升，在设备维护、产品创新、定制生产等领域逐步应用，加速整个制造业逐步改造升级。

2020 年《政府工作报告》中这样提到，加强新型基础设施建设，发展新一代信息网络，拓展 5G 应用，建设数据中心……激发新消费需求、助力产业升级。“新基建”相比之前的传统基建，它背后涵盖的智能化、数字化建设令人期待，在新基建的推动下，新一代信息技术赋能传统制造业转型升级和场景应用也将迎来新的增长点。

对制造业而言，工业物联网支撑工业系统实现智能化的应用生态，形成自主可控、统筹推进的产业生态，工业领域基于云端的连续的在线监测、生产设备运行的优化、工业安全生产、供应链精细化管理、能源数据管理等都将大大优化资源配置，提高企业的发展潜力，重构工业产业格局。工业物联网已成为中国企业转型升级、提质增效的重要突破点。

不同于欧美同类企业，中国企业积极打破行业壁垒加快新产品开发，领先企业间的合作屡见不鲜，一些知名范例包括腾讯与京东合作布局电子商务生态圈，百度与小米在物联网与人工智能领域合作开发更多应用场景，等等。这赋予它们在新材料、新能源以及软件服务等新兴产业的带动力与竞争力，加速工业链、产业链与创新链重构耦合，提升现代产业的智能化、绿色化。

综上，加速推进5G、虚拟现实等信息技术与制造业渗透融合及应用创新，构建数字化工厂和智能生产、智慧决策平台，重塑工业生态。工业物联网促进了产业资源快速集聚、有效整合和高效利用，成为工业企业培育竞争新优势的重要手段，同时，它以开放模式，整合各个领域资源，促进产业生态各方供需对接，优化各方资源配置，成为制造业转型升级的关键举措。

近年来，随着政府政策的不断加强与完善，工业物联网发展已经进入到快车道。在5G、工业物联网等“新基建”的推动下，智能制造产业将会呈现新的业态。工业物联网发展呈现如下特点。

一是工业物联网设施能力建设明显提速。目前，新基建作为国家推动数字经济发展的重要举措，而工业物联网作为其中的一员，再次被纳入国家战略布局重点，促使市场规模快速增长。各国纷纷将基建投资作为重要投资方向，其中“新基建”又是投资热点。在这种大背景下，对工业物联网基础设施建设的投资有望迎来高增长，将推动工业物联网内外网改造进程加速，标识解析体系二级节点建设在更多地方铺开，平台覆盖和支撑能力快速扩张，拉动工业物联网整体供给能力大幅提升。

二是工业物联网应用将在更深程度、更广范围、更高水平上加快推进。“新基建”的推进，促使工业物联网供给方得以面向市场提供更畅通的数据连接通道、更具针对性的解决方案、更安全的风险防控等，切实推动企业实现提质增效。基于大量有效供给形成的强大示范效应，将加速释放潜在需求、持续创造庞大新需求，进而带动工业物联网在各行业、各领域全面快速渗透应用。

三是加速推进工业物联网生态化。特别是工业物联网应用快速发展，对产业支撑的要求将不断升级，将倒逼全产业链加速技术和应用创新，带动工业APP、边缘计算等新产品、新服务蓬勃发展，促进高端工业软件、新型工业网络、数字孪生等新型技术加速产业化，推动芯片、操作系统、算法模型等基础支撑能力提升，并培育形成一批具有综合竞争力或行业影响力的市场主体，繁荣整个产业生态。

第二节　工业物联网是实现智能制造的关键

工业物联网是面向工业生产环境构建的一种信息服务网络，尽管工业物联网是物联网面向工业领域的特殊形式，但不是简单等同于“工业 + 物联网”，而是具有更为丰富的内涵：工业物联网以工业控制系统为基础，通过制造资源间网络互联的智能感知环境、系统互操作，实现生产资源的精细化管控，生产作业的智能执行、制造工艺的控制优化和制造服务的优化配置、能源消耗的监测评估，以及精益生产促进科学决策，为其制造能力的共享与优化配置提供支撑，进而实现企业工业生产、智能化生产和精益化生产。因此，作为一项使能技术，工业物联网是加速工业产业优化升级的重要力量。

工业物联网充分融合传感器、通信网络、大数据等现代化技术，通过将具有环境感知能力的各种智能终端、分布式的移动计算模式、泛在的移动网络通信方式等应用到工业生产的各个环节，以提高制造效率，改善产品质量，并降低成本，减少资源消耗和环境污染。其本质是以工业软件、工控系统以及人、机、物智能互联的前提下，通过实时数据的智能挖掘分析、智能评估与决策优化及边缘计算处理，加速推进互联设备智能管控，产品创新迭代更新与生产运营优化。工业物联网是驱动智能生产的关键要素。

一、工业物联网特征与内涵

根据中国电子技术标准化研究院发布的《工业物联网平台白皮书 (2017) 》中所表述，工业物联网具有智能感知、泛在连通、精准控制、数字建模、实时分析和迭代优化六大典型特征。

智能感知是工业物联网的基础。利用传感器、RFID 等手段获取包括生产、物流、销售等环节的全生命周期内的不同维度的信息数据，例如人、原料、机器、工艺流程和环境等工业资源状态信息，为后续生产过程建模与优化控制提供数据基础。

泛在连接是工业物联网的前提。通过有线或无线的方式将机器、原材料、控制系统、信息系统、产品以及人员等工业资源彼此互联互通，形成便捷、高效的工业信息通道，拓展工业资源之间以及资源与环境之间的信息交互广度与深度。

数字建模是工业物联网的方法。将工业资源虚拟化后映射到数字空间中，在虚拟世界进行工业生产流程模拟，借助数字空间的强大信息处理能力，对工业生产过程全要素做抽象建模，为工业物联网实体产业链运行提供有效决策。

实时分析是工业物联网的手段。在数字空间中针对所感知的工业资源数据，通过技术分析进行实时处理，获取工业资源状态在现实空间和虚拟空间的内在联系，将抽象的数据进一步可视化和直观化，完成对外部物理实体的实时响应。

精准控制是工业物联网的目的。基于工业资源的信息互联、状态感知、实时分析和数字建模等操作提供的信息，在虚拟空间形成工业运行决策，并将其解析成实体资源可以理解的控制命令，以此为依据进行实际操作，实现工业资源精准的无间隙协作和信息交互。

迭代优化是工业物联网的效果。工业物联网具有自我学习与提升能力，通过对工业资源与生产流程的数据进行分析、处理和存储，形成可继承的、有效的模型库、知识库和资源库，据此对制造原料、制造过程、制造工艺和制造环境进行反馈优化，通过多次迭代达到生产性能最优的目标。

综上，工业物联网是支撑智能制造的一套使能技术体系，是加速工业产业优化升级的重要力量。

二、工业物联网体系架构

工业物联网体系架构是工业物联网系统组成的抽象描述，为不同工业物联网的结构设计提供参考。下面就分层的体系架构进行阐述。

根据ITU-T建议的基于USN的物联网体系架构，可以建立工业物联网的分层体系架构。该体系架构从功能分层的角度揭示了工业物联网的组成方式。工业物联网分为感知层、传输层、数据平台层、应用创新层四个层次。其中，感知控制层负责对工业环境与生产资源数据的实时采集，网络传输层执行感知数据的近距离接入与远距离传输，数据平台层对汇聚的感知数据进行充分挖掘和利用，应用创新层负责应用集成与业务创新相关的事宜。四个层次的具体功能阐述如下。

（一）感知控制层

感知控制层是工业物联网的“肢体”，主要提供泛在化的物端智能感知能力，由多样化采集和控制板块组成，包括物体标识、各种类型传感器、RFID 以及中短距离的传感器、无线传感网络等，实现工业物联网的数据采集和设备控制的智能化。

（二）网络传输层

网络传输层是工业物联网的“血管”和“神经”，实现物端设备对网络的接入与互联互通。通过整合工业网关、短距离无线通信、低功耗广域网和 0PUUA 等技术，协同无线通信网、工业以太网、移动通信网络等异构网络，实现感知终端的泛在透明接入和感知数据的安全高效传输，实现服务模式创新及工业流程优化。

（三）数据平台层

数据平台层是工业物联网的“大脑”，在深度解析工业大数据的基础上实现基于知识的工业运行决策。结合大数据和云计算技术，构建云计算平台和信息协同平台，实现异构多源数据的分布式存储、建模、分析、挖掘、预测和优化，形成基于知识的决策优化系统，有效提高工业系统运行的决策执行能力。

（四）应用创新层

应用创新层是工业物联网的“行为”，负责工业物联网的服务组合以及服务模式的创新，实现服务内容的按需定制。面向智能工厂、智能物流、工艺流程再造、环境监测、远程维护、设备租赁等场景进行自适应的服务组合，对服务种类和服务内涵进行动态创新，全方位构建工业物联网创新的服务模式生态圈，提升产业价值，优化服务资源。

上述分层体系架构可以应用于单个企业内部，或者某一行业的多个企业之间，其具体的应用模式还有待进一步深入研究。

三、工业物联网对实现智能制造的意义

工业物联网对实现智能制造尤为重要，其一，工业制造技术，利用先进制造技术精准操控、预警预测优势，智能操控系统提升生产柔性和产品精度，优化生产运营，推向精益生产；其二，工业网络平台（包括工业物联网、数字化控制系统以及工业软硬件等）通过数据评估预测及算法模型分析，促进业务协同与信息共享，实现服务增值和产能价值提升。很显然，智能制造对工业物联网具有天然的依赖性，而工业物联网也与智能制造的发展愿景相契合。

工业物联网是面向工业生产环境构建的一种信息服务网络，是工业系统与新一代网络信息技术全面深度融合所形成的产业和应用形态。工业物联网充分融合传感

器、通信网络、大数据等现代化技术，通过将具有环境感知能力的各种智能终端、分布式的移动计算模式、泛在的移动网络通信方式等应用到工业生产的各个环节，以提高制造效率，改善产品质量并降低成本，减少资源消耗和环境污染。其本质是以工业软件、工控系统以及人、机、物智能互联，推进对数据信息的实时监测、深度分析和边缘算法应用，加速生产精益化、管理数字化和优化决策能力，实现生产智能化。

在制造业智能化进程中，工业物联网将体现出四个关键价值：提升价值、优化资源、升级服务和激发创新。

（一）提升价值

工业物联网使丰富的生产、机器、人、流程、产品数据进行互联，数据达到前所未有的深度和广度的集成，建立物理世界与信息世界的映时关系。使数据的价值得以挖掘利用，提升数据的价值。

（二）优化资源

工业物联网通过泛在网络技术将工业资源全面互联，通过智能分析与决策技术对工业运行过程进行科学决策，反馈至物理世界并对资源进行调度重组，使工业资源的利用达到前所未有的高效。

（三）升级服务

工业物联网使制造企业改变原有的产品短期交易的状态，向以数据为核心的制造服务转变，打破传统的产业界限，升级服务，重构企业与用户的商业关系，帮助企业形成以数据价值为特征的新资产。

（四）激发创新

工业物联网在工业领域架起一座物理世界和信息世界连通的桥梁，并且提供接口供应用访问物理世界和信息世界，为资源高效灵活地利用提供无限可能，营造创新环境。

工业物联网对实现智能制造具有重要意义。从技术角度来看，工业物联网为制造业变革提供了信息网络基础设施和智能化能力，是实现智能制造的基石。

1. 工业物联网可以实现对制造过程全流程的“泛在感知”，特别是利用传感器等感知终端，无缝、不间断地获取和准确、可靠地发送实时信息流，可与现有的制造信息系统如 MES、ERP、PCS 等相结合，建立更为强大的信息链，以便在确定的时间传送准确的数据，从而实现数字化制造资源的实时跟踪和自动化生产线的智能化管理，以及基于实时信息的生产过程监控、分析、预测和优化控制，增强了生产力，提高资产利用率，实现更高层次的质量控制。

2. 工业物联网可以改变传统工业中被动的信息收集方式，实现对生产过程参数准确、自动、及时收集。传统的工业生产采用 M2M 的通信模式，实现了机器与机器间的通信；工业物联网通过物到物的通信方式，实现了人员、机器和系统三者之间的智能化、交互式无缝连接，使得企业与客户、市场的联系更为紧密，企业可以感知到市场的瞬息万变，大幅提高制造效率，改善产品质量，降低产品成本和资源消耗，将传统工业提升到智能工业的新阶段。

从管理角度来看，工业物联网的应用，加速了制造企业服务模式、运作模式发生重大变革，具体表现以下几点。

一是实现制造企业服务化转型。其一是创新企业营销模式，其二是创新服务模式。

二是实现组织模式的分散化。物联网使企业的生产组织模式由集中的控制转变为分散/边缘控制。其一是基于互联网模式的全球用户、众包设计、工业设计者，企业通过工业物联网开放平台模拟集中研发力量；其二是通过物联网实现远程设计、分布式制造、异地下单的远程定制创新。

三是实现制造的个性化定制。物联网实现了个性化需求与柔性制造的有机结合。在产品设计与生产过程中融入消费者的个性化需求，依靠的是柔性化技术和生产组织，将个性化定制从原料扩展到工业成品，从少数人扩展到社会公众，最大程度地扩展了生产的灵活性。

四是实现制造和物流的协同。物联网实现了制造信息和物流信息的透明化。一方面，第三方物流企业利用互联网为制造企业提供精益供应链外包服务，实现了精益供应链服务，使供应链运营流程同步化、实时可视化及各环节无缝衔接；另一方面，依托互联网实现交通行业的全流程透明化，大大提高了用户对产品的信任度。比如企业搭建的便于消费者逆向参与产品生产全过程的可视化线下溯源体系。

五是实现多元融合的互联网生态体系创新。工业与物联网融合的不断深入，催生了多种业态、多种技术融合的生态服务系统。

简言之，物联网推动了信息化和工业化融合，是实现智能制造的基础和解决方案，对推动“制造强国”之路具有重要意义。在企业制造系统向着精益化、智能化和服务化方向发展的大背景下，对制造执行过程多源信息的采集，以及基于实时信息的生产过程监控、分析、预制和优化控制，产生了迫切的需求，工业物联网为解决这一问题，提供了一种新的模式和实现途径，能够推动制造过程由部分定量，定性化的信息跟踪与优化，朝着实时精确信息驱动的定量分析与决策优化的方向快速发展，因此，研究兼容各种网络和系统的工业物联网，是实现智能制造的关键。

第三节　工业物联网平台落地思路探讨

一、工业物联网平台的发展特点

工业物联网云平台在制造生产过程中实现数据收集和故障预测等功能，提高工业生产的性能。工业物联网平台是实现企业信息数字化的重要支撑，其产业现状呈现出三个特点。

一是工业制造企业积极布局工业物联网平台。工业自动化企业凭借在工业领城的沉淀和积累，通过搭建工业物联网平台，推动制造业转型，典型的有西门子的 MindSphere、通用电气的 Predix、菲尼克斯电气的 ProfiCloud、ABB 公司 ABB Ability；国内制造企业也在积极推进工业物联网平台的部署，如三一重工的根云、徐工集团的工业云、航天科工的 INDICS 平台等。

二是 IT 企业借助于云平台的优势积极发展工业物联网平台。IT 公司具备强大的基础设施支撑、丰富的分析计算工具、成熟的定价体系和全面的安全保障策略，已经形成了成熟的云服务系统。因此，以原有平台为基础， IT 企业可以通过联合上下游工业企业布局工业物联网产业平台。

三是企业之间展开优势互补合作扩建工业物联网生态圈。工业物联网平仍面临设备连接的兼容性和多样性的难题，因此，不同企业之间利用自身优势，通过开展互补协作完善平台功能,通用电气登录微软云平台,ABB依托于微软平台提供云服务，同时与 IBM 在工业数据计算和分析方面展开合作，西门子的 MindSphere 平台在云服务方面已跟亚马逊的 AWS、微软的 SAP 展开合作。

二、工业物联网平台重构制造生态

无论是美国先进制造、德国“工业 4.0”，还是中国工业化与信息化深度融合等战略，都是通过工业物联网与软件、装备、工艺、信息等集成创新与融合优化，打造智能制造生态系统，从而加速推进生产、经营和管理模式的变革。物联网成为引领新一轮科技革命与产业变革的重要驱动力量，因此越来越多的企业利用物联网技术开发应用智能制造装备和技术，持续优化人机协同生态，加速关键工序精益化管理，数据驱动分析决策优化，从而支撑业务模式创新、生产智能决策、产业生态培育和资源优化配置，并升级成转变增长方式、重塑生产组织方式的关键要素和基础设施。

（一）工业物联网平台重塑企业综合竞争力

工业物联网平台在更深层次上融通企业的逻辑边界和物理边界，推动创新模式、生产方式、组织形式和商业模式的深刻变革。工业物联网基于适应生产关系的变化、产业链上下游的变化、行业的不同、智能制造时代的变化与要求，从平台经济、业务模式、价值网络、生态系统、客户体验、知识管理以及业务创新的角度成为产业转型的引擎。

通过物联网、大数据、人工智能技术，推进企业实施智能化系统升级，实现产品的研发设计、生产制造、经营管理、在线服务等全流程协同运行、互联互通；借助人工智能、深度学习与工业物联网有机结合，加速技术、数据、信息、知识等要素的集成共享，加速理论集成创新、知识积累叠加优化以及技术迭代升级；以数据流、信息流为核心，开展以使客户价值增值为目标的数据采集、数据挖掘、数据分析和数据应用服务，进一步提升制造业的商业价值；以客户需求为中心，带动制造企业创意研发、柔性制造、营销服务模式等方面形成创新要素聚合的生产力、决策力与竞争力，由此带动且形成企业制造系统中的人、机、料、法、环、运、测等资源要素集成和作业优化持续进化的生态闭环，并支撑合理优化制造工艺，完善服务体系。持续支撑产品创新和生产服务效率快速提升。引入并行工程、系统工程等先进方法，采用虚拟化、数字化等技术，培育智能互联的产品研发及服务体系，构建跨部门、多层级的创新驱动协同研发环境，培育在移动感知终端、边缘计算、云物协同等关键环节具备核心竞争优势的“专精特新”企业，加速推进智能工艺数字孪生、协同制造智能互联与数据驱动精益研发的优化闭环，提升智能研发的竞争力和品牌影响力。

（二）工业物联网平台可以提升企业服务水平

物联网与其他新兴技术如数据分析、人工智能、区块链以及不同产业相结合，给制造业带来新的价值机遇。基于设备智能化、信息化、数据化后产生海量的数据，构建人员、产品、系统、资产和机器之间实时、端到端、多向的通信和数据共享，进行自决策、自优化与自调整，进行实时参数采集与数据分析处理，从而实现生产监控、产品检测、设备运维和决策的自动化与智能化；借助5G、大数据等先进技术，推进产品制造、市场、业务、资源以及客户服务等要素协同，实现柔性生产、精益生产，使得生产执行得到有效管控；构建生产管理、客户服务以及产品之间的物联制造闭环体系，通过与环境和客户的不断交互完成自我学习，创造出更有价值的用户体验。同时，利用工业物联网平台就海量数据的计算处理与智能分析，驱使从企业自身为主体的产品制造商向"企业 + 用户"的运营商转变。

（三）工业物联网重构企业组织管理形态

工业物联网深刻改变着传统企业的生产模式、管理形态、技术体系以及商业模式变革，基于人工智能、虚拟现实AR/VR等信息技术，在生产系统数据进行分析判断与决策优化，加速工业控制系统与生产管理系统的集成创新与持续改进，并通过收集、提炼工业物联网形成的大数据而构建组织管理形态重构变革、知识库迭代更新以及生产实践及工艺动态优化的闭环管理。由此不断延伸出新的管理模式、服务模式、运输模式。以此为基础，支持技术管理及战略运营管理，辅助制定战略决策并执行，提高企业精细化、智能化管理的水平。企业中可标准化的工作将越来越多交给机器完成。同时，通过平台智能化、网络化、数字化建设，促使企业管理机制拓展到与数据、知识、人机高效协同以及智能建造、智能工厂相关发展战略相匹配，实现业务创新、组织变革、渠道变革以及管理变革，助推企业组织管理创新以及战略落地与发展。

三、加速工业物联网落地应用

（一）智能主导、数据驱动是工业智能化的关键

在数字化转型过程当中，数字的竞争力成为竞争的焦点。工业物联网正催生工业领域的数字经济变革，按需定制、生产能力交易、智能化产品等服务，正引领着工业逐渐从封闭走向开放。对数字的精准化的分析和理解成为数字化转型的关键。中国企业要实现工业化和信息化的深度融合，可从三个层面做到创新融合与应用，

一是工业物联网在关键环节中的技术应用。推进自动控制与感知、制造单元的自主可控等关键技术的单点突破与集成创新，加速系统内外部互联。二是全生命周期管理中整体技术的积累与突破，加快技术从自动化生产线运作、智能诊断、调度管理到营销服务等要素集成优化，达成产品创新数字化、生产制造精益化、调度管理智能化、仓储作业自动化、产品服务敏捷化。三是推进智慧企业建设。以数据支撑为核心，通过实现产品创新数字化、运营数据化等，进而全面实现跨地区协同制造和服务创新等。目前中国企业数字化转型仍面临不小挑战，随着企业信息化扮演重要角色和智能终端的普及，达到数据驱动生产的目标仍有较大的发展空间。

（二）纵向深入与协同创新并重，加快建设和推动工业物联网平台

通过工业生产全要素、全价值链、全产业链的连接，从研发、生产、管理、服务等各环节重组制造业的业务流程，加速建立研发协同化、生产智能化、管理扁平化、服务延伸化的新型制造体系。一是促进研发协同化。制造业原有研发模式以串行为主，部门之间沟通效率低下，而应用工业物联网，有助于多部门在研发环节的并行协同和同步调整，大大提高研发效率和缩短产品上市周期。二是促进生产智能化。制造业生产工艺复杂，多依赖主观判断和人工经验，通过部署工业物联网平台可将工业知识显性封装为模型软件，结合实时监测生产要素状态数据，做出最优生产决策。三是促进管理扁平化。制造业的管理体制多采用结构僵化、层级繁多的科层制，通过利用工业物联网可实现管理扁平化，缩短企业信息流通渠道，为企业制定科学决策提供可靠支撑。四是促进服务延伸化。依托工业物联网平台有利于推动企业价值链向高端延伸，推进转型升级，提高经济效益水平。

（三）促进行业标准协同与集成应用

在以制造、信息、服务为主流的全球化时代，标准的角色也越来越重要，其价值和作用日益凸显。中国作为全球第二大经济体，亟须重构中国制造业在全球产业竞争中的话语权，以标准化推动中国制造走出去。而国内物联网标准化工作虽然一直在逐步推进，相关行业标准和国家标准的数量也在迅速增加，但统一的规划、部署、推进和协作仍略显不足。物联网标准的缺失和重叠现象严重，难以充分发挥各个标准组织的优势，使其形成合力发展的态势。物联网标准主要集中在垂直领域，面向未来的跨领域、开放互联的基础共性标准基础较差，缺乏重点布局。值得期待的是，随着国内外企业间对于技术标准的争夺也已经进入白热化阶段，中国标准缺失、滞

后、老化等特点在新产业、新技术、新产品中将会有所改变。中国制造业的高速发展必须依靠科技驱动、标准驱动、创新驱动，集中力量开展核心技术标准开发，让中国标准走向世界，推动我国制造业向全球价值链中高端迈进。

标准化是衡量企业管理水平的重要标志,也是企业提升国际竞争力的关键要素。企业加快完善市场导向机制，探索轨道交通工业企业数字化转型标准化体系建设（如桥梁建设中的装配式盖梁及钢筋智能建造技术等），为持续推动行业数字化智能建造标准化工作提供支撑，并将标准化工作贯穿于企业自主创新的全过程，加强内部管理控制，完善管理机制，增加标准研发的投入，在自主创新和协作研发的基础上转化知识产权，增加中国产品技术在国际上的认可和引领作用；构建国际化企业之间战略合作伙伴的关系，促使联合技术研发与联盟标准制定有机结合，共同进入国际市场；基于强外部性，具有全球影响力和竞争力、产业带动效应明显的的高铁产业作为战略突破点，由点带面，标榜引领，形成中国标准走出去的坚实基础，提升标准领域的竞争力和影响力。

第三部分

运营管理篇

第七章

远程智能运维，
赋能全生命周期管理

纵观近代以来崛起的国家无一不是制造业强国，工业水平在很大程度上反映了一个国家的整体实力。从目前国内智能制造产业的发展来看，构建面向全体生产设备的远程智能运维最具代表性、最具潜力和发展空间。通过企业内外网络全面互联，大幅提升生产制造、研发设计等各环节的工作效率，优化资源配置，基于预测性诊断与健康管理的智能运维技术及产业发展构成企业核心竞争力的关键要素。智能运维决不是一个跳跃式发展的过程，而是一个长期演进的系统。远程智能运维利用大数据分析、机器学习等人工智能技术来自动化管理运维事物。智能运维的本质是提升运维数据的认知能力，构建出面向系统设备的设计制造、运行维护、检修改善等方面形成实时的、端到端的、多向的通信和数据共享的信息闭环，实现对远程设备的“自感知—自记忆—自决策—自执行”，达成虚实物理空间融合为一，促进企业核心竞争优势的重塑、巩固和提升。在“工业4.0”的背景下，以人工智能、大数据等技术交叉融合的智能远程运维是企业升级、提质增效的重点因素，也将成为现在智能制造蓬勃发展的重要标志。

本章将就创新驱动背景下的全球制造业，基于物联网、大数据的预测性维修和智能运维发展的若干思考等相关问题进行阐述。

第一节　创新驱动背景下的全球制造业

全球新一轮科技革命和产业革命加速发展，工业化、信息化融合向更大范围、更深层次、更高水平拓展。5G终端、物联网、云计算等新一代技术不断涌现，从而催生出新产品、新模式和新业态。加快推进智能化、数字化、网络化、绿色化转型，也推进新一代信息技术为实体经济赋能。以新工艺、新材料、新智能为基础的系统集成创新，成为制造强国加速引领产业转型升级的重要战略制高点。

智能制造成为全球经济转型升级的关键引擎。信息技术的加快发展和产业转化正在对世界各国经济结构和全球价值链分布产生深刻影响。世界各主要工业国家纷纷推行“再工业化”战略，其产业变革的背后，是新旧动能的转化、发展理念的更新、传统与创新的此消彼长。如德国通过设备和生产系统不断升级，将知识固化在制造装备上，提高生产柔性化程度，进而重塑工业的整体竞争力。反观一些曾经在工业化进程上取得不俗成绩的发展中国家，因为放松对制造业发展的坚持，陷入经济增长缓慢、收入提升停滞的“中等收入陷阱”。

纵观国内形势，历经四十多年的快速发展，中国经济总量已稳居世界第二，但经济规模大而不强、经济增长快而不优的格局也非常明显。伴随劳动力成本逐步上涨、资源环境约束日益加剧、投资边际效应递减日趋明显，尤其在当下美、德等西方国家高端制造业回归及东南亚国家低端制造业崛起的双重压力下，以要素驱动和投资驱动的经济发展模式处于越来越尴尬的境地。在经济学领域，这种尴尬的窘境（或者说是隐忧）被称为“中等收入陷阱”，是指一个国家由于某种优势达到了一定收入水准，经济增长动力不足，导致出现经济停滞的情况。按照世界银行的标准，中国2018年人均国内生产总值已接近10000美元，已进入中等偏上收入国家的行列。既使在当前世界经济复苏乏力的大环境下，中国以投资驱动的经济手段一直保持逆势增长，但如何实现经济的可持续发展才是解决问题的根本。

在改革开放的四十多年中，中国发展一直是以增量的需求来驱动的，庞大市场在各个领域“从无到有”的过程中得到巨大的投资需求。正是由于过去四十多年的成功经验，使得中国的企业习惯于以增量需求的方式带动增长，但是这样的方式被证明越来越难以持续，未来中国的发展方式应当逐步摆脱依靠增量的需求，而挖掘存量中的价值，在“从有到精”的需求转变中寻找新的机会。业界的成功公司都经历过此痛苦的蜕变过程，从长期看，技术创新驱动是经济增长的原动力。在全球制造业高度发达带动经济增长与产业升级的实践中，技术创新的贡献率达到70%，加强制造业具有自主知识产权的基础研究和关键核心技术，作为加速构建创新型国家，提升综合竞争力的关键要素，是当前跨越中等收入陷阱，直达高收入国家的战略通道，为经济可持续发展提供新动力。

制造业是立国之本、强国之基。《中国制造2025》提出全面推进实施制造强国战略，这是我国实施制造强国战略第一个十年的行动纲领。该战略规划系统阐述智能制造发展规划的战略方针、目标原则、根本任务、行动纲领、实施路径的基本思路，总结与阐释智能制造发展的客观规律，明确智能制造攻坚战役的实施路径。当前中国正处于转型发展的关键时期，如何提升科技创新能力，加快经济结构优化升级，占据未来制造业竞争的制高点，成为推动我国制造企业转型升级及高质量发展的关键。

一是制造企业具有“下先手棋”的战略思维，针对智能制造在新阶段的战略规划，要及早布局，加快发展战略性新兴产业，培育壮大前沿技术，重塑制造业竞争新优势。从企业而言，推进企业从制造装备“点”上的智能化，实现“点”上突破，逐步发展到智能生产“线”的协作、联动与智能优化，完成整个智能车间全过程、多维度“面”上的智能化，由“点”到“线”、由“线”到“面”的逐次升级与突破，实现智能化生产效益的最大化，推进智能制造由低端向中高端迈进。

二是技术创新，在关键痛点下功夫。增强原始性创新和基础科学研究，加强关键基础材料、核心基础零部件、先进基础工艺以及工业软件等方面的研发攻关，应对不断出现的智能制造重要领域、关键技术“卡脖子”现象，加快推进制造企业向高附加值转变。

三是实施系统化创新发展路径。系统创新在于生产过程、管理模式、设计研发、物流仓储、质量监控和市场服务的柔性配置和高效协同，持续推进市场创新、产品创新、业务创新和管理创新，实现可持续发展。同时，积极利用全球创新要素，提高企业创新能力以及效率和效益。

上述方针政策和战略都传递着国家当前的迫切需求，即国家通过创新驱动，寻找可持续发展的新经济增长点，以此摆脱以要素驱动和投资驱动的传统经济增长模式，顺利跨越“中等收入陷阱”。

第二节　智能运维——中国创新驱动趋势下培育新的经济增长点

在全球化的背景下,中国制造业的转型升级必须要转变发展方式,采取积极对策,依靠知识创新和科技创新双轮驱动，提升中国制造业的整体竞争力。虚拟经济与工业实体经济融合，孕育新一代经济，极大促进信息经济、知识经济的形成与发展，推动生产方式变革，推进从劳动密集型、技术密集型、资本密集型到知识经济的重大转变。利用信息和知识投入所带来的生产效率提升促进经济增长，在生产的研发设计、生产制造、经营管理、市场营销等环节贯穿融入技术创新和知识创新，以此提升制造业的信息化、数字化、智能化水平，为两化融合提供产业和技术支撑。

当前全球经济发展正从工业经济到知识经济,价值从传统要素端向知识端转移。美国著名经济学家保罗·罗默在其提出的“新经济增长理论”中明确指出：知识与劳动力、资本、原材料、能源一样，是重要的生产要素，在评估经济增长时，必须把知识列入生产要素函数中，因为知识可以提高投资回报率，而这又可反过来增进知识的积累。例如，美国、德国、英国等发达国家率先向信息经济和知识经济迈进，从最初的微软公司、苹果公司，到后来的Google公司、Facebook公司等，美国经济增长的主要来源是硅谷的5000家软件公司，这些公司对世界经济的贡献不亚于那些世界500强企业，而仅微软一家公司的产值，就已超过美国三大传统汽车公司产值的总和。第二次世界大战后，新加坡借鉴发达国家经验，推进产业升级和结构调整，实现了从劳动密集型、技术密集型朝向资本密集型，进而转化为知识经济的跨越，实现新加坡经济高速发展。现阶段，新加坡以大力发展创新型经济体为重要突破口，在经济转向服务业后并未放弃高端制造业，至今仍保有轨道交通、石油冶炼、芯片制造、制药、造船重要产业支柱，这对保持经济稳定具有重要意义。

总体来说，经济的增长仍然以能源、原材料和劳动力等物质为基础。而知识经济是以知识作为经济增长的主要来源和动力，因为在现代社会的价值创造中，知识的功效已经远远高于传统的生产要素，成为最基本的创造价值的生产要素。可以说，在当今世界经济增值链中，价值创造正在逐步从传统的能源、原材料和劳动力等要素向更高的知识端转移。这也是中国大量产业处于微笑曲线底端、而西方发达国家处于该曲线顶端的原因。在这种情况下，如果不能实现将知识作为经济增值的核心生产要素，中国将无法摆脱当前处于价值链底端的现状。因此，向知识端寻求新经济增长点是中国摆脱困境的必然选择。

在“工业 4.0”的背景下，智能运维是现阶段智能制造产业发展的重要一环。

要想实现先进的生产模式，就要运用大数据、物联网、云计算、智能机器人、数字孪生等，通过数字化工程、数字化制造等各种现实生产和虚拟生产的技术，实现柔性制造；而基于端到端的设备故障诊断与预测技术通过“自感知—自记忆—自决策—自执行”的核心能力，达成虚实物理空间融合物的智慧，是实现智能化的重要手段，这也使得智能运维在中国未来的工业转型与智能化发展获得难得发展机会。基于在变革设施设备维修模式、提升运维管理效率、降低运维成本等方面的价值，智能运维技术的成熟应用正在解决越来越多的工程实践难题，随着信息化、工业化不断融合，以人工智能、大数据等技术交叉融合的智能远程运维技术为代表的智能产业兴起，必将成为现今智能制造蓬勃发展的一个重要标志，也是构筑中国未来知识经济的新增长点。

（一）智能运维可为“两化”融合提供新的技术思路

中国“两化”融合的关键在于，将实体经济与虚拟经济深度融合，重构智能制造供应链、产业链和价值链，持续推进中国智能制造迈向高端水平。而传统的工业化与信息化（如专家系统控制系统、监控系统等）由于“知识”消费“数据”，数据在消费过程中并未能得到利用，未能形成平台系统的知识迭代、敏捷生产与智能决策的良性闭环，这个过程中工业化与信息化往往是各自发展。此外，信息化分享的是数据和决策，知识分享往往被忽略，导致工业信息化的过程并不完善。而智能运维很好地解决了这一问题，

通过核心智能技术体系，智能运维可以小到最小控制管理单元，大到工业生态链协同，实现虚拟空间与物理空间之间“数据—信息—知识”的集成、转换与共享，从技术层面避免制造系统间的数据孤岛问题，从而构建“反馈—判断—决策—执行”的良性循环，为企业的智能巡检与优化迭代提供支撑。这个过程贯穿达成端到端设备之间的交互集成，由此产生源源不断的数据，为两化融合及智能制造转型提供新的动力源。

（二）智能运维赋能智能制造生产管理精益化

目前，中国制造在服务制造和硬件设备还有很大的提升空间：一是以加强服务型制造为抓手，以满足顾客端的价值缺口为出发点，通过生产、设计、营销等环节，提升产品的可持续盈利能力和服务能力，利用增值服务推进价值链向高端跃升，加速中国智能制造产业的核心竞争力；二是在硬件设备制造方面，加大基础性技术研发和科技投入，补齐中国工业制造基础技术的短板，技术引进与自主研发服务于我国工业制造的核心基础材料、先进基础工艺、核心零部件以及共性关键领域技术；三是努力提高生产效率，将传统的依靠资金、人力、物力投入粗放型的生产模式向追求绿色、质量、效益、管理的精益型模式转变，不断提升产品质量；四是重视新工艺的研发和生产过程的精益管理，将制造设备进行智能化升级改造，并对生产过程进行精益化和全面信息化管理。另外，将精益管理渗透于生产运维当中，构建全流程、多维度的运维动态监测与评估体系，对于生产运行、质量管控、巡检维护和定期检修等环节提供多角度、动态化的关键指标分析，进而支撑运维管理更为精准制定流程节点、服务模块等规划的优化与提升，从而优化运维管理及资源配置效率，有的放矢为用户提供相应的产品增值服务。综上所述，通过端到端设备融合的决策手段与自主认知，达成设备运行实时监控、预测性维护诊断与精益生产之间的良性循环，达成系统的优化迭代，提升生产精益化水平，为企业智能决策提供数据支撑，这是智能运维的关键目标。

（三）智能运维利用数据资源，提升价值创造能力

创建数据运营价值体系是工业智能化的关键。中国凭借坚实的工业基础体系以及优化现代产业链空间布局，中国每天产生大量的生产数据和消费数据，同时还有来自世界各地的大量数据汇集到中国。在新工业智能制造中，加速推进数据智能和运算能力、云服务、知识迭代等领域的研发和应用，数据评估和机器智能技术成熟度持续提升，中国无疑是优化数据价值资源利用率的国家。真正为企业带来价值的是数据流，包括从生产计划到生产执行（ERP与MES）的数据流、MES与控制设备和监视设备之间的数据流、现场设备与控制设备之间的数据流等，从而将不同生产环节的设备、软件和人员无缝地集成为一个协同工作的系统，实现互联、互通、互操作，这些数据经过实时分析后，成为决策者优化生产过程，提升客户体验的重要内容和依据。加速推进高级应用场景在工业生产中的自动化、智能化，优化用户端

到端的用户体验以及系统的运营能力得到大幅提升。目前，中国拥有很大的数据存量，这得益于过去几十年我国在“可见的空间”中广泛、持续的投入，现在我们要考虑的是如何将存量的能力释放出来，而不是继续去投资增量。中国企业具有很大的潜在空间和机会去突破“不可见空间”，进一步提升工业运维数据资产的深度挖掘、系统集成。积极布局智能运维复合人才建设，持续推进运维运营从传统驱动向以数据洞察、决策、执行为价值目标的运维闭环转型，赋能管理水平提升和价值创造，从而提升中国在工业制造中的核心竞争优势。更好推进与服务于工业制造绿色化、数字化和精益化。

第三节 “工业 4.0”背景下设备运维面临的挑战

在“工业 4.0”背景下，科技的概念已越来越多被应用于制造业，这不仅涉及传统制造业的颠覆和转型，也深刻影响着传统运维模式的转变。业务的发展不仅带来了新的机遇，也向提供技术支持的运维部门提出了更多的挑战。从传统的手工运维到自动化运维，再到现阶段的智能化运维，运维方式和效率的提升为各类技术系统的稳健和高效提供了强有力的支持。企业要在市场竞争中取得优势，必须保证高效率、高质量、低成本、安全环保的生产，而效率、质量、成本、安全环保在很大程度上受设备的制约，设备的技术水平直接关系到企业的生产水平，设备管理水平直接影响到企业的经济效益。对现代企业而言，设备管理与运维已经成为关系到企业核心竞争力，促进高效高质发展的重要环节。

目前，智能运维还没有明确的定义，笔者认为：智能远程运维是运维服务在综合运用云计算、专家系统等现代信息技术与制造装备融合集成创新和基于工程应用自诊断、自学习、自执行和自决策的闭环，并通过阶段性的监控、分析和总结，做到事前预警、事中恢复、事后存档，即设备状态进行智能决策及智能维护的全过程，其包含利用大数据分析、机器学习、人工智能等新技术进行远程诊断、远程运维指导以及远程专家支持，进行自动化管理运维事物。智能运维的本质是提升运维数据的认知能力，不仅包括状态监测平台的全部功能，更是面向全体设备，也与设备的设计制造、运行维护、检修改善等形成完整的信息闭环，实现全方位实时数据智能分析、精准预测与智能决策。

一般认为，设备维修管理的策略可以分为被动式维修、预防式维修、基于状态的维修和基于大数据及机器学习的预测性维修这四种方式。相比较而言，只有被动式维修策略的定义和边界比较清晰，后面三种相互之间都存在交叉地带。

“被动式维修”也称“事后维修”，是指设备在生产过程中出现故障后再维修，不出故障不维修。采用这种最简单的维修方式的原因，一方面是因为设备在检查和诊断时不可能全部查出所有问题，有些问题会随着生产不断暴露出来；另一方面，“事后维修”这种维修方式具有一定的针对性，对于设备维修部门来说比较经济，不用花费一些人力、物力进行全面的故障预测和管理。因此，事实上在今天，“被动式维修”依旧是生产中采用最多的维修方式。

“预防性维修”最早是美国海军用来提高其船舰装备可靠性的维修方式，其全称为“基于时间的预防性维修”，是指在设备使用过程中，对设备进行定期的巡视和检查，并根据检查结果和零件自然磨损规律，在设备发生故障之前，按照规定的时间周期有计划地进行修理。

“预防性维修”的理论依据是“设备修理周期结构”，它以摩擦学为基础，根据设备的机械磨损规律，认为随着磨损时间的延续和磨损量的增加，将会引起机器零件表层的破坏和几何形状与尺寸的改变，从而造成机构动作的失调和工作精度的下降，最后导致故障或事故的发生。按照这种理论，从机器零件的磨损规律出发，可以总结出设备发生故障的规律（又称为“浴盆曲线”），进一步总结出同种类型设备发生故障的统计学规律，从而指导开展定期维修，如定期的年、半年、月、周检修及保养，或者大修、中修、小修及保养。随着计算机技术，特别是计算机监控技术的引入，“预防性维修”得到了进一步的发展。

在工业现场具有完善通信功能的、能够实现测量控制功能的设备，可以实时采集反映现场设备的状态数据。根据这些数据的变化来判断设备状态是否稳定、是否需要安排大修，从而大大节省维修费用，这就是“基于状态的维修”。

“预防性维修”和“基于状态的维修”的最大区别就是：前者依据的是同类型设备发生故障的统计学规律进行诊断，而后者是根据每台设备的状态数据来进行有针对性的诊断。

“基于状态的维修”依据的是“故障分析与状态管理”理论，它是建立在故障物理学基础之上的，以设备的故障规律和可靠性为研究内容。该理论认为，设备发生故障的原因除了磨损之外，还有外界工作条件如温度、压力、振动等，以及内部工作条件如内应力、变形、疲劳及老化等。对设备进行异常现象的检测、机器故障频率分布的分析和设备可靠性的分析，并运用数理统计方法分析它的规律性，可以得到设备劣化与维修必要性等重要信息，从而指导相应的维护策略。显然，“基于状态的维修”可以与“预防性维修”相结合。如果将状态数据的诊断结果用于确定维修间隔，则演变为“基于状态的预防性维修”。而如果将状态数据用于预测未来故障发生的时间，则演变为“基于状态的预测性维修”。

早期的“基于状态的维修”技术受到传感器技术和计算能力的限制，偏重于对采集到的某个或某些不多的数据进行区间监测，并结合一些诊断技术，如时频诊断、统计诊断，甚至包括人工智能技术（如专家系统、神经网络），对监测的项目进行故障诊断和预测。这些诊断技术依赖于对设备故障机理的深刻理解，往往只有原制造厂商才有能力进行建模，并且也没有考虑每台设备之间的差异性，以及设备运行的环境数据，在推广使用时存在一定的困难。最近几年，随着物联网技术的发展，以及“信息技术 / 运营技术”IT/OT 的日益融合，设备可以通过传感器采集到更多种类的状态数据（如温度、振动、压力、噪声、油液、红外、超声波等），同时还导入了与业务系统相关的其他状态数据（如环境数据、维修记录等），使得这些状态数据的维度大幅增加。这些具有大量维度的状态数据以较高的速度不断产生，使得这些数据和故障诊断结果之间的关系变得高度非线性，从而对采用基于设备故障机理的诊断和预测造成了非常大的挑战。而这些挑战，恰好是基于机器学习的大数据技术可以发挥作用的地方。如果能够将两者结合起来，往往可以取得非常好的效果，这也正是本书将要重点介绍的预测性维护与服务，它可以对多变量的设备运行数据和业务数据进行分析。运用基于机器学习的大数据技术进行分析，从而帮助确定特定的设备状态，预测何时应该维修，并与维修过程和配件管理进行无缝集成和指导。

第四节　基于物联网、大数据的预测性维修

大数据分析、机器学习、人工智能技术能够实现预测性监测诊断与维修，这在很大程度上保障了生产设备的可靠性和稳定性，同时解决了传统设备维修管理阶段难以克服的一些问题。要让生产计划能够准时完成，就必须要有一套快速应对、快速处理异常的机制，而物联网大数据的预测性诊断功不可没，是每个企业都迫切需要关注的焦点问题，同时也是智能工厂今后生产管理的重点。

一、基于异常状态的预测维修

（一）高维度数据的降维处理

首先，由于传感器的广泛应用和成本下降，以及无线通信技术的快速发展，人们可以在一台设备上安装多个传感器并经济方便地进行数据传输，从而使得采集数据的维度大幅度增加，数据采样的频率也很快，即所谓的“快速流动的高维度数据流”。此外，不同维度数据之间的关系也常常是非线性的，已经超过了机器设备故障机理所能解释的能力边界。这些难点都不可能是传统的诊断技术可以解决的，正如尽管人类积累了数百年的围棋棋理，但仍旧无法打败基于人工智能的“阿法狗”一样。机器学习可以选取合适的算法，对从设备采集到的复杂数据进行降维，提取出数据的主要特征分量，从而揭示出隐藏在复杂数据背后的简单结构和趋势。

针对多维数据进行降维处理，比较常用的算法之一就是主成分分析（Principal Component Analysis，PCA）。引入这样一个算法的原因是在实际情况中，我们经常会碰到采集数据的特征（维度）过多或累赘，如电风扇的档位和转速，这两个特征之间有较强的相关性。当档位较高时，转速也较高。如果删除个指标，我们可以期待并不会丢失太多的信息。PCA 就是用来解决这种问题的算法，其核心思想就是将 N 维特征映射到 K 维上（N>K），而这里的 K 维是全新的重新构造出来的 K 维特征，而不是简单地从 N 维特征中去除其余 N—K 维特征。

（二）异常状态检测

在对设备大数据进行故障预测的时候，经常会遇到的另外一个难题是数据不完备。其中最常见的就是对于大量的历史数据没有进行故障标注，不清楚哪些数据对应的是在设备发生故障期间采集的数据，这时就需要使用推土式距离算法，这是一

种基于距离的异常检查方法。

例如，飞机上配备的蓄电池至少配有两个发送数据的传感器，分别发送电流和电压测量的数据。这两个数据不仅取决于蓄电池设备本身是否在充放电，而且取决于使用蓄电池的其他因素，如飞机上的天气、驾驶舱中使用蓄电池的频率等。因此，这两个传感器发送的数据会在某一平均数上下变化。通过散点图，可以将采集的数据可视化，这种可视化就好比是飞机上每个蓄电池的“指纹”。

为了通过分析“指纹”来判别蓄电池是否有异常，我们将蓄电池“正常”状态的指纹映射到一个像“泥堆”一样的直方图上，并将其命名为 A，而将“过期”状态的蓄电池映射到另一个“泥堆”B 上，泥堆 A 和 B 都是由相同数量的泥土组成的。EMD 算法用于测量需要用多长时间运输多少泥土，才能将泥堆 B 变为泥堆 A。该算法比较了两个泥堆的位置：它们是否彼此靠近，或者泥土从泥堆 B 到泥堆 A 必须运输很长距离？该算法还比较了两个泥堆的形状。如果它们有类似的形状，那么就不需要或者只需要很少的重建工作。如果它们的形状差异很大，则需要相当大的努力来重建泥堆 A，使其看起来像泥堆 B。例如将蓄电池 B 的指纹与良好运行的蓄电池 A 的指纹进行比较，用 EMD 计算的分数越低，指纹越相似（电池 B 像电池 A 一样工作）；得分越高，指纹越不同。当得分超过了某一阈值就意味着出现了异常状况。

（三）无监督学习与监督学习

在预测性维护的应用中，经常会遇到的另一个难题是，有时候设备极少发生故障，因此缺少故障数据进行机器学习。对这种情况采取的对策是使用无监督学习（Unsupervised Learning）算法。

无监督学习可谓机器学习的圣杯。通常我们遇列的情况是在监督数据集上进行学习，即每条数据都有一个对应的标签（如设备是否发生故障），但是对于缺少历史故障的设备历史数据，就需要使用无监督学习算法来建立种模型，对历史数据进行聚类分析（Cluster Analysis），从而帮助算法根据设备的新数据进行故障预测。

聚类的目的是在设备历史样本数据中寻找一种“分组”，希望同组的样本数据较为相似，面对不同组的样本数据之间具有明显的不同，从而将设备的正常状态和故障状态分开。多元自回归（MAR）算法，是一种适用于故障分析的聚类算法。

MAR 算法是基于时间序列的历史数据来进行训练的算法。通过对无异常现象存在的数据进行训练，模型能够学习系统的常规行为，从而根据最近观测到的数据记录，预测未来的数据记录，从而与实际值进行比较。如果出现较大的偏差，就意味着发生了异常行为。通过这种方法，MAR 算法实现了将样本数据分为“正常”和“异常”两组数据的目标。

（四）算法的管理和扩展

运用机器学习方法进行预测性维护，算法模型无疑扮演着十分重要的作用。不仅每一台设备都需要有对应的算法模型，以便当有了新的采集数据之后可以自动进行运算，而且还需要对算法模型定期进行重新训练，并对模型进行版本管理和打分。当模型不再适合设备运行特点的时候，必须关闭该模型并将其退出使用。

与此同时，我们也应该清醒了解到，在预测性维修领域只有合适的算法，而不存在所谓的万能算法。并且随着时间的推移，业界还在不断引入新的算法，这就对系统提出了扩展新的算法的要求。

智能运维的基石是机器学习和人工智能。智能运维就是通过数据和 AI 算法的优势结合，来解决传统运维压力大、7×24 小时、技能培养难等挑战。智能运维的成熟和推广将极大提升运维效率，也是人工智能的重要应用领域。智能运维的关键技术离不开机器学习算法，工业生产中每时每刻都在产生大量的运维日志，运维人员的日常工作也会产生大量的标注和数据，大大促进算法研究的进展，通过机器学习进一步提升算法的精度和准确性，可以说智能运维是机器学习领域一个待开采的“金矿”，未来发展空间很大，值得产业界和科研界共同关注。

二、PHM 的架构及功能特点及运行模式

（一）PHM 的架构及功能特征

PHM 故障预测概念最早应用于 F35 战机状态监测和自我诊断，并经过十多年航空航天领域的系统化、体系化的研究与发展，已经基本达到整机监测与故障预测的目的。PHM 主要特征基于大量数据智能分析、精确诊断的前提下，有效推进故障的实时预测以及诊断数据的动态评估，达成健康诊断与诊断算法等系列环节的自进化、自维护、自决策的闭环。作为一项多学科交叉、多领域融合的技术，在工程运维中，它强调通过针对轨道交通设备管理的故障区域及频率、影响程度及范围和电子传感器的数据参数追溯、查询、挖掘与评估，适时作出自主维修、自预测的执行任务以及视情维护能力提升，实现更加智慧与高效的企业运营。PHM 运维运用于航空航天、军工、轨道交通、工程机械以及电子等方面的应用场景。

在轨道交通领域中，PHN 将专家知识和现场实践相结合，将实时状态健康管理的产品数据参数优化与智能仿真模型相结合，加速推进数字化仿真技术的生产运维的持续优化。如图 7-1 所示。

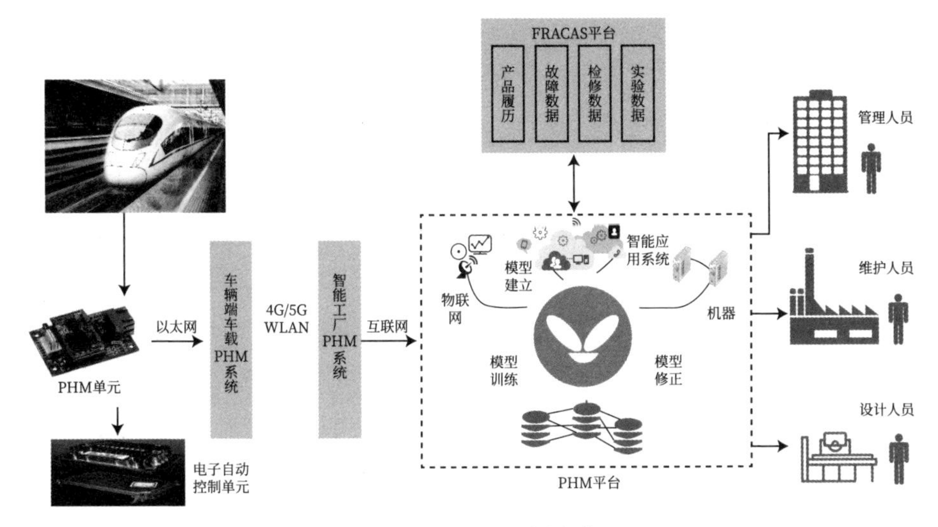

图 7-1　PHM 系统架构

PHM 具有高容错、低延时和可扩展等特点，能够有效地处理海量的数据，以最大程度方便客户根据情况进行部署。PHM 架构体系分为数据采集层、传输层、集成层、应用层、服务层等。无论是来自设备的 OT 数据，还是来自其他业务系统的 IT 数据，都会进入传输层和集成层。集成层的功能是主数据管理，以及进行预计算，获得对设备的“批处理视图”（Batch View）。服务层则对批处理视图进行索引，以应对客户的随时查询。一般来说对于这类查询，客户要求系统的响应速度能够做到低延迟。应用层则可用来处理最新的数据，其目的是对服务层的处理速度进行补偿，获得“实时视图”（Real-Time View）。对于客户的随时查询，则是通过将“批处理视图”和“实时视图”整合在一起来完成。

特别指出的是，PHM 系统明显地展示出了“数据—洞察—行动”的分层结构。最底层是数据管理员负责的原始数据收集和处理，可以支持设备数据和业务数据的导入。对于设备数据，系统使用了基于 PHM 的智能流数据处理（Smart Data Streaming）的功能，在设备数据流上实现复杂的事件处理逻辑。对于业务数据，系统可以根据来源的不同，实现对数据的复制（对 PHM 系统可以实现实时的数据复制）。在设备数据和业务数据被导入之后，可以进行数据的融合和转换。此外，数据科学家在预先准备的数据的基础上，运用机器学习引擎和边缘计算引擎，进行数据分析。该系统的机器学习引擎内置了一些面向设备故障预测的算法模型，同时也可以与其他预测引擎，如PHM预测分析、PHM中的算法模型甚至是语言进行连接。在选择了合适的算法模型之后，系统就可以根据导入的数据进行计算了。

在产生洞察阶段。这里的核心共包括三个部分，前两个部分是资产健康控制中心和资产健康事实表。前者可以支持用户对运行中资产的健康状况进行全局监控，后者是对某项资产及其组件显示详细的健康信息。第三个部分是洞察提供器目录，它实际上是各种微服务（Microservice）的集合，用来对资产及其部件进行分析。用户可以将洞察加入资产健康控制中心或资产健康事实表中，以满足特定场合下的用途。通过这三个部分的组合，可以实现根据设备结构，灵活地进行可视化的目标。

最后，根据系统得出的资产健康状况，可以与物流和维护执行系统进行连接或集成。例如，洞察提供器会显示一份当前工作活动的清单。如果一项资产发生了异常的健康状况，就可以使用洞察提供器中的活动清单来建立任务，与后台的企业资源计划（ERP）、客户关系管理（CRM）或客户云（C4C）进行连接。在PHM的功能构成中，机器学习引擎是最为核心的部分。机器学习的主要特点是计算机在无须显性编程的前提下，对历史数据进行训练，将训练好的模型应用到新的数据上，从而进行异常的预测或检测。机器学习可以分为有监督学习和无监督学习两类。前者用于故障预测，当系统找到了输入的新数据和历史上的设备失效之间的关系时，就可以做出故障预测。后者用于异常检测，当系统从历史数据中学习设备正常运行的模式，并发现输入的新数据存在异常模式的时候，就可以发出异常报警。

（二）PHM系统的构成及运行分析

PHM系统运用预测算法、构建数字故障建模，优化与评估系统的运行状态。按功能划分下列部分构成，即状态监测、信号处理、故障预测、故障诊断、维护决策。

1. 状态监测

利用故障诊断建模及大数据处理技术，对系统关键部件或隐患故障异常的实时数据集成与共享，结合标准化、欧式距离等计算，形成可视化的监控数据展现。对监控设备运行的各种参数指标极限值及历史数据处理分析，为关键部件故障报警及预测维修等提供数据支持。

2. 信号处理

数字化信号处理是实施运维的关键环节。基于系统运行状态评估、故障特征信号等信息的实时监测。并对来自传感器以及其他数字信号进行甄别、评估、运算以及特征数据预处理，保证系统运行的可靠性、准确性。

3. 故障预测

故障预测能够提前实现故障的感知能力，是 PHM 系统运行的关键。能够结合设备状态与故障诊断等历史数据参数的优化整合，并结合系统健康模块及相关后台算法，预测、监测与评估运行系统健康状态及运行趋势，包括故障预测、性能监控、运行设备寿命预测、性能下降趋势跟踪等，预判设备检测故障，提高视情维护能力。同时，借助数字孪生技术建立多维度的故障预测建模，构建全流程、全要素的虚实融合的闭环优化，形成系统可推理判断的设备检测健康分析，为其预测性诊断维修提供决策支撑。智能装备的运行参数一般呈现非线性和非平稳性。

4. 故障诊断

根据信号处理、状态监测数据，结合数据库系统研判分析，优化故障预测和判断模型，通过故障敏感参数（涉及磨损、异常间隙等）、间歇性故障、部件寿命跟踪、阈值预警等关键信息的筛选分析、和推理评估，增强基于故障库和知识库的自动故障诊断能力，最终实现基于设备健康状态（历史、当前及未来状态）的智能维护。采用径向基于神经网络的故障诊断方法和基于总体经验模态分解法，进行故障诊断，确定故障类型，为智能运维提供有力的技术支撑。

5. 维护决策

基于大数据处理和分析技术，对故障机理、故障频率、故障等级、影响程度、故障发生的部位及使用寿命等相关要素综合分析，优化和评估智能装备的总体健康监测诊断，并采取相应的维护策略以及对运维运作提供精细化解决方案。

三、PHM 的价值分析

根据行业分析，大多数企业在今天仍然在使用被动式维修策略和预防式维修策略。应该说，尽管这两种策略在一些场合下是有效的，但是它们在消除计划外停机方面收效甚微，会导致过高的维修成本。随着物联网技术被不断地广泛应用，采用基于状态的维修策略，特别是加入机器学习的大数据分析的预测性维修策略，将会成为未来发展的趋势。在未来，基于设备状态监测的预测性维护将会成为主流。

之所以预防性维修策略不能成为未来的主流，这是由其理论基础——“浴盆曲线”的缺陷决定的。“浴盆曲线”的适用对象是传统的机械设备，并且是以摩擦学为依据，将设备发生故障的规律分为初始故障、偶发故障和耗损故障三个阶段，对应的故障分布分别为故障递减、故障恒定和故障通增。实际上，在20世纪60年代人们就已经发现，对于复杂设备的故障，除了浴盆曲线故障之外，还存在其他五种模型。只有A、B、C种类型适用于以时间为间隔定义计划大修或更换零件，它们只占故障总概率的11%，对应的是简单的磨损、疲劳或者腐蚀等情况。D、E、F则对应于复杂的设备，占故障总概率的89%，这些故障基本上是随机发生的。在这种情况下，就需要加强对设备的检测和诊断，采用基于状态或预测性维修的策略。

设备的性能在故障发生之前，存在一个由开始劣化进入潜在故障期的渐变过程，逐渐地从微缺陷发展到中缺陷乃至大缺陷。通过传统的基于状态的维修策略（例如振动分析、油液分析、噪声分析、温度分析等），有可能在发生功能故障之前做出诊断，从而为维修人员提供一定的反应时间。

事实上，在潜在故障发生之后，所产生的各种类型的偶发的微缺陷，在一开始的阶段里，并不会立即反映在振动、油液、噪声或温度的可报警的区间，因此这个时间段难以被传统的基于状态的分析手段所诊断。通过采集高维度的传感器数据，应用基于机器学习的大数据预测维护分析，可以将潜在故障的发现时间提前，从而帮助企业更加灵活和动态地规划维修时间。大数据这一独特的价值已经为很多成功案例所证实。

PHM的预测性维护与服务系统可以为企业带来显著的应用价值。从整个生态系统和资产的全生命周期的角度，无论是制造商的研发部门，还是采购、生产、售后部门，都可以从系统中获益包括增加服务利润、带来新的商业模式和减少索赔成本。而制造商的下游，从经销商、服务提供商一直到业主和运营商，也都可以从提高第一次到场修复率、降低维修成本和提高资产利用率等方面获利。这些获益与PHM将设备数据与业务数据结合在一起，建立一个完整的上下决策环境。以定量的角度来看，预测性维修的效益十分可观。据估算，在2025年，以装备制造行业为例，可以为设备制造商带来数千亿美元的效益。包括降低10%~30%的工厂设备维修成本，减少最高50%的设备停机时间，并将机器设备的有效生命延长3%~5%，从而降低设备资产投资率。对于使用这套设备的运营商来说，其效益也是巨大的。

第五节　基于智能运维发展的若干思考

以智能运维研发为先导，引领运维实践向全行业推进。未来信息的流速、高渗透力、可连接性特点构成企业智能运维核心竞争力的关键要素。中国企业要依靠创新补齐技术短板，加大对智能制造软、硬件基础研究的支持力度，强化对具有自主知识产权的智能传感与控制装备等关键技术装备的研发，形成涵盖感知、网络通讯、处理应用、关键共性、基础支撑的完整产业链，形成远程运维产业发展的先发优势；基于物联网与传统行业的密切联系，如物联网与智慧城市、物联网与智能制造等，为传统行业数字化运维转型提供创新的解决方案，大力培养智能运维基础理论研究及工程实践人才，不断向产业侧输出智能运维数据算法、故障检测以及多传感器数据融合等相关研究、具有多学科交叉融合思维和复合型能力结构的高端人才，不断推进与丰富应用场景的持续创新是关键，赋能智能运维的实践能力。基于智能运维的最佳实践与通用场景，构建工业大数据与应用场景创新双轮驱动的协同模式，加速智能制造运维产业的导向功能、集聚功能与辐射功能。进一步提升智能数据处理、主动优化、视情维修以及应用生态开放能力。

新基建与智能运维协同演进。在经济全球化的背景下，我国全力发展以工业物联网、数字孪生、大数据、5G 等为代表的新型基础设施建设。大力促进新型基础设施与各行业的融合创新，加快“研发＋生产＋供应链”的数字化转型，通过数据采集、诊断、预测和决策等阶段实现人与机器协同互动，形成“泛在连接、高效计算、智能融合”的信息基础设施体系。一方面，基于 5G 高可靠性和低延时性的特性，海量数据采集的传输、存储、分析和处理接入，形成故障根因分析、性能数据分析、自动化运维的控制闭环，加速推进故障自诊断，助推产业转型与孕育创新；另一方面，随着新基建的发展，加速推进新型基础设施与各垂直应用场景的深度融合，智能运维的深度、精确度与自动化程度进一步提升，为数字经济转型带来新动能。

加速推进智能运维规划及生态布局。我国应加大对智能运维领域的投入、丰富智能运维应用场景，构建企业主导的“政产学研用”协同，形成政策链、产业链、技术链、人才链以及生态深度融合的良性循环；持续推进智能运维的研发创新、应用创新和产业创新。要做到这些应从以下三方面着手。第一，加速智能运维顶层设计自上而下与标准规划的协同推进。目前，从国家层面针对人工智能领域出台相关政策及法律法规，如《国家新一代人工智能标准体系建设指南》《新一代人工智能发展规划》等多项文件均对人工智能应用作出规划及要求，如何发力利用新一代人工智能AI的发展特征，从加强基础理论研究机制化、学科交叉融合以及发展多维度场景化AI落地等关键环节的重点突破、协同创新，探索智能运维生态体系的新思路、新路径；有效推动数据中心管理从制度和流程驱动向数据和算法驱动演进，从而对智能运维发展起到支撑和引领作用。第二，构建智能运维产业生态圈，积极搭建行业交流合作平台，携手智能运维产业上下游共享智能运维最佳实践，激发行业创新思维。以产业生态圈理念调整信息化时代不同企业间的关系，实现个体企业之间的高度专业化协同分工，享受充分的行业约束，追求极致的专业；在不损害客户和社会利益的前提下提升自身利益，从而推进行业企业良性互动，高质量发展。第三，创新驱动，战略布局，由点切入，以点带面，纵向深入，辐射引领，率先打造智能运维创新实践的新引擎、新生态。在新信息技术驱动的浪潮下，寻求产业竞争的新赛道，以智能运维为基准点，采用物联网、人工智能、机器学习等方式的深度分析，从设备感知到数据池构建，再到数据碰撞、融合、挖掘与应用，进而实现物联大数据价值聚变，为智能运维管理提供强力支点，从而整体提升轨交行业的国际竞争力。与此同时，智能运维、赋能运营成为未来智慧高铁的切入口，而丰富的高铁运营经验和使用数据资源优势无疑为高铁产业带来新的机会并且成为推进交通产业跨越发展的重要因素。高铁产业的智能化应当以智能运维作为突破点，这并不仅是因为在运维端积累的数据是最多的。

从长远来看，以智能运维为切入点，高铁产业可以逐步实现以下三步战略目标。一是，利用运维数据和以PHM为核心的智能分析技术，为高铁的运营企业提供智能运维服务，整合并优化运维服务资源，降低高铁运维的成本；同时为OEM企业创造服务型收入，增强企业的可持续盈利能力，将智能运维作为中国高铁服务品牌的核心，提升客户满意度，在全球树立良好的品牌竞争力与市场影响力。二是，利用车辆运维数据和经验，以备件需求预测、供应商可靠性分析、客户需求图谱等数据分析手段为依据，面向高铁车辆全产业链提供服务，实现全产业链的协同优化；同时，利用使用端的数据掌握核心备件供应商的产品信息，为中国企业与国外备件供应商合作进行技术升级提供话语权。三是，将运维端的数据和经验反馈至设计和制造端，针对运维中的常见问题，利用先进的数据分析手段进行因果关系的挖掘，最终从设计和制造环节进行改进，实现从“智能运维”到“智能设计”和“智能制造”的联动效应。由点及面，由此及彼，带动相关产业新动能发展，使我国整个产业体系更具有竞争力。目前高铁就是集合了车辆系统、信号及调度系统、电力供应系统、轨道系统等众多子系统的综合产业，每一个子系统都涉及复杂且专业的技术。而基于智能运维的智能制造将重塑制造企业间的生产管理与运营模式，形成数字化、网络化、智能化的生产方式，最终实现整条产业价值链的共同进化。

从目前来看，我国在智能运维、智能运营和智能服务方面的应用仍具有较大发展空间，不仅是提高新产品新装备运维质量、提升服务能力的重要工具，而且将是改变生产模式和运营模式的重要支撑。很多技术需要突破，结合场景的应用实践是关键，亟需不断从技术、商业模式、思维方式上进行创新突破，充分利用人工智能及相关技术全面提升产业竞争力和用户体验，从而推动智能运维实践创新升级。

第八章

构建“工业 4.0”智能工厂

在“工业4.0”的背景下，新一轮的技术创新浪潮正在全球兴起，移动互联网、大数据、云计算、物联网等新兴技术与现代制造业的结合日益密切。以高度自动化、产品个性化和生产智能化为一体的智能制造为研究和实践方向的智能工厂成为各国制造业占领制造技术制高点的重点方向，也是工业企业实现转型升级、做大做强的关键基础。

智能工厂融合了信息技术、通信网络、仿真技术、数据传感、人工智能等新一代信息通信技术，在工厂应用的层面，构建一个聚集智能生产过程协同、生产资源智能管理、产品质量智能管控、生产设备智能互联、支持智能决策等功能，兼具高度灵活的个性化、数字化、智能化的产品与服务的生产系统，推动产业链不断向中高端迈进，持续提升制造业的竞争力。

中国企业应根据自身特点，科学规划，合理布局，不断提升企业实力。在发展过程中，优先解决最紧迫的问题，务实推进标准化、规范化的建设工作，打造符合发展需要的智能工厂，加快工业互联网的创新应用，积极探索企业适合自身高质量发展的路径。

本章结合智能工厂研究现状和目前的实例建设，就智能工厂发展的背景分析、跨越发展实现路径以及未来发展趋势及其相关建议等做出剖析与阐述。

第一节　“工业 4.0”背景下的智能工厂

在“工业 4.0”背景下，发达国家利用 CPS 对制造过程的组织管理模式进行革命性变革，通过智能器件和工业软件，实现了生产制造过程的智能化和虚拟化，从而保持了在智能制造领域的领先地位。在设备层面，通过智能器件和控件的小型化、自主化实现设备的智能化；在工厂层面，通过工业软件整合设备资源，实现制造过程的智能化，打造智能工厂；在生产与市场的整合方面，把设计、生产计划、制造过程管控、产品运营维护等全生命周期信息进行整合，在智能工厂内实现端到端集成，并最终实现制造模式的变革——智能制造。智能工厂作为未来第四次工业革命的标志，不断向实现实物、数据以及服务等元素的无缝链接的方向发展。

一、智能工厂发展的相关背景

全球制造业正从数字化向网络化阶段加速迈进，智能工厂正在各个国家迅速兴起，未来必将重塑全球制造业新一轮竞争的格局。在此背景下，中国的智能制造发展，既面临着新的机遇，也面临着新的挑战。笔者认为中国的工业转型有三个方面的优势和机遇。

第一，当前，智能制造相关技术拥有着良好的发展态势。在新一轮产业变革和科技革命不断地深入的背景下，制造业呈现出数字化、网络化、智能化的发展趋势，中国的 5G 技术、大数据技术处于全球第一梯队，这些技术将支撑智能制造发展，为未来全球竞争奠定坚实的基础。中国企业应抓住新一轮科技革命与产业变革的战略机遇期，一方面，以创新引领发展，充分应用大数据、互联网和人工智能等先进智能制造技术，同时加快研究开发和推广应用新一代的智能制造技术；另一方面，积极推进企业的技术改造进程，根据企业的实际情况，应用先进技术解决传统问题，从而完成企业的数字化转型升级，推动企业迈向更高级的智能制造发展阶段。制造业是实体经济的核心，也是保证国家经济健康发展的基础，我国制造业总量和规模已跃居世界第一，但制造业竞争力未进入第一梯队。在我国从“制造大国”迈向“制造强国”的转型过程中，亟需制造业完成从“制造”向“智造”的转变。

第二，中国制造业具有全球最完整的产业体系。虽然整体上与德国和美国相比仍较为薄弱，但我国拥有全球最完整的价值链、最大规模的工业体系、基础雄厚的生产能力和完善的配套能力，又有很强的制造能力和丰富的使用场景。因此，中国企业要考虑的是如何立足于“加工制造”这个环节（其实对于制造装备而言，制造过程本身也是使用过程，也是经验积累的基础），并依托丰富使用场景带来的经验和数据资源优势，一方面向上弥补设计与核心部件的短板，力争更多的话语权，另一方面向下深度挖掘使用中的价值，将智造服务作为新的增长空间和价值创造引擎。

第三，在智能制造“走出去”方面已经迈出重要一步。当前，基于已形成较为完备的产业体系和厚实的制造基础，中国已经成为全球制造业的生产大国，中国推动国际产能和装备制造“走出去”力度持续加码。目前，我国高端装备制造业在多领域核心技术取得了突破性成果，如高铁动车组、特高压输变电和国产大飞机均达到全球领先水平，中国制造在全球产业链、供应链中的地位和影响力持续攀升；积极开展智能制造国际标准化工作，夯实智能制造发展基础，对中国智能制造标准体系概念的输出和未来国际标准研制打下坚实基础。

二、基于两化背景下构建智能工厂的重要意义

在“工业 4.0”背景下，德、美等发达国家相继提出“工业 4.0”战略，积极推动工业转型升级。我国也提出了“中国制造 2025”的战略举措，加快实现我国由工业大国向工业强国迈进。总体来说，智能工厂具备设备网络化、现场无人化、数据可视化、流程透明化等特点。智能工厂的跨越发展也给传统行业带来巨大的挑战与机遇，帮助企业实现降本增效、节能降耗、提升产品附加值以及增加客户体验度。伴随我国产业两化融合进程逐步深入，智能工厂建设平台已然成为推进制造业转型升级的重要突破点。目前构建智能工厂已在轨道交通、航空航天、船舶、机械、新能源等领域进行着探索实践。智能工厂本身发展的重要意义可体现为以下几点。

（一）智能工厂是企业转型升级与提质增效的核心目标与重要突破点

当前，以云计算、5G、大数据、物联网、人工智能为代表的新技术正在与传统制造业快速融合，以“智能”为核心的制造模式，已成为全行业迈向未来智造的重要方向。近年来，从工业生产和出口的总额来看，中国已经成为名副其实的“制造大国”，但与“制造强国”还有一定的距离。中国制造正处于结构调整、提质增效的关键时期，智能工厂是企业转型升级的重要突破点。

究其原因，中国制造当前存在的主要问题之一是“大而不强”。在自主创新、

产业结构、信息化程度、资源利用率、质量效益等多方面均存在不足，与欧美国家仍有明显差距。主要表现为，一是自主创新能力还不足，关键核心技术受制于人，中国制造仍处于价值链中低端，二是国际品牌较少，部分产业产品的质量水平层次不高，具有国际影响力的大型跨国公司和品牌企业较为缺乏，各类质量安全事件仍时有发生；三是产业结构仍不尽合理，企业在产业布局上存在同质化竞争，产业层次、产业差异化发展、产业核心竞争力有待提高；四是科技成果转化缓慢，转化渠道不畅通，没有形成以企业为主体、市场为导向、产学研用深度融合的技术创新体系。

在我国“十四五”规划中，明确了智能制造的主线是智能生产，作为智能生产的主要载体，智能工厂的数字化和智能化，既是智能制造发展的核心内容，又是产业互联的基础。我们可以从两个层面来理解工厂的数智化：一个层面是生产车间和现场生产线的自动化和无人化，通过数据实现制造业赛博物理系统与信息物理系统的无缝融合，优化生产流程和生产工艺，达到降本增效的目的；另一个层面是通过数据分析和系统集成，建立起采购、产销以及工厂之间的的外部协同能力，从而达成从数据到信息到知识再到价值的转化。

在新科技革命和产业变革的大背景下，中国企业必须走“内涵式发展”道路，苦练内功，寻求突破，为传统产业转型升级赋能，推进智能制造系统迈向全球价值链的中高端。一是加强数字化进程，构建新型生产方式。中国企业应以数字化技术创新，释放数字经济的叠加效应、培增效应，延伸产业链来推动产业升级，实现实体经济的再造。二是推进物联网、移动互联网技术运用，实现生产运营管理的智能化管控。三是打造智能工厂系统平台，推动企业转型升级，培育企业核心竞争力，实现由中国制造向中国创造的转变，由中国速度向中国质量的转变，由中国产品向中国品牌的转变。

（二）多源数据驱动重塑产业新生态

在经济全球化和信息化的背景下，越来越多的制造企业正加速推进智能工厂的建设。智能工厂的建设需要融入全新的“智造”思维模式，企业通过借鉴业界智能制造标杆企业的成功经验和先进技术，发挥出已经具备的信息化和数据化的能力，结合自身对行业的深刻理解，探索企业实现智能化转型升级的路径，从而推动并实现智能制造，构建全产业链生态化，从而创造更多价值。当前，新一代信息技术与传统制造技术正在加速融合，机器换人不仅有利于降低成本，而且可以通过智能设计来指导现场生产，由智能产线生产出智能产品，然后由智能产品向用户提供智能服务，从提质增效的维度提升产品的价值，让产品制造全生命周期都智能化起来，从而建立更高效、更敏捷的制造生态系统；另一方面，充分发挥数据的作用而持续进行流程的优化，实现数据在不同制造环节的实时共享，面向企业外部进行价值链的延展，汇聚合作企业、产品及用户的资源，通过运营一个开放的智能制造垂直生态系统，实现工业物联网平台化运营服务的新业态，从而达到提质增效和决策优化。在实践中，有很多以龙头企业为核心组建起成功的产业生态案例，通过与上下游产业协同联动，有助于提升整个生态体系内企业的生产效率，并且在计算整体效益和能源分配时，也不在局限于单独的企业，而是统筹体系内所有业态，这样更有助于推进整个产业转型升级，促进提质增效。

（三）智能服务新优势打造可持续型企业

在竞争中企业是否具有可持续发展的竞争优势是企业成败的关键，也是当今企业面临的重要问题。可持续性是指企业在经营发展中保持企业所独有的、使企业在一系列产品和服务中能够拥有领先地位的一种关键性能力，确保企业保持主业突出，结构完善，具有较强抗风险能力和持续盈利能力，以及在企业的未来发展中能够保持可持续发展和抗风险的态势。

大力发展服务型制造，正成为中国制造业打造竞争新优势，实现可持续型发展的重要路径。从“微笑曲线”来看，服务处于价值的高端，生产加工环节处于低端，而服务所创造的价值约占 2/3，服务型制造可帮助企业占领“微笑曲线”的两端。在设备全生命周期管理工作中，设备运维管理是重要的一环，使管理者随时了解设备的生产情况，大幅度提高企业设备管理能力，也因此成为智能装备管理和维修的重要课题。一方面，利用物联网与大数据技术，将工业设备运行中的原始日志、图片、多媒体文件等非结构化数据挖掘处理，进行深度挖掘、关联分析、智能分析，促进数据与设备联动，设备与管理联动，从而实现自动运行调整及策略优化，自动执行故障诊断、故障排除与维护；另一方面，基于物联网进行实时故障预警、远程运维、质量诊断、远程过程优化等增值服务，促进设备全生命周期管理而形成优化改善的管理闭环，拓展产品价值空间，实现从制造向“制造 + 服务”的延伸与转变，推动制造业向智能化产销、网络化协同和个性化定制等服务模式的延伸与落地。

第二节　智能工厂的技术使能

一、智能工厂的概念及内涵

作为智能制造实践的重要方式，智能工厂受到各国政府和全球制造企业的广泛关注和高度重视。智能工厂的概念起源于早期的智慧工厂 / 数字化工厂模型。

（一）智慧工厂 / 数字化工厂的概念

智慧工厂 / 数字化工厂概念最初是由美国 ARC 顾问集团于 2006 年提出，智慧工厂 / 数字化工厂实现了以制造为中心的数字制造、以设计为中心的数字制造和以管理为中心的数字制造，并考虑了原材料、能源供应、产品销售的销售供应，提出从工程（面向产品全生命周期的设计和技术支持）、生产制造（生产和经营）和供应链这三个维度描述。智慧工厂全部的协同制造与管理数字工厂是当前支撑“工业 4.0”较为重要国际标准之一，也是 IEC/TC65 的重要议题。

笔者对于数字工厂的定义是：数字工厂是基于数字模型、方法和工具的综合网络的集成，以产品生命周期的数据挖掘和 IOT 技术数据为基础，通过数字孪生模型对虚拟环境中的生产线、设备检测、车间运行状况与绩效，以及产品质量、产额、能耗、安全等要素逐层建模的基础上进一步剖析、评估与优化，加速推进覆盖产品生命周期的运行智能化、信息数据化的生产组织方式。

数字工厂是实现智能制造的基础与前提，数字工厂概念的实质就是加速推进数字孪生模型（设计与仿真）到工业生产中（生产集成与资源配置优化）。通过将生产系统中的制造工艺和生产数据，放置于数字模型环境中进行剖析、优化，再反馈给生产要素资源库；同时，也可将仿真和优化结果反馈到产品资源库和知识库，达成制造系统的产品设计优化、知识库迭代更新与生产决策优化之间的良性闭环，最终实现精益生产，并打通产品设计和产品制造之间的鸿沟，加速推进各流程业务协同与优化生产过程的各项资源，改进实时质量跟踪体验，提升产品竞争力。

（二）虚实结合的智能工厂概念

随着数据库系统和信息系统的演变与发展，数字工厂的概念及内涵以及功能得以大幅完善。德国的专家和教授基于制造立国和制造强国的理念，把 CPS 运用于生产制造，提出了信息物理生产系统（Cyber Physical Production System，CPS），并以

CPS 为模型构建智能工厂（Intelligent Factory）或者数字化工厂。2012 年，德国政府制定和大力推行“工业 4.0”，而且强调“工业 4.0”的特征是工业自动化和信息的紧密结合，它建立在 CPS 的基础之上。这就为智能工厂的实现指明了一条具有现实可行性的途径。于是，德国为数众多的、与制造相关的企业从跨国超大型企业到各类自动化产品的中小企业，都在考虑以及酝酿如何应对这一发展的大趋势。

CPS 系统融合计算、通信和控制的能力，实现了对物理设施的深度感知，在此基础上构建起高效、实时、安全的工程系统，将物理进程和计算进程实时相互循环反馈，实现物理世界和信息世界的融合互通，从根本上改变了我们构建工程物理系统的方式。智能工厂可以看作“物理工厂＋虚拟工厂的结合体”。在这个模型中，依靠自动化生产设备构建而成的物理工厂是智能制造的基础，也是绝大多数的中国制造工厂现阶段转型提升的重点和关键，即实现生产过程的自动化和数字化；在数字化的基础上，通过大数据分析及新一代人工智能技术，实现工厂的智能化分析和应用。如图 8-1 所示。

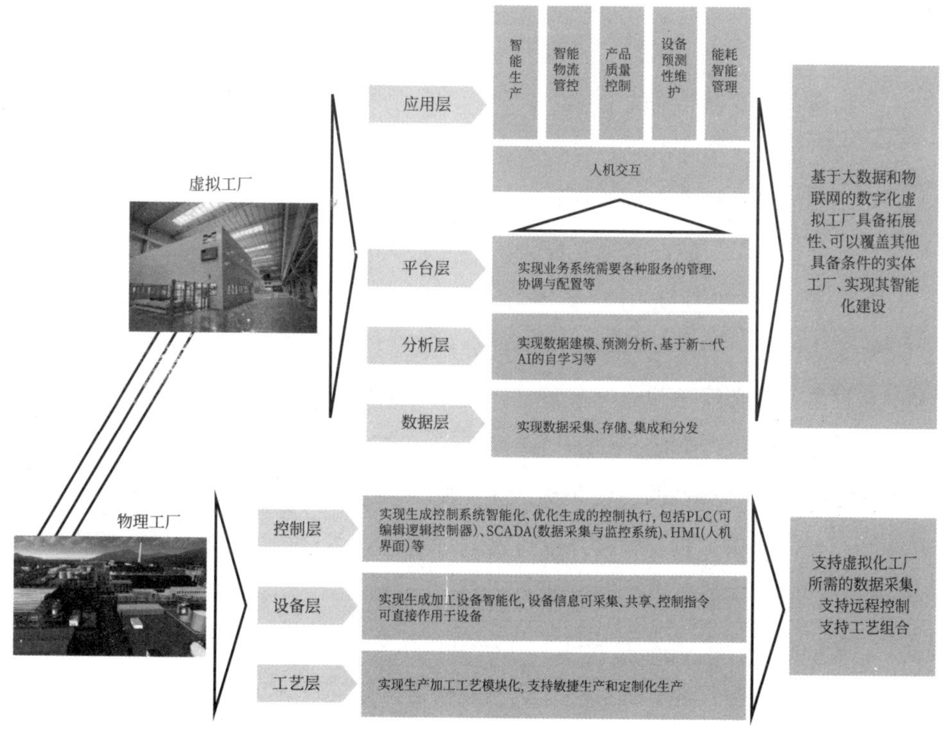

图 8-1　智能工厂 = 物理工厂 + 虚拟工厂

智能生产：当今市场竞争激烈，企业的市场竞争压力与日俱增，企业生产模式逐渐由大规模生产向大规模定制和个性化定制转变，因此，工厂的生产线具备模块组合能力才能更好地满足市场需求。在模块组合生产模式下，应用物联网技术，对混线生产的大规模定制及个性化定制的半成品、成品进行实时追踪，不断优化组合配置与调度，从而实现工厂的柔性化生产，因此，定制化生产模式带来的多样性、复杂性和不确定性问题得以解决。

产品质量控制：为更好地响应市场需求，追求成本最优，绝大多数公司会设立多家自有工厂或者使用代工厂，因此，虽然是同样的制造工艺及生产流程，但不同的供应商存在原材料差异，且生产工艺易受气候、温湿度等众多因素影响，在这种情况下，如何确保在任何工厂和同一工厂的任何时间按照同样生产工艺流程制造的产品保持同一、优质的产品特性，成为质量工程师和工艺工程师的一道难题。

设备预测性维护：为适应客户的不同需求，现在越来越多的制造业工厂同时拥有面向大批量生产的连续型流水线工艺设备，面向定制化需求的离散型多机台工艺设备，以及管线型动力设备、区域型值守物流设备等。对于不同的设备类型，如何建立差异化的运维与保障策略，实现对生产工艺、产品质量的有效保障，已经成为大型生产制造企业普遍面临的难题。

智能物流管控：车间物流的智能化管理与控制。

能耗智能控制：企业能源管理是构建智慧工厂的重要环节，优先对企业能源实现智能管理是智慧工厂建设的重要步骤。

（三）基于“工业 4.0”背景下的智能工厂

在智能工厂中，物联网和服务互联网分别位于智能工厂三层信息技术基础架构的底层和顶层。最顶层中包含产品设计、技术、生产计划、能耗、物流和与经营管理相关的 ERP、PLM、SCM、CRM 等，与服务互联网紧密相连。中间一层通过信息处理系统实现与生产设备的连接和生产线控制、调度等相关功能，从智能物料的供应到智能产品的产出，贯穿整个产品生命周期管理。最底层通过物联网实现控制、执行、传感，最终实现智能生产。

“工业 4.0”的核心是生产系统、产品和服务交叉渗透，借助各类软件，优化整个生产系统的设计与性能，加速生产运营和服务的数字化、网络化和智能化，并具有以下几个特征。

1. 通过价值链重构加速企业间的横向集成

即将商业计划和制造过程不同阶段的 IT 系统集成，基于产品价值流的集成，包括原材料物流、产品外出物流、生产过程、市场营销等企业内部材料能源和信息的配置。

2. 基于企业内部网络化制造系统的纵向集成

即把工业机器人、生产管理以及智能车间等不同层面的自动化与 IT 系统有机集成，强调信息技术与物理系统间的深度集成。包括生产现场的状态反馈、工况等要素的实时监控与集成优化，以及工艺参数、数据代码、指令下发、生产运行等要素的动态调整与实时分析，以达到企业内部各环节信息无缝链接。

全生命周期管理及端到端系统工程，企业将各类软件（如 PLM、CRM、ERP、SCM、CAD/CAM/CAPP、MES）等全面集成，将企业内外的各类资源系统接入 CPS 网络，重构产业链各环节的价值体系，并通过虚拟制造、虚拟评估以及虚拟制造相关技术，把生产管理和客户需求结合起来，推进生产方式向柔性生产、定制服务转型，实现从生产制造、产品设计到物流配送、销售服务等全生命周期管理的数据集成，加强安环管控，提升产品质量。

3. 智能工厂的横向集成

企业通过网络协同制造可以实现价值链以及信息共享与资源整合，企业间通过紧密合作，实时提供产品及服务，在不同企业间实现产品开发、经营管理、生产制造等信息的共享和业务协同。主要体现在网络协同合作上，从企业集成到企业间的集成，进而走向产业链、企业集团，甚至跨国集团间基于企业业务管理系统的集成，产生全新的价值链和商业模式。

4. 智能工厂的纵向集成

基于智能工厂中网络化的制造体系，实现贯穿企业内部管理、运行、控制及现场等多个层级的企业内部业务流程集成，是实现柔性生产、绿色生产的途径。主要体现在工厂内的科学管理从侧重于产品的设计和制造过程，走向产品全生命周期的集成过程，最终建立有效的纵向生产体系。

智能工厂的端到端集成，贯穿整个价值链的工程化信息集成，以保障大规模个性化定制的实施。端到端集成是基于满足用户需求的价值链的集成，通过价值链上不同企业间及每个企业内部的资源的整合及协作，是实现个性化定制服务的根本途径。端到端集成可以是企业内部的纵向集成，可以是产业链中的横向集成，也可以是两者的交互融合。

在“工业 4.0”中，动态商业模式和工程流程使供应商的生产和交付变得更加灵活，当发生生产中断或故障时，也可以灵活应对。在制造流程中实现端到端的透明化，为决策的制定提供参考信息。安全和稳定是衡量智能制造系统成功与否的关键，需要严格保护设备和产品中包含各类的信息，必须防止信息外泄，未被授权的情况使用或者被滥用可能造成严重后果。这也对安全和稳定的架构，以及特殊识别码的集成调用提出了更高的要求。

企业从信息集成、过程集成、企业集成不断向智能发展的集成阶段迈进，在智能工厂的横向集成、纵向集成和端到端集成三项核心特征的基础上，智能制造将推动企业内部、企业与网络协同合作企业之间以及企业与用户之间的全方位整合，形成共享、互联的未来制造平台。另外，这三个集成实际上为我们指明了实现“工业 4.0”的技术方向。

第三节　智能工厂的技术体系

智能工厂不仅要实现生产过程的自动化、可视化、精益化、透明化，也要实现质量检验、产品检测、产品分析、生产物流等与生产过程的闭环集成。当存在多个车间时，各个车间之间也要实现信息共享、协同作业和准时配送。一些离散制造企业也建立了对整个工厂进行指挥和调度的生产指挥中心，有助于及时发现问题，解决和处理突发事件，这也具备了智能工厂的雏形。智能工厂融合物联网、人工智能、大数据、5G 通信等新一代信息技术，采用智能车间、智能产线、智能装备等智能生产系统的设施，搭载智能研发系统、智能管理系统、智能服务系统开发出智能产品，面向客户推进产品智能服务，最终实现企业的智能决策。

一、智能工厂的框架及构成

（一）智能工厂技术的构成

我们从商业模式、生产模式、运营模式和科学决策等层次进一步揭示智能制造发展模式特征与异同。其中，企业在服务延伸与产品价值体系的数智转型加速推动商业模式的创新，提升产品的市场竞争力；依序整合智能单元、智能产线以及智能车间，重点突破，通过线式推进、面上拓展，逐步进行智能工厂建设，并推进企业生产模式的创新，构建供应链和智能物流体系、践行智能研发以及智能服务协同创新的良性闭环，持续推进运营模式的发展与创新，从而实现智能决策。智能决策为管理者实施战略决策和评估优化提供依据。

（二）智能产品

智能产品是推进智能制造的重要载体，分别由智能部件、互联部件和物理部件三要素构成。基于互联部件的泛在连接能力，数据高度集成，使其能够在设备互联、计算控制以及云端产品、制造企业之间紧密关联，有效提升物理部件的价值与功能。

智能产品四大功能特征分别是控制、监测、优化和自主。控制是将基于产品云中的算法和指示传输生产管理系统进行多维度操控，有效推进产线运行、生产管理和经营决策的协同优化；监测是产品创新的整个生命周期进行全面监控，当数据库运行故障由此带来数据阈值的相应变化，产品则会有自主风险提示或自动预警；优化是在对制造过程实时数据采集和性能评估的前提下，植入云端算法，使设备运行和产品设计优化更具自主性与科学化，提升产品质量管控；自主是基于自身的知识库技术和能力积累，加速推进生产系统在更复杂的环境下实现自主可控，提高产品附加值，拓展服务增值，开发个性化产品和新的服务项目，为企业决策提供有力支撑。

（三）智能装备

智能装备是智能工厂数字化制造的关键。智能装备通过信息技术、先进制造技术和智能技术的深度集成，达成端到端的数据接口、支持机器与 M2M 机器互连的设备联网，并将工业生产环节的运行数据、指示与命令置于仿真模型中综合研判与评估优化，转化为现实生产中智能控制、在机检测、机械环境乃至性能参数等要素的良性闭环，实现生产智能化、加工精度化、制造柔性化。智能装备包括工业机器人、智能控制系统、新型传感器以及自动化生产线等。

（四）智能车间

如果说智能装备是依托物联网、数字孪生等技术来解决智能化生产过程中“点”的问题，那么，智能车间就是解决企业生产过程的智能化“线”的问题。企业由“点”到“线”的均衡化生产，即在企业计划排产中，提升与优化车间生产全过程的智能物流、智能调度、智能采购、智能供应链等环节，显著提高设备利用率，实现智能化效益的最大化。车间级生产制造体系管控的信息系统 MES，能够实现生产过程可追溯和上料防错，帮助企业提高产品质量、提升设备利用率、提高生产效率。作为智能生产排程系统，基于 APS 系统可执行与延续性的特性，构建产能自主预测、工序生产和自动排程集成优化的闭环，从而推进敏捷生产、柔性制造、精益采购。进一步完善生产排程的优化控制与约束机制，为企业生产提供决策支撑。数字化制造技术 DM，帮助企业进行科学设备布局，构建产品定义的设计优化和协同制造的良性循环，加速推进产品的快速制造与迭代优化。基于 MES 系统采集的数据内置于虚拟三维车间模型中完成动态模拟仿真，实现运行效率提升及性能参数优化，做到数据共享，虚实融合。

（五）智能生产

智能生产是技术创新和效率提升的关键环节。是以“5G+ 工业互物联网”为技术基础，以智能制造系统为核心，在工厂与企业内部、企业之间以及产品全生命周期形成的制造网络。数据互联互通是智能生产的重要特征，能够实现全生命周期各环节的数据监测，实现产品信息、工艺信息、生产调度、能源管理、运维信息多种要素的集成优化，加速推进产业的数字化转型。智能生产包含产品研发、工厂规划、工艺设计、数字设计与仿真，以及终端的智能装备、产品制造单元、制造执行系统、自动化生产线、自动化物流、企业管理系统等。

（六）智能研发

智能研发是培育核心竞争力的重要一环。基于大数据分析和智能优化持续改进产品质量和功能，构成数据的采集、数据集成优化与数据分析评估的良性循环，为企业研发提供决策支持。企业开发高性能、差异性的智能产品，需要建立机、电、软等多学科多领域协同配合；建立虚拟样机对物理实体进行仿真验证，缩短研发周期，完成仿真驱动设计，并逐步由生产调度、工艺优化向企业运营、智能制造等领域转变，进而推进生产经营和智能制造数字化转型前提下的模式创新。采用标准化、模块化设计，使产品研发、客户需求或产品体验等要素紧密结合，从而构建一个持续优化的产品研发与服务的闭环；基于 MBD/MBE 设计与生产各环节信息有效传递达到信息流协同优化。

（七）智能运营管理和服务

当前，ERP 是制造企业实现现代化管理的基石。ERP 最基本的思想是以销定产，

ERP 的核心是 MRP，是将企业生产运行、调度管理、产品创新等要素的调配和平衡，达到物流、信息流和资金流的三流合一，为生产高效运行提供依据。通过将 CRM、SRM、EAM、EMS、BPM、HRM 以及 EP 等技术集成融合，加速生产制造、质量管理、物流采购、业务流程等方面的智能化、数字化管理。依托智能运营与服务系统，加速构建信息、数据、流程与企业发展战略相结合的闭环协同与优化，企业需要对相关构成因素有较强的辨识能力和判断能力。主数据管理（MDM）近年来也开始在大型企业部署应用，用以统一管理企业核心主数据，保证企业核心数据的可靠性与完整性，实现科学决策和智能管理。

（八）智能供应链管理和智能物流

智能物流与供应链是打通制造企业、供应商和物流企业，实现“工业 4.0”横向集成的核心。基于智能化、集成化、信息化的供应链管理和智能物流系统，加速物流供应链流程及资源的优化重构与创新，实现对产品状态的持续跟踪与定位、市场信息的实时搜集及敏捷反应，以及物流资源整合与调度优化，从而提升智能物流供应链管理水平。在工业实践中，智能分拣系统、自动辊道系统、堆垛机器人系统，加速实时高效实施出（入）库、仓储、分拣、运输等作业环节的协同优化。基于 GPS 定位和 GIS 集成的 TMS，集供应链管理中的定位、跟踪、监控及识别功能于一体，拓宽物流供应链上下游集成服务的深度与广度，加速物质流与信息流协调、高效运转，也使企业决策更具智能化和科学化。

（九）产品智能服务

服务价值链延伸模式是制造企业转型发展的重要方向，以 5G、物联网等现代信息技术在智能产品中的渗透应用，运用智能软件对设备实时监测和延展产品增值服务，加速设备全生命周期管理，加快制造业由生产型企业逐步向服务型价值链高端延伸。构建端—管—云平台实现智能产品远程运维，实时感知设备状态及分析运行规律，为预测预警和性能优化提供数据支撑。构建设备工程的知识库与专家库、专利库迭代优化的闭环，分析运行产品性能特征，快速寻找设计损耗检测、故障排查等环节的最优解决方案，加速概念设计的最优化。基于采集产品运营数据分析，为企业带来决策创新，助力企业准确判断市场趋势、实现产品精准营销以及产品改进和企业风险管控。企业通过开发 APP 应用程序，帮助企业构建良性互动的内外部生态链，并根据客户个性化、差异化的需求开展有针对性的定制营销服务，增加客户黏性等方面的集成优化，加速企业综合竞争力提升。

（十）智能决策

推进工业数据价值的最大化，构建以智能决策为核心的决策优化是实现制造业数字化、智能化的关键，构建数据智能决策与业务创新成为重中之重。一方面是工业物联网在机器生产及经营领域的数据集成优化，构建一系列的机器设备互联、复杂装备预测性维修、产品运营等相关数据的闭环，并通过仿真数据优化等技术广泛应用在生产性能提升中，实现生产过程提质增效。另一方面，产业生态的外延优化及决策分析，企业信息化数据包括跨产业链数据、相关环境数据等，将贸易、供应链协同、新产品开发、客户等数据要素与知识驱动的专家库、生产经验、教学模型等知识库集成优化，为企业决策提供依据。信息化、数字化建设加速业务场景智能化的丰富与拓展，对于制造企业而言，BI 软件通过实时分析大量结构化和非结构化数据以获取见解能力，推动企业工作流程的数字化和产线的智能化，为施工企业管理决策提供支撑。

二、智能工厂技术总体框架

智能制造技术是智能制造系统的关键。通过高度自动化、数字化和模型化的智能关键技术构建，建立实现智能排产、智能生产协同、设备智联互联、资源智能管控、智能质量控制、智能决策支持等功能的全生命周期生产系统；基于多学科、多专业的设计仿真工具方面实现产业链上游的补链，在 5G 融合的可重构高端智能装备和基于大数据的工艺优化的质量管控方面，实现中游的强链；在智能工厂运行维护系统方面进行下游的补链，构建完整的 5G+ 离散型制造智能工厂产业链。为智能制造系统的构建提供有力支撑，推进生产方式向智能化、集成化、柔性化发展。智能制造关键技术是先进制造技术、信息技术和智能技术的集成，智能制造关键技术包括智能制造过程、智能产品、智能制造模式、智能管理与服务共四部分内容。

（一）智能产品

智能产品按照使用性质划分可以分为面向制造过程、面向服务过程和面向使用过程中的智能产品三种类型。

1. 面向使用过程的智能产品

无人驾驶汽车、无人机等面向使用过程的创新型智能产品，具有“人机”或“机机”用户体验性好、互动能力强的特征，通过辅助用户或者代替用户完成某些任务，产生较高的附加值。产品的智能性主要体现在自主决策（如智能识别、环境感知、路径规划等）、人机交互（如多功能感知、信息融合、语音识别等）、自适应工况（如控制算法及策略）、信息通信等方面，借助大数据分析技术、工业物联网，将产品创意、市场、消费需求等要素反馈到创意研发部，为企业战略决策提供支撑。

智能制造装备也属于面向使用过程的智能产品。例如，智能数控机床通过知识驱动的专家经验和数字建模相结合，构建机床加工制造、在线学习和知识优化的良性闭环，实现生产过程的的自律制造与执行、自主优化与决策，加速机床向智能化、高精度化迈进，智能制造装备和智能装备自主学习、知识生成能力密切相联。

2. 面向制造过程的智能产品

智能产品是智能制造的目标载体。企业要推进制造转型，产品本身的智能化是不可缺少的。智能产品的特征主要体现在精确定位、自动识别、感知并影响环境、全程追溯、自主报告自身状态、自主决策路径和工艺等诸多方面。依托 CPS 软件及大数据在智能制造中的应用，加速数据汇集、业务汇集与产品设计的精准对接，推进生产制造、经营管理、运营维护等生命周期质量管理的智能优化，进而实现制造过程的准确性、灵活性。其关键技术涉及无线传感技术、射频识别技术、CPS 技术等。

3. 面向服务过程的智能产品

远程智能运维是智能制造价值链中的重要一环。智能和互联是智能制造服务的主要特征，与以软件为驱动的数据流动融入生产制造领域，加速产品设计、制造过程与运营维护的集成优化，构建知识库系统不断迭代与工参数设置、数据接入、故障检测等方面的自学习、自诊断、自操作的闭环，在机械制造、航空航天、国防军工等领域的应用。从产品和服务的角度，企业通过大数据处理技术在全面感知、及时处理与智能分析的综合优势，实时掌握设备运行、关键备件保养、工况等要素的功能优化，进而实现运维服务从产品智能—生产智能—服务智能逐层递进，提升智能制造的智能化和高效化。基于云端平台完成故障预警、质量诊断、节能降耗等状态数据的自动采集、远程传输，为设备故障分析和预测性运营维护提供依据。

（二）智能制造过程

在“工业 4.0”背景下，智能制造过程是以智能制造关键技术为驱动，进行智能产品研发、智能装备与工艺应用、智能生产的过程。

1. 智能产品研发

产品设计是一个创造性过程，智能技术贯穿于产品设计的各个环节，通过大数据技术挖掘客户对智能产品功能、价值等方面的新需求，加速智能产品集成概念设计与制造商、市场等多维度要素的协同与对接。智能方法有神经网络技术、专家系统、机器学习、数据挖掘技术等云计算和大数据技术，通过智能仿真及优化策略来提升产品质量及性能。构建知识驱动的专家体系、经验数据集成优化与生产制造执行系统良性运行的闭环，促使形成客户价值需求—知识创新属性—监测与控制优化—自主功能设计各个模块逐级优化。伴随着高效性能计算技术渗透，掌握用高性能数字孪生与仿真建模实现数据驱动分析与决策优化，最终实现数字孪生与物理系统相互映射的闭环，进一步节约产品研发成本，大幅缩短生产周期。通过对企业研发过程中的数据反馈、挖掘和统计分析，实现更高层次的控制与优化，智能设计技术关键在于产品设计时要通过何种工艺方式来实现，以确保产品性能优化与提升。

2. 智能装备与工艺

智能装备对生产运行状态及工艺的实时感知，仅为支撑智能分析与决策，集成设备监测与诊断、嵌入式计算机、智能数控等技术集成，对制造加工、健康状态、环境参数、性能分析等相关因素综合评估，提升精准化控制与实时监测能力，为生产运行自执行、自决策提供依据。构建感知—分析—决策—执行—反馈的闭环，加速工艺结构或参数、生产指标、质量数据以及环境等信息的优化整合，实现高质量、高效率加工，保障智能生产柔性化、智能化和高度集成化。并且，虚实结合环境/虚拟环境制造、人与设备的协同工作等内容也是智能装备与工艺的重要内容。

3. 智能生产

智能生产是制造工厂引入先进的管理手段和智能技术，推进物流与信息流的高度集成和优化，实现生产过程智能管控与执行，生产资源智能调配和优化利用，以及智慧决策和生产管理智能优化。在降低能耗与优化成本的同时，加速生产过程的柔性化、自动化和精益化。其智能手段有工艺参数优化、智能计划与调度、产品质量改善与分析、生产成本分析、智能物流管控、智能调度、生产过程三维虚拟监控、设备预测性维护、车间综合性能分析评价等。

（三）智能管理和服务

工业大数据工业智能化的关键支撑，也是加速智能管理与服务的基础与前提。

通过系统集成、知识集成、信息集成以及数据集成，构建生产制造、过程控制、经营管理以及运营维护等全周期、全流程、全环节、端到端集成的闭环，加速资源利用率和供应链运营效率的优化与提升，优化管理决策，拓展价值链，以精益为基础实现产品和服务的智能化、数字化、移动化、实时化。具体表现为：智能物流与供应健康管理技术（自动化、可视化物流技术，全球供应链集成与协同技术，供应链管理智能决策技术）、智能运维管理与服务技术、智能的企业资源管理、客户关系管理、全面质量管理，电子商务以及能源管理（能源综合监测、能源供给调配、能源转换与使用等节能技术等，实现产品和服务的智能化、实时、有效互动，为企业创造新价值）。

（四）智能制造模式

在“工业 4.0”背景下，智能制造加速新理念、新模式、新技术以及新应用的创新发展，推进并形成产品全生命周期价值链的自动化、集成化和智能化。如家电电器、家具行业的客户大规模定制模式，电力装备、航空航天的异地协同研发和云制造模式，飞机制造、船舶与海洋机械工程行业的网络协同制造模式以及众包设计、服务型制造等新型制造模式。加速推进制造装备及设计过程的智联化、加工工艺数字化、管理信息化以及服务的敏捷化及远程化。

1. 客户化定制

客户化定制是以客户订单需求为核心，基于产品建模分析，构成生产知识库迭代优化、生产数据集成挖掘与产品创意实时优化的闭环，加速推进个性化产品设计和精益生产的制造模式，从而达成生产技术的集成化与生产制造的敏捷化。大规模个性化定制以品种多、个性化、专业化、网络化、柔性化和效率高等特点，可以快速灵活生产产品或提供服务以满足客户的个性化需求。

2. 网络协同制造

网络协同制造基于物联网等现代信息技术，与专家知识库、生产制造有机融合，建立信息互联、资源协同的动态企业联盟，构建集产品研发、创新资源、市场需求等全流程的集成重构，从而形成全球敏捷制造和网络制造的生产模式，拓展产品价值空间，提升敏捷生产和制造服务能力。网络协同制造打破时间和地域约束，实现动态资源调配与协同运行，可最大限度缩短新品生产周期和上市时间，及时响应客户需求，提高生产和设计过程的柔性。

3. 云制造

云制造是基于移动物联、数字建模与高性能计算等现代技术，面向市场和服务，以高效低耗和知识导向为特征的新型网络制造模式。其融合现有信息化制造（包括设计、研发、生产、试验、仿真、管理以及集成）等技术与物联网、云计算、智能科学、服务计算等新兴信息技术，加速制造资源和虚拟生产的服务化、集成化，并对服务云池进行统一的动态部署及优化管理，为云服务的高效协同和可信运行提供决策支撑。用户通过网络就能够获取到相应的制造资源与制造能力服务，从而产品全生命周期的各类活动都可以智能完成。

4. 服务型制造

服务型制造是企业界和学术界研究与热议的重要问题。服务型制造通过制造和服务相互间的拓展与渗透、提供生产性服务和服务性生产，逐渐形成提升产品附加值和自身竞争力的制造模式。因此，基于分散化制造资源得到整合，企业加速推进研发创新、组织流程、生产方式、管理创新、增值服务以及商业模式等要素的变革与重构，形成知识库迭代积累、运营管理生产要素、生产技术持续优化的集中与配置闭环，构建内外衔接、业务融合、协同创新的生态闭环。拓展价值创新方式，跳出同质化竞争获得持续的规模经济和差异化优势，加速传统制造企业逐渐向服务型制造商转型。

这些制造模式的实现前提是大数据分析、工业物联网等新技术，能有效扩展企业价值空间。在智能制造模式下，智能工厂转变为复杂的大型系统，其结构更为动态，以5G与CPS技术驱动下优化知识、技术与生产要素的集中与配置。数据挖掘在质量预测、质量分类以及工艺参数等方面的优化提升，促进产品、生产单元和设备、软件、网络等要素的集成优化，打通从设计、制造、运维、物流、交付等全流程、全产业链、全价值链中技术、知识、管理要素的协同互联、融合创新。基于多维度、多时空、多学科、多物理量的数字孪生则是加速技术融合、模型融合、数据融合以及业务融合的不断完善与优化，进而推进生产模式更为敏捷化、柔性化，提高资源配置效率，延伸产业价值链。加速推进制造业价值链线拓展与提升，加速推动制造业价值链向“微笑曲线”的前后端拓展。服务型制造由粗放型、定制化逐步向智能化、精益化和社群化服务化迈进。

三、基于新一代信息技术 CPS 支撑的智能工厂体系结构

在社会环境中，物理系统及相关网络系统基本都会要有人的参与，将社会系统融合到 CPS 中，就构成了社会信息物理系统（SCPS）。信息系统将物理系统和社会系统连接，物联网将物理系统和相应的信息系统连接，互联网将社会系统和相应的信息系统连接，从而社会系统和物理系统都能够映射到他们共同的信息系统。SCPS 环境支撑的智能工厂体系结构包含了服务价值链、产品全生命周期供应链和 SCPS 制造环境三个部分，整个价值链成为智能工厂价值增值的聚合体。

（一）服务价值链

服务价值链由客户参与、生产性服务和服务性生产构成。生产性服务是非最终消费服务，强调在生产者或是市场的中间投入服务，通过生产性服务可将制造业的价值链向市场延伸；服务性生产则是强调制造业本身的服务功能，多用以提升公司品牌影响力与产品的竞争力。

客户参与则是服务价值链的典型代表。它是协调生产与客户沟通反馈的方式，制造商、供应商以及客户能够全流程参与整个数字制造生产链，包括定制化服务、供应链集成、互联设计以及互联产品及服务等环节的集成优化。生产制造商能够根据客户的价值需求，敏捷响应市场变化，加速产品开发，以及体现高水平的柔性制造能力，客户能够参与且体验产品制造的各个环节，构建生产知识、制造技术以及运营管理等要素优化迭代的闭环，形成精益服务价值链，进而提升整个网络生产与管理的协同效应，并对产品全生命周期提出建议。客户参与设计、制造和销售过程，就从根本上解决产品的市场问题，由此企业可以根据目标客户的个性化需求，提供与之相对应的产品及服务，不仅锁定了客户，也提高了客户的满意度。

企业能够利用工业数据平台获取关键客户、营销环境、购买行为等方面的数据信息，并对产品需求、信息反馈、客户习惯等数据要素的评估与反馈，达成制造商、供应商以及客户之间信息畅通，并根据客户消费习惯、个性特征等因素挖掘产品需求，加速产品质量改进，推进产品优化迭代，有针对性地改进和创新产品的功能及款式。此外，通过平台信息门户与消费者互动，为消费者定制和配置相应工具，打造个性化、定制化的解决方案，加速推进知识、信息数据与产品创意、产品设计乃至制造技术之间构成价值创新体系的良性循环。

（二）产品全生命周期供应链

全生命周期视角下，供应链是通过建立全生命周期的供应链模型的归纳、总结和研判，加速产品供应链体系中相关的信息、知识、技术、流程、风险、资源以及服务等数据要素的高效配置与协同优化。在信息系统的支持下，采用一定的方法以服务增效的方式增加企业的利润。制造服务包括产品研发、制造、进度、质量、成本、材料、环境保护等方面的集成、共享与反馈、优化，包括从产品的初级生产到消费的各个环节，直至到达终端客户。对比产品供应链和服务价值链，可以检验出一个制造企业或智能工厂是否完整地为用户提供了所需的服务内容。如果有的用户需求无法被满足，则可以采取短期外包方式为客户提供服务，覆盖采购与供应商的采购需求到计划、执行，再到协同的供应链全流程数字化跟踪管理与全面协同，简化采购流程，提升供应链整体作业效率，构建有效、透明、高效的服务价值链。

（三）SCPS 制造环境

SCPS 制造环境体系以四个支柱为基础，即物联网（IoT）、人联网（IoP）、知联网（IoK）和服务互联网（IoS）。SCPS 的支撑技术方法包括区块链、物联网、互联网、工业大数据分析、云计算、人工智能等，IoT 集成传感器和智能元件，使生产过程具有智能化；IoP 连通利益相关者，营造了研发设计、生产调度和销售服务的在线社区，打通了产品制造企业和用户之间的壁垒，使制造更具有社会化特征；IoK 将数据转化为知识和信息，使制造更具有智能化特征；IoS 阐述了以物联网为基础，提供信息服务的基础框架，涉及技术层面的内容有面向服务的体系结构以及使制造具有服务化的 Web、网格和云技术。

从一定角度上来看，IoK 可以看作语义网，能够促使人、机、物连接协作更便捷。目前大数据环境下语义网的研究仍在初期阶段，智能制造仍面临着各种海量、多维度数据的挑战。IoT、IoP、IoK 和 IoS 四大支柱为精益生产体系（SCPS）提供了敏捷制造使能技术，由此，信息系统能够提供符合 SOA 标准的 Web 服务。

SCPS 制造环境下的智能工厂以 IoT、BPI、物联网为通信载体，为制造企业提供端到端、多向的实时通信及相关解决方案，提升使用者对远程数据采集、远程测量、远程诊断、生产过程监控、指挥调度方面的信息化需求，实现远程化、智能化和实时化，从客户到生产线的产品和工艺配置引入高效的数据处理，提升敏捷生产和数字能力，促使资源、人与机器如同在一个社交网络里自然地沟通协作。

四、面向网络协同的智能企业协作框架

智能制造模式将利用新一代信息技术，以智能工厂为载体，实现全面深度互联，其核心驱动为端到端数据流，互联网驱动的新模式、新产品和新业态是其主要特征，通过将生产管理、研发设计等全流程和全产业链组合起来，形成一个面向网络协同的智能企业业务流程体系，从而使产品研发与设计、制造管理和工业互联网服务、客户关系管理、产品生产和服务的全生命周期管理以及供应链管理有机地融合在一个完整企业与市场的闭环系统中，构建一个集供应链、工程、生产制造和企业管理的全球网络化协同智能制造系统平台，实现在设计、制造、工业和服务等各个环节端到端无缝协作的智能工业生态系统。

随着人工智能、虚拟现实和网络技术的进一步发展，未来的网络化协同智能制造模式将以工业物联网和工业互联网为基础，将设计、工业、制造和服务各环节融合到网络化协同智能制造系统平台中，实现用户、智能企业和智能工厂的协同研发和设计、生产、销售和运维网络平台。如图 8-2 所示。

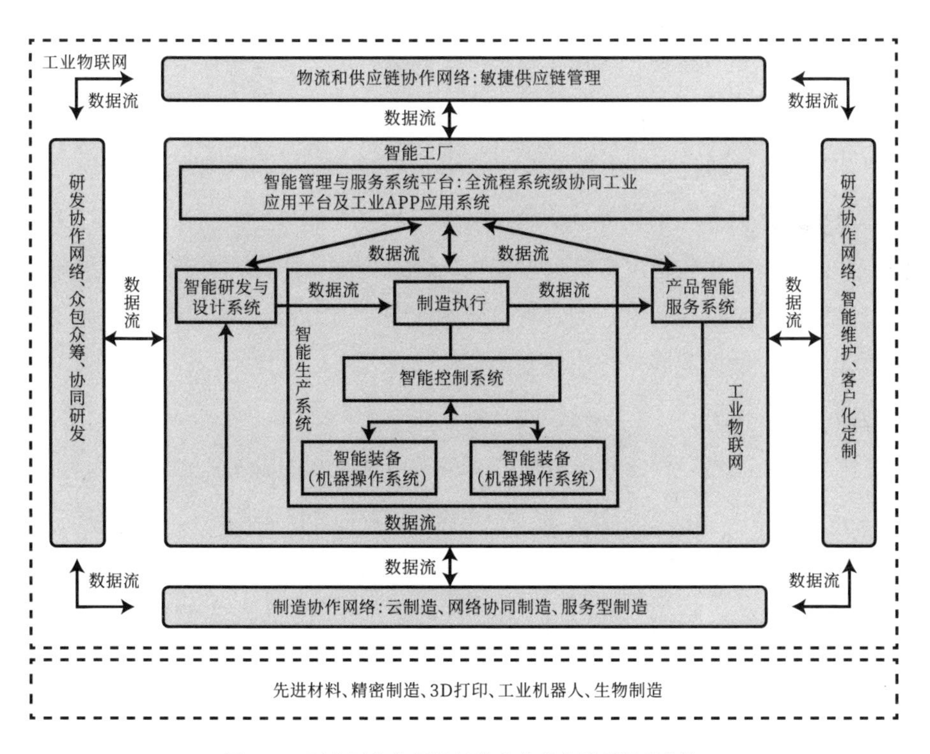

图 8-2　面向网络协同的智能企业业务流程协作框架

第四节　智能工厂跨越式发展路径分析

当前，工业经济网络化、数字化与智能化发展已成为全球经济增长的关键引擎。伴随着新一轮信息技术发展与产业变革，工业智能也进入了新的发展阶段。但我们也应该认识到，工业智能还处在发展的探索期，如何借助大数据、人工智能等技术实现生产与供给等环节的精准对接，以及推进生产链条的各个环节进行积极的交互、协作与赋能，形成各个环节合作共生的“有机生命体”，如何推进智能工厂更新迭代，破茧成蝶，在更深程度上、更大范围内推进智能工厂的数字化、网络化、智能化建设，为制造业转型升级提供新思路、新路径，是我们还需认真研究的问题。本节从生产、运营和产业链的角度研究和阐释智能工厂的发展，并结合制造业产业特征，对如何探索出一条适合中国制造企业快速发展的转型升级之路等问题做出分析与阐释。

（一）生产智能化

生产智能化是目前大多数生产企业技术变革和管理提升的重要驱动力。在智能制造全生命周期生产阶段，依托大数据、物联网、人工智能等技术手段，持续收集智能制造要素，使企业在研发设计、生产制造、产品服务等环节建立起完善的“智造能力”，并将精益化生产贯穿于生产过程系统的预报、评价、调度、控制、监控、诊断、决策和优化等各个环节，从而将最优参数在大规模生产中精准落地，推进高效生产。生产智能化包括生产装备智能化、资源调配智能化、生产过程柔性化、生产管理精细化等主要任务，形成具有自感知、自决策、自执行、自适应、自学习等功能集成优化、数据关联、智能控制的有机整体，最终形成科学、高效、完整的智能制造系统。

生产装备智能化。智能装备是加速制造业转型升级的根基，也是衡量一个国家工业化水平的重要标志。当今，新一代信息化技术装备在智能化、自动化、柔性化、集成化方面的应用程度仍有待提高，一些先进的信息化智能管理系统如 MES、ERP、PDM、DNC、MDC 等应用的还不够充分，信息技术的深度应用、智能及大数据应用方面仍需加大推进力度。装备制造业的技术创新体系构成和流程是：基础研究→共性技术研究→产品开发→应用及产业化，因此，基础共性技术是至关重要的。企业应根据自身生产和发展特点趋势，统筹推进，重点突破，及时对生产环节的智能化、自动化设备进行更新换代；在此基础上，企业应集中推进传感器、工业机器人、通信设备、检测设备、智能仪器仪表、自适应数控机床等领域的智能成套设备引进与应用、再消化吸收与再创新，推进生产过程智能化。通过在人机交互、数据驱动、专家库构建和自学习等要素的优化来提升智能装备智能化、数字化、集成化程度，在 AI 技术环境下基于视觉、语音等多模态感知、知识和专家系统的迭代优化，加速人机协同智能化，构建从多维度数据汇聚、推理判断到决策智能的 AI 闭环，推动装备加速迭代，培育新型生产方式，是目前高端装备制造业数字化转型内涵式发展的关键。创新智能装备和智能服务等应用场景，打造新的产业和新的业态，真正为实现推进企业数字化转型夯实基础。

生产管理精细化。当前是智能制造转型升级的重要时期，精细管理是整个企业高效运行的关键和基础。“精”是指切中生产管理的关键环节和重要因素，深耕主业，科学管理，推动内涵增效；“细”是对管理环节进行具体的分解、细化，循环递进、逐级实施、最终形成持续改进、不断创新的闭环。以物联网为核心的新一代信息技术与制造业跨界融合与深度应用，打通并联动从产品工艺、制造、研发、质量以及内外部物流等环节与产品制造价值链相关的各个环节，以自动化系统和数字化软件对产品全生命周期进行支撑。加速数据控制、标准控制、流程控制的管理与优化，构建出生产管理中的多维度数据与业务流程的无缝链接与控制优化、科学决策、策略调优的全流程决策闭环，打通业务链前端与后端的数据壁垒，加速推动生产过程一体化落地，实现价值流程有序高效流动。同时，通过大数据搜索应用、精益化、规范化决策管理工 PI 管理等技术，细化生产相关流程，形成生产管理、质量管控、成本控制、能耗分析、生产排期、进度管理、资源关系等要素的集成与优化运行、控制，使制造活动的每一道工序乃至每一个产品所对应的制造装备及其运行状态，构建生产各环节多维度、实时性数据的动态传输与评估的闭环，为管理层决策提供有价值、准确的数据、信息和知识。当然，企业生产管理的精细表现在企业战略制定与目标分解、以及战略执行等相关战略管理能力上，视为打造核心竞争力的一项关键因素。生产过程柔性化是一种新型生产方式，柔性化生产是指组织生产过程根据客户订单和市场需求，改变了传统大规模量产的生产模式，通过小批量、多品种的产品来满足客户个性化需求。作为未来企业实现转型升级的主流生产方式，柔性化生产以客户需求为导向，将客户需求、创意、体验、制造等与产品整个生命周期的流程紧密联系，并将以定制化的体验、创新性的交付为竞争核心，实现生产的小批量、定制化，为客户提供更多服务、带来更多体验。柔性化生产要求企业更加注重产品的质量检控力度，根据客户的个性化需求，利用人机物一体化的智能生产线，适时进行生产工序调整和资源的优化配置，缩短产品的生命周期，推动产业链的高效运转，以保证产品的生产质量和客户的满意度。在柔性化的生产模式下，需要实时控制单种产品的生产过程，并且对单件产品的小批量生产的效率和成本有很高要求。企业需要具有灵活的管理方式来配合生产过程的柔性化，能够根据生产订单的动态变化来调度管理所需零部件和产品的加工，把控生产节拍，掌握生产流向，再根据生产实际情况随时进行排产调整，适时调整生产节奏，提升生产管控的柔性化；同时不断消除库存，提高设备的利用率，压缩产品生产周期，减少直接劳动力，降低厂房面积和设备数量等。

能源管理智能化。通过能源管理系统进行节能降耗是目前智能工厂运营管理的重要一环，是指利用射频识别技术、传感器、北斗卫星系统等先进的物联网技术，实现物与物、人与物的实时信息交互与无缝链接，实现感知、监测、预警、控制用能，实时优化能源效益，从而大幅提升生产效率、推动生产制造向数字化、网络化、智能化方向发展。同时，根据重点设备的实时耗能状况、能耗变化趋势和实时运行参数等信息进行数据采集、分析和处理，提供能耗信息收集分析平台系统解决方案，提升企业标准化和规范化管理。

（二）管理智能化

在新一轮技术革命的背景下，管理智能化是企业进行转型升级和自我提升的一项至关重要的内容。管理智能化也是制造业智能化的关键环节，是指利用人工智能和大数据分析技术对管理数据对企业生产经营活动中涉及调度、计划和控制等相关环节进行智能化改造，从而提高工作效率，减少运行成本。

智能决策。智能决策力是塑造企业核心竞争力的关键一环，通过将生产管理中产生的实时多源数据与外部市场的信息资源进行汇聚整合，使人、产品、设备等生产要素与生产系统无缝集成，实现数据资源与物理资源密切协同，结合企业目标、运行指标、生产指令、计划调度，从而完成一体化优化决策，使得企业能够智能感知物质流、生产流和信息流的状况，进而优化产品的产量、质量、消耗和成本等生产指标。基于智能工厂运行积累海量的历史数据，应用大数据手段进行智能分析与决策，结合与生产计划、物流、能耗和经营管理相关 ERP、SCN、CRM 等系统，以及与产品设计相关的 PIM 系统紧密联系，并根据企业目标、竞争对手、物流价格、同类产品等情况进行实时调整，使决策者在动态变化环境下精准优化决策。

企业结构优化。借助技术手段进行企业资源优化及合理配置，对于各职能部门的工作及现有流程进行优化和完善，消除并替代管理流程中的简单劳动、重复劳动以及流程审批类岗位，组织结构扁平化，目标管理清晰化，避免职能叠加、管理者过于膨胀等因素带来的弊端，加速企业在财务预决算、技术研发、项目管理、以及市场服务等方面的管理与优化，并以目标管理和结构优化支撑企业决策。完善综合评估与优化处置能力，促使企业面对市场竞争时实现组织结构价值最大化。供应链智能化、生产调度智能化、质量管理智能化、仓储物流智能化等已成为大多数企业生产智能化转型的关键基础。供应链智能化借助数字化技术构建智能、互联、高效、扩展的数字化供应链生态系统，达成计划业务模块、采购环节、仓储环节、生产环节等数据信息的集成对接，以及供应体系中各项资源的协调优化，供应链管理优化推进制造经营业务高效协同、敏捷响应与持续改进，从而带动整个产业链的优化与提升，也为企业智能决策提供依据。通过物联网、大数据、区块链等现代技术与供应链体系相关资源（包括数据链、资金链与业务链）的动态分析与柔性配置，将供应链上所有相关利益方如生产商、物流服务商、零售商和监管机构等都纳入同一个管理平台中，使整个管理流程变得可信透明，有效防止价格欺诈、运输延迟、付款延迟，省去中间商并有效降低交易费用。数据驱动的质量管理覆盖产品的设计、工艺、生产和交付全生命周期，形成质量要求和生产实际的有效联动，通过质量管理系统自动闭环产品设计、研制、生产过程中产生异常数据参数，针对客户需求进行高效精准地调控，准确预测机械制造生产过程的质量，全程预测评估反馈，保障生产质量，从而达到不合格产品返修处理的损失最小化，也为质量追溯提供数据支撑。仓储管理智能化是企业降低运营成本，提高作业效率的重要环节，涉及仓储与生产、输送搬运、拆码垛等各工序间的实时互通，通过持续优化，改进仓储管理及运营水平，逐步实现仓储作业管理标准化、库存物资信息直观化、仓库货位管理数字化、物资状态跟踪实时化和紧急业务管理规范化，使作业过程更加及时高效，实现仓储管理智能化。大幅提高管理与运作效率，同时对生产制造的各工序的生产数据进行采集，最终实现无人化、智能化工厂。

人力资源及研发创新众包化，资源基础理论认为，企业是各种资源的集合体。企业可以将产品创新和人力开发等业务外包，由专业性网络平台、机构联盟，以及具有相关制造工程领域的注册工程师及其他专业人员也包括其中，使其参与到产品设计、生产、研发以及体验中来，在自由市场经济环境下购买他人智力成果，通过数据共享、资源整合，提升工作效果和缩短任务完成时间，同时弥补企业中的资源能力不足，提升运营绩效，实现企业自身利益最大化。

（三）物流智能化

智能物流贯穿于智能制造全过程，也是实现智慧供应链的核心要素。实现“工业 4.0”横向集成的关键技术。

智能物流是指通过物联网、智能硬件等信息技术手段，提高物流系统智能分析、智能决策和智能执行的能力，实现物流系统的智能化、信息化、自动化水平。智能化是物流行业必然的发展趋势，是智能物流的典型表现，贯穿于整个物流活动过程。智能单元化物流技术、自动物流装备以及智能物流信息系统是加速智能物流调度优化的关键，它不局限于库存水平的确定、运输道路的选择、自动跟踪的控制、自动分拣的操作、物流配送中心的管理等；而是基于 5G、物联网、自动识别等相关技术，将物流过程中的出入库、调配、包装、盘点、数字分拣、装卸等作业环节的数据整合，以及自动识别、经销商管理、供应商管理、自动化立体仓库等系统的协同优化，实现物流生产、运输中的跟踪追溯、自动化仓库的智能控制以及优化调度，减少自然资源和社会资源消耗，实现运输过程的自动化运作和高效率优化管理。伴随着数字经济的来临，在人口红利逐渐消失的大环境下，物流智能化成为物流仓储信息化发展的关键。智能化是物流智能化发展的重要方向。基于仓储传输系统自动化程度的优化与提升，以及物流思维系统的迭代升级，进而支撑智能分析与实时决策，特别是物流智能计算能力和数据处理能力在产品智能识别、实时响应与调整、等核心要素的集成与对接，实现物流与信息流的无缝结合，促进物流、信息流、资金流的一体化运作，使市场、行业、企业紧密联结在一起，从而推动中小企业快速转型升级。

产品智能识别是指主要依托自动识别技术如射频识别、区块链等技术，基于产品来识别相关信息，实现产品从原料、原料供应商、生产过程等全部生产要素的识别、状态感知；产品跟踪溯源是指在产品智能识别的基础上，进行产品定位、跟踪等，对于采购、库存以及物流运输等环节的价值数据进行收集、挖掘与评估优化，为企业全生命周期管理及产品溯源提供分析支撑。通过实施基于二维条码和 RFID 技术的产品质量追溯系统，在产品生产和流通过程中进行关键数据的收集，结合运载工具、产品信息、路程等因素，实现运输全过程的实时监控和订单变更。通过仓库管理平台软件获取对数据的统计分析，从而实现对仓储业务的管理洞察，并将其转化为采购、发货、补货、移库的决策。

加强品牌营销是加速实现数字化转型的关键。制造类企业在市场开拓、营销思路、销售渠道、品牌宣传推广等方面借助智能化精准营销，以专业数据化营销解决方案，可以实现客户数据价值最大化，快速提升品牌竞争力和市场影响力。同时，企业适时开拓手机 APP、视频视觉、事件营销等新型营销手段，应用数字化和智能化手段赋能，不断提升产品品质和营销水平，让品牌的有形资产和无形资产获得大幅提升，不断打造智能制造新模式、新业态，实现企业高附加值、可持续发展。

第五节　智能工厂跨越式发展的要点分析及建议

制造业转型升级是中国经济高速增长的重要动力。随着 5G、虚拟现实、云计算等新技术的成熟与发展，不断催生新产品、新业态、新模式已成为产业转型的新常态，拓展“物联网 +”成为赋能制造业转型升级的重要引擎。换言之，加速企业智能化、数字化、绿色化、服务化，重构产业布局和加大产业结构调整力度，进而迈向价值链的顶端，加速产业发展竞争力。

近年来，国家建设培育和建设智能制造标杆项目、智能车间试点示范项目等措施，为制造业积累了很多智能化转型升级的好做法、好经验，中国企业应把握全球制造业分工调整和智能制造快速发展的“机会窗口期”，加强统筹协调，精准施策，依托示范引领、政策引导、金融支撑等国家宏观利好条件，不断完善自身，实现企业由大到强的转变、实现中国制造业向“制造”到“智造”的跨越。下面从“产、智、质、创”四个方面进行详细阐述。

“产”：谋划空间布局，提升发展效能。加快发展智能工厂，构建“点、线、面”的产业发展布局是关键。一是从点的层面上，作为智能制造实现的最小单元，智造单元运用物联网、云计算、虚拟现实等技术，通过多功能组合模块的集成化、自动化和一体化，真正构建人机互动下的生产过程中核心输出的要素管控与运维，为实现数字工厂的高效运转而提供一个完整的多品种小批量的系统解决方案。二是从线的层面上，培育智能制造柔性生产线。柔性制造是企业高效高质运营生产的重要因素，其利用机器学习原理，通过一体化敏捷协同，基于同一生产单元或生产线，完成从订货、设计、加工、装配、检验、运送至发货等全流程的生产多种品类、不同产品的生产能力。根据产品需要的不同实施生产运营柔性化管理，达成实时反馈的订单和自动调配加工生产、软硬件高效互联的优化闭环，灵活应对生产过程所导致的成本飙升问题。三是从面的层面上，打造智能制造产业生态圈。面向产业智能制造发展需求，构建出以高端芯片、设计软件、关键部件等相关企业之间的导向效应、集聚效应以及协同效应，从而形成以智能制造系统集成商为核心、“专精特新”企业深度参与的产业链，加速企业间产品研发、创新资源、生产服务等领域的集成和对接，不断推进数字化、智能化转型，提升产品和服务竞争力，促进降本增效，也驱动着制造业迈向中高端。

“智”：人才是第一资源，高端复合型管理及技术人才是中国制造业转型升级的关键。智能制造的各层面工作很多是相互融合的，工作结构呈扁平化趋势，因此，培养一批能够带动行业、企业智能转型的高层次领军人才，培养一批能够突破智能制造关键技术，进行技术开发与改进、业务指导的创新型技术人才，一批既懂经营管理，精通国内外智能制造理论与实践经验的复合型高管人才，成为智能智造高质量发展的重中之重。同时，健全人才评价与考核机制，构建面向智能化、数字化的人才考核模式。利用大数据技术与绩效考核相结合，根据人才日常表现及各项数据分析，对其进行综合性的数据评价。在实际操作中，企业只需应用网络进行信息互动，使用网络进行考核事项的传递，实现绩效考核工作的优化管理。而基于考核机制的公正公平，确保人才管理模式的现代化、规范化与数据化，推进企业可持续发展。

“质”：注重示范引领，拓展全球市场。支持由政府和制造业细分领域的智能制造应用示范企业牵头，联合系统集成商、软件开发商、核心智能制造装备供应商、大学、科研院校成立联合体，组建离散型智能制造、流程型智能制造、网络协同制造、批量定制、远程运营服务等不同方向的创新示范应用中心；推进智能建造产业园是企业迈向智能制造转型升级的重要一步。在品牌建设方面，着手培育一批自主创新能力强、主业突出、产品市场前景好、对产业带动作用大的科技创新产业园区、智能建造产业园区。在拓展全球市场方面，务实推进智能制造及生产制造数字化合作向纵深发展；同时，以新基建为契机，鼓励企业积极“走出去”，持续探索在基础领域研究、先进材料、关键核心部件以及高精尖基础技术及工艺等领域的攻关研发，提升企业的国际竞争力。

“创”：完善创新体系，营造创新环境，着眼于全球制造业市场，抓紧机遇，抢占智能制造制高点。首先，要坚持新装备引领，引入 5G、云计算、机器人、AR 等现代信息技术，从技术创新、数据集成、设备互联、虚实融合等领域介入，加快推进数字化车间、智能工厂和无人工厂、无人车间建设，加速推进制造单元智能化升级、工业生产数字化转型、数据融合集成共享的良性发展，以高端制造加速产业迭代升级，使生产制造更加集约、高效。其次，要坚持新技术赋能，重视基础研究，提高关键技术的自主开发能力，构建开放的数据生态。推进“上云用数赋智”加速发展态势，积极推进数字化示范和应用场景，加速企业快速转型；以应用创新、模式创新为内核，充分挖掘产业链高效协同效应；赋能企业在产品服务、市场拓展、产业合作以及商业模式等要素的拓展创新，使产业链条更加智慧，加速培育数字化生态。深化与完善物联网、5G、虚拟现实 / 增强现实等新技术应用场景创新以及在生产、运营、管理和营销等诸多环节的应用，加快推进企业及产业层面的网络化、数字化、智能化发展；积极培育新兴产业，做大做强工业机器人、新一代人工智能产业、区块链产业、信息和软件技术服务业。树立以客户需求为导向的经营理念，使信息科技与制造业深度融合并产生“化学效应”，推进企业互联融通、商业结构再造、技术集成应用，实现产业结构升级优化与业态创新，加速推进智能制造产业链向高端跃升。

第九章
智能管理与服务系统

自20世纪以来，工业化的生产方式大致上经历了手工生产方式、大批量生产方式、精良生产方式、大批量定制生产方式和敏捷生产方式等阶段，制造系统的管理技术也由传统管理、科学管理、系统管理发展到现代管理。

智能管理与服务系统是以先进的管理模式与方法为核心，研究管理与控制全企业生产经营活动的智能运营管理与服务系统、面向价值网络的智能物流和供应链管理系统以及面向客户的产品智能服务系统。前者主要包括生产计划与控制系统、REP、SCM、CRM、EC等，基于企业信息系统的智能决策与服务系统（Smart Decision Making System，SDMS）、MES和TQM等；智能物流与供应链服务系统主要指面向物流和供应链协作网络的敏捷供应链管理系统；产品智能服务系统面向制造的各阶段、各节点提供数据挖掘服务和知识推送服务，使制造过程围绕客户需求展开。本章就上述问题进行阐述。

第一节　智能运营管理与服务系统

一、企业资源管理计划

企业资源管理计划即ERP（Enterprise Resource Planning），集先进信息技术和现代管理有机融合，加速企业资源（涉及信息流、资金流、价值流以及业务流）的集成与共享。在信息技术高度集成化和资源配置优化的前提下，ERP可以提供跨部门、跨企业乃至跨行业供应链诸多要素实时信息的反馈、分析与评估，达成企业内部主要经营活动的优化整合，使财务管理、生产控制、供应链管理以及销售等环节（或模块）实现精细化管控，逐步实现企业高效、自动、实时的经营目标。

ERP使用20世纪90年代后先进的信息技术，如客户服务机结构、图形用户界面（GUD）等，以提供对组织人员、组织结构的适应性。ERP在应用过程中，常伴随着企业流程再造的实施。ERP有广义、狭义两种解释，广义ERP是指整合企业内、外部市场环境信息的经营管理系统，亦可称为扩展ERP（Extended ERP，EERP）；狭义ERP是指仅企业内部信息的管理系统。

ERP有基本功能和扩展功能两种。基本功能主要是整合企业内部价值链上的所有功能，扩展功能则是扩大了整合范围，扩展企业的前端顾客和后端厂商。加强前端顾客信息的整合，属于销售自动化（SFA）和客户关系管理（CRM）功能；整合后端厂商信息系统属于供应链管理（SCM）功能。现今备受瞩目的是最近推出的电子商务方面的解决方案。ERP至少应提供如下五个基本功能。

（一）生产规划系统

集计划、控制、组织以及优化决策生产管理系统，预测、识别与评估生产链中风险因素与薄弱环节，加速企业各方的生产资源有效调配和平衡，促进生产高效运行。生产规划系统涉及生产计划的执行及控制、物料需求计划、成本计划管理、制造能力计划、及生产管理信息系统构建。

（二）物料管理系统

协助企业进行生产制造、需求计划与库存控制等方面的有效管理，以及控制与优化收发料管理，降低存货积压，提升生产能力。物料管理系统主要包括采购订单与物料需求、仓储管理（收料管理、发料管理）、库存管理（原材料库存、成品库存）、发票验证系统等。

（三）财务会计系统

财务会计系统信息化与数字化，提供实时动态、跨空间且更精准的财务信息，协助企业资源整合、优化成本管理以及风险管控，助力企业提质增效。财务会计系统包括成本核算、应收应付账款管理、利润分析、流水账、总账汇款等，为生产制造、运营管理提供科学决策依据。

（四）销售、分销系统

根据客户反馈及细分市场等数据信息的集成与优化，实施产品营销、渠道策略的改进或调整，快速提升市场占有率，包括订单管理、客户管理、销售发货、业务信息、销售发票管理等。

（五）企业情报管理系统

利用大数据相关技术，整合、评估与优化知识库系统、生产制造和营销服务等相关数据价值，向科学决策提供有力支撑，包括企业预算系统、决策支持系统。

除上述五个基本功能模块外，ERP 软件还提供了基于上述模块的四个扩展功能块，分别是顾客关系管理（CRM）、供应链管理（SCM）、电子商务（EC）以及销售自动化系统（SFA）。

1. 顾客关系管理及销售自动化

这两者都是用来管理顾客相关活动的。顾客关系管理（CRM）是一种旨在改善企业与客户之间关系的管理机制。以客户管理为核心，借助现代信息技术深入分析与评估客户资料，调整自身营销战略，优化产品结构，培育潜在客户与忠诚客户的保有率，提供更快捷、高质量的产品服务，进而提升其对于企业与产品的关注度与满意度。

销售自动化系统（SFA）是指能让销售人员跟踪记录顾客详细数据的系统，SFA 能够让企业通过系统掌握全部渠道产品销售情况、售点分布、销量情况、客户分布、库存等对企业有价值的数据信息；SFA 和 CRM 都是强化前端数据仓库的技术，通过整合、分析企业的营销、库存物资、产品配送或服务等信息，为顾客和企业之间营造更好的销售机会。

2. 供应链管理

供应链管理（SCM）是贯通上下游供应链关系，将从供应商到终端客户的物流、信息流、商流、资金流和服务流等数据资源的集成管理，构建引导需求与供给关系的持续优化闭环，提升资源配置效率，为供应链管理的科学决策提供支撑。SCM 系统分为三个组成，即供应链规划与执行、运输管理、库存管理。

3. 电子商务化

电子商务（EC）是基于互联网和客户端、服务端应用方式，具有资源信息集成共享、优化企业间资源配置及协同关系以及完成商务流程和交易行为等三大特点的商务模式。也可将其进一步划分为企业与个人（消费者）间、企业与企业间的电子商务两大类。

二、全面质量管理系统

在全球经济体化的背景下，市场竞争日趋激烈，良好的企业运营质量和产品质量越来越成为企业壮大和发展的第一要素。质量涉及企业各部门，它不仅仅取决于加工环节，也不仅仅局限于加工产品的工人。质量保证要通过全面管理来实现。

传统的质量管理追求的是产品合格，许多企业花大量力气在检查、核对、审查及试验产品上，以保证他们的产品符合用户所要求的质量。这种“侦察” 式的管理只是寻找出现问题的事物和对有关人员进行处罚，而不是寻找激励员工持续改进产品质量的方法。今天我们更有效的质量管理方法是要把侦察问题转化为防止问题的出现，这样我们就可以把精力转向系统地改善企业的业务运作程序。这种新局面的出现必须由企业全体人员及有关提供产品及服务的人员的合力促成，才能满足用户的需要和期望，因此需要一套全新的运作哲理以及管理方法。这种新方法就是全面质量管理（TQM）。

全面质量管理开始于 20 世纪 80 年代，它是以顾客、社会、企业、员工、供方共同受益为目标，以质量为经营管理核心的全公司的质量管理。它的主要特点是整体性和全面性。企业中的每个人都应该认识到高质量的产品是许多不同过程的综合产物，要依靠全体员工的努力、经验知识，因此全面合作才能实现，质量管理不再仅仅是检验部门的事。因此全面质量管理是全员管理，而且，质量不仅是“产品合格”，而是企业对产品整个生命周期内的承诺，包括使用、维修、报废和回收，是企业的一种社会责任。因此，全面质量管理主要涉及产品创新中的设计过程、制造过程、辅助过程和使用过程等环节的质量管理。

（一）设计过程中质量管理的内容

设计过程是全面质量管理（TQM）的重要一环。产品设计包括市场需求调研、工艺筹划准备、关键技术研发、产品规划与设计、产品设计试制等项工作。其内容具体如下。

1. 市场调查是产品设计中必不可少的重要环节。在前期调研阶段，制定产品质量设计整体方案及设计目标，从整体上对产品设计、生产、使用、运维以及产品更新迭代等问题进行集成优化，设计出适销对路的产品，扩大市场占有率。设计目标应与产品市场发展的契合度相一致，在原料投入、材料选择以及模块化设计、工艺规划方面要求实施绿色化、自动化及智能化，尽量采用先进的国际标准。

2. 产品设计方案形成后，组织由科研、生产、质量、环保、营销等部门参加验证和研讨，进行方案筛选和效果评估，形成优化产品设计、结构功能与市场状况、定位趋势良性发展的闭环。设计方案受产品设计等级与质量水平的因素影响外，其产品成本和价格上的差异，也是促成质量水平不同的因素。从经济角度看，选定一个匹配度高的设计方案，要首先解决产品质量优化与提升的问题。

3. 提升技术文件质量。优化技术文件质量是技术管理和提升科技竞争力的关键。技术文件主要包括技术文件、设计方案、关键设备、实施方案以及工序程序等，它们是生产制造和质量管理的重要依据。技术文件的分类与汇总、审核、阅办、复制以及修订等系列问题，都依相关制度与规定执行。

4. 做好标准化工作的评估与提升。标准化是优化产品质量以及提升产品竞争力和的重要手段，可以扩大生产批量，减少零部件种类，也有利于生产技术、生产组织和生产计划进一步规范化、有序化。

5. 规范产品试制的工作程序。新产品设计试制的工艺、工装、磨具等要素的评估与验证，加速产品开发流程与生产组织的重构与优化，进而构建一种以客户需求为核心，研发试制能力持续提升与优化的管理模式。按照产品试制的相关工作程序，企业要在前一道程序已经完成且得以确认的情况下，才可依次进入后一道工序。

（二）制造过程中质量管理的内容

制造过程是影响质量管理的关键环节，构建制造技术、生产管理与质量管控持续改进的优化闭环，掌控制造过程中的质量动态，有效控制制造工序的稳定性。其基本任务是创建稳定均衡生产、机器性能安全可靠，持续达到设计质量要求的生产系统，主要内容包括：组织质量检验工作，重点抓好工艺过程控制，优化生产工艺参数、制定生产工艺方案，构建研发、生产、工艺、资源分配与质量管控协同优化的闭环，确保生产有序开展；加速新技术、新工艺、新材料在制造过程的先行先试及其产业化，实现制造技术信息的集成与优化，加速产品迭代及质量优化；组织产品质量标准动态分析，包括从订单采购、质量检验、生产制造、产品检验以及服务营销的全过程，提高产品质量和改进生产工艺；按照施工工序开展生产，实施施工流程、工艺技术、计量等要素的全流程、全生命合周期的标准化管理，做好工序衔接，实现均衡生产；储运安全，制定科学合理的管理机制，控制原料质量，构建产品全程溯源，确保产品质量的可靠性。

在工业生产中，加速推进数据信息的汇聚与评估，实现对生产制造中异常因素的动态监控，为企业质量控制决策提供数据支持。

（三）辅助过程中质量管理的内容

辅助过程质量管理，是为生产制造有序开展而提供良好的物质技术条件和服务的管理模式，以确保生产产品达到预定质量目标。它包括物资采购、工具供应、设备维护保养以及动力系统（水、暖、风、气等）方面的管控与优化。

辅助生产过程涉及内容包括：确保生产物资的采购供应，优化采购流程，把关验收环节，保证物资质量，确保物资采购供应准确、优质与高效。安排专人按照规定的流程和标准对入库物资（涉及燃料、原材料、辅助材料等）进行保管验收，对设备定期进行保养和维修，促进设备运行与 制造工艺的改进与优化；利用现代技术提高工具制造的效率和管理质量等。

（四）使用过程中质量管理的内容

使用过程质量管理是企业内部质量管理的关键一环，其基本任务就是提升产品的使用效果和功能优化，提高产品在售前、售后服务质量，在客户评价与反馈的基础上不断促使企业持续研发和提升产品质量。

使用过程质量管理主要工作内容包括：开展产品技术服务工作，对产品和技术的售前、售中、售后服务质量进行全方位、全过程管理，产品出厂不是服务的结束，而是服务的开始。要以客户满意为核心，将客户全程体验和使用产品（或服务）的全程理纳入到质量管理体系中，将客户是否满意看作企业是否能够继续生存发展的关键。出厂产品的质量问题尤为关键。运用物联网数据可以为优化产品质量提供决策支持，提升产品全生命周期管理。对已经出厂但确认出现质量问题的产品要及时追溯，减小由此产生的负面影响。

调研产品功能效果和客户需求。对于正在使用产品的客户，进行市场调研和需求分析，检验产品是否真正达到了产品设计和质量标准的要求；产品在使用过程中是否实现预期的设计质量目标，有效推动产品迭代升级；在产品生命周期各阶段，客户提出新要求、新建议，有助于达成客户价值的管理与提升。

三、客户关系管理系统

客户关系管理（CRM）的概念并不是一个新名词，自从有贸易开始，企业就必须面对客户。但传统的客户关系管理仍存在一些弊端，它受市场（如价格、营销）因素的影响较大。客户在当时根本得不到重视。随着互联网技术的发展，企业间的竞争越来越激烈，产品间差异越来越小，竞争的焦点从以产品为中心转向了以顾客为中心。而且技术上的进步也使把整个企业的客户信息放入一个系统中进行管理成为可能，企业可以通过网络和 lnternet 技术，建立一个集成的、跨功能的信息中心来处理客户需求，确保时间、资金和管理资源的合理分配。对于很多组织来说，CRM 正成为下一个主要的发展方向。

作为一种商业策略，CRM 是以客户为中心，对企业组织结构、业务流程乃至其经营策略的重构，进而改善与优化企业与客户之间关系，并通过不断深入分析客户需求、销售和服务数据以及市场状况等有价值信息，对整个销售体系实施跟踪与管理，开发新客户，维系老客户，将客户忠诚度的培育转变为企业利润的支撑点。

CRM 能够有效地管理企业客户关系，它为企业的每个客户提供了完整的集成视图。客户关系管理的主要功能范围包括销售、市场和服务。

（一）客户管理与分析

长期维持同客户的关系是一个组织最重要的资产，成功的客户所有权将产生竞争优势，提高客户的保持率和企业的获利能力。客户管理与分析模块作为各类自由形式交互的中心处理点，保证企业与客户交互处理流畅。这里，业务代表可以根据各类组合检索条件了解详细的客户信息及历史记录，同时受理客户的服务请求，并快速转至其他模块，以最佳完成客户要求，或将来自企业的信息个性化地传递给客户。业务代表仅需很少的键盘输入及鼠标点击便可完成客户交互处理操作，业务代表对全部客户历史记录及输入记录一目了然，并具备新客户登录及综合客户信息管理功能。

（二）营销管理与分析

制订企业的销售计划（包括公司、分公司、部门、销售员个人），并以此进行追踪确认，通过相关系统的资料汇总总结，可以及时调整销售政策、销售方向，最大可能地完成企业的销售计划。这是客户关系管理的基本功能，使销售人员的基本活动实现自动化。

（三）市场管理与分析

企业每年在各种市场活动中投入巨资，但是很难计算每次市场活动究竟为企业带来了多少销售成果。客户关系管理系统可以对市场活动从参与客户、销售机会、销售任务，直到销售订单进行全程跟踪。市场管理与分析通过对市场活动进行设计执行和评估来帮助市场人员做出正确的抉择。

（四）客户服务管理与分析

完善的售后客户服务是留住客户的主要因素。它把客户服务组织从一个成本中心转换为赢利中心，基于事件管理的思想，提供包括创建、解决、分配、反馈、跟踪、回访等节点在内的闭环处理模式。客户服务管理可将客户化的操作界面设计赋予用户，主要包括客户报修、服务历史记录查询、技术支持、投诉处理、预约维修、派工、维修信息反馈、费用结算及回复各项业务的广泛的业务功能。企业可以根据自己的需求简单定制衔接顺畅的工作流程，此外，通过与备件系统、财务系统、ERP 系统等的集成优化，构建功能完善、高效的企业售后服务、质量跟踪、人员考核体系。

四、电子商务环境

在国际国内经济双循环的背景下，电子商务已成为活跃现代经济社会跨越发展的重要产业。基于技术含量以及产生附加值高的特性，加剧产品的交易方式以及引发流通模式的变革，为电子商务的高速发展奠定重要基础。在今后发展时期，电子商务逐步迈入智能化、资源集约化以及成本低廉化。

电子商务是在技术、经济高度发达的现代社会里，人们利用信息技术，按照一定的规则，系统地运用电子工具，高效率、低成本地从事以商品交换为中心的各种活动的总称。电子商务有广义和狭义之分，狭义的电子商务也称作电子交易，主要指利用互联网提供的通信手段在网上进行电子交易；广义的电子商务也称作电子商业（E-commerce），是指以信息技术为基础的商务活动，包括生产、流通、分配、交换和消费诸环节中连接生产和消费的所有活动的电子信息化处理。电子商务的特点体现为下列几点。

（1）快捷性。从包括从网络洽谈、确认订单、合同签约到完成支付结算，以及产品交易达成等一系列程序，通过互联网络的虚拟环境下快速进行，呈现快捷、高效与交易虚拟化、数字化的特点。

（2）低成本。通过物联网络产生商务活动，减少交易中的冗余环节，提升快速的市场反应能力，从而实现敏捷生产、敏捷制造和敏捷交易。此外，电子商务加速推进无库存生产和无库存销售的模式，大大降低交易成本和提升交易效率。

（3）安全性。安全性是任何产品交易的首要问题。在电子商务中，信息窃取、病毒感染、信用威胁和非法入侵无时无刻都在威胁着交易的安全。电子商务通过提供一种基于网络的端到端安全解决方案，其涉及数据加密、数字签名、分布式安全管理、非法入侵监测、安全认证协议等来保证网络交易的安全，大大提高电子商务活动的安全性。

（4）协调性。基于契约关系使交易中的供应商、生产商、零售商紧密联系起来，以及企业内部与客户相互间建立相应的信任机制，形成生态圈中的资金流、物流和信息流相互协调、有序运转的闭环，加速电子商务发展过程的智能化、集成化与自动化，推进金融、配送业务、网络通信、技术应用等各部门协调运作。

此外，电子商务还有普遍性、整体性、集成性等特点。

电子商务综合运用计算机和电信网络技术，已成为传输、管理和运行商务事务的新方式。由于对全球性市场的上百万客户提供了成千上万种产品和服务的网络访问，所以电子商务在很大程度上简化了商务流程，提高了社会生产率，加强了企业参与商业竞争的能力。

第二节　智能物流与供应链系统

供应链是跨越企业中多个职能部门活动的集合，最初起源于 ERP，它将企业活动中包括制造、采购、财务、仓储、销售、服务等各环节的组织、协调和控制，进而构建企业内外部系统全链条、全过程的协同优化闭环。供应链管理中的基本决策内容包括位置（Location）决策、生产（Production）决策、库存（Inventory）决策、运输（Transportation）决策。

作为企业管理的重要一环，智能供应链系统是实现物流管理优化与推进生产经营正常运行的基石，达成数据链与生产链、物流链和资金链等多链融合集成，完善供应链实时物流动态监测，加强潜在风险的分析和评估，为供应链云端协同一体化运作提供数据支撑。企业必须以客户为中心，以市场需求为驱动，通过智能供应链优化供应链业务流程和重塑生产关系，将企业的供应链运营由“推式”向以客户需求为原动力的“推拉式”供应链管理模式转变。优化营运流程，提升资源配置效率，使得企业各种业务和信息能够实现协同和共享。

随着全球信息网络技术的应用与发展，全球化市场的形成及技术变革的加快，新产品的竞争日益激烈，企业面临着不断缩短交货期、提高质量、降低成本和改进服务的压力。所有这些都要求企业能够做出快速反应，源源不断地开发出满足客户需求的、定制的“个性化产品”去占领市场，以赢得竞争。敏捷制造正是基于这样环境而提出的新思想。作为企业先进的经营管理思想。敏捷制造强调在竞争—合作—协同机制下，为赢得竞争优势以敏捷动态联合的方式组成动态联盟体，构建先进柔性技术、组织管理优化与高技术、高知识人员三者的全面集成、相互协调的优化闭环，并在工业生产中将可编程的模块加工单元集合成可重新组合、柔性高效的信息密集型制造系统，加速知识、技术、设备和人的集成管理和统筹优化。加快产品的创新步伐，实现生产工艺的高效配置，适应对市场需求和生产进度作出快速响应（速度、灵活性和响应性）。敏捷制造是 21 世纪国际竞争的主要形式，它对供应链提出了更高的要求，由此引申出了敏捷供应链的概念。

一、敏捷供应链的概念与功能

敏捷供应链（Agile Supply Chain，ASC）是指在竞争、合作、动态的市场环境中由各实体组成的动态供应网络。供应链管理的主要内容包括管理以各种形式的订单（或协议）为媒体的供应商与客户之间所进行的交易与协调、后勤与服务以及认证与支付等。在敏捷供应链中，计划和协调各实体之间的物流、资金流、信息流和增值流，增加动态联盟对外环境的敏捷性是敏捷供应链管理的主要任务。为了达到以最低成本、最短时间、最高质量满足客户个性化的需求，敏捷供应链管理系统必须以单个订单为单位，快速制订出订单的执行计划，并保证计划的可行性。

与一般供应链系统有所区别，敏捷供应链特点体现以下几点：一是可以根据动态联盟的相关变化（联盟创建与解体），较快完成系统的调整和重构；二是强调敏捷供应链管理加速企业间的重组（或联合），提升企业对市场的敏捷响应能力；三是阐释供应链自身具有的敏捷性和可重构要求，强调在战略、资源、组织以及能力等方面的重构与优化，达成动态联盟优质服务和快速响应的需要。

敏捷供应链支持下列功能。

（1）拓展企业间迅速结盟，加速动态联盟在信息、资源、组织、技术等要素的优化运行，有解体需求时平稳解体。

（2）支持动态联盟企业间敏捷供应链管理系统的功能，达成信息集成、资源优化，并能够跨域重构、动态组合集成其他供应链管理系统。

（3）结盟企业根据敏捷生产制造要求以及客户需求，对生产计划、经营策略和管理方式作出统筹协调。

敏捷供应链的实施，加速企业生产模式由单一库存生产模式向敏捷制造转变，达成企业间供应链管理中资金流、物流、信息流的集成与控制优化，构建系统、组织、管理、技术的集成优化闭环，提升柔性制造能力的同时，全方位提升产品（或服务）的可靠性和精准度，满足客户多样化需求。构建以数据驱动为核心的供应链集成，掌握生产商、供应商以及客户的多维度的详细情况，合理统筹控制进货批次、质量以及安全、成本等，由单个企业供应链信息集成，向快速实现上下游企业的全供应链协同转变，对整个供应链体系实现事前预判、事中监控、事后评估的全过程控制管理闭环。同时，敏捷供应链的实施，加速企业间物流与供应链相关各环节的业务流程、需求计划、人力配置以及运营方式的重构与优化，提升企业间的敏捷性。

二、敏捷供应链的相关技术

作为一项复杂的系统性工程，实现敏捷供应链管理涉及众多技术领域，其中两个关键技术领域是供应链管理的系统和信息集成的快速可重构。与上述两个相关的关键技术分别为统一的动态联盟企业建模、分布计算技术及其管理技术软件重构技术、对遗留系统的封装技术，以及动态联盟企业信息的安全保证技术。

（一）统一的动态联盟企业管理技术及建模

为了使敏捷供应链系统支持动态联盟的优化运行，支持对动态联盟企业重组过程进行验证和仿真，需要构建一个能描述企业运营机制和组织结构、制造资源和业务流程运行关系，以及构建相应的协调、控制和评估机制，来构建优化区域内集成化企业动态联盟模型（包括面向动态联盟的企业信息模型、工作流模型以及资源模型等）。在此模型中，加速推进联盟企业信息流、物流和资金流的动态配置以及组织、技术和资源的集成优化。

（二）分布计算技术

分布、异构是供应链动态联盟企业数据技术集成的重要特征，而Web技术是提供联盟企业间的内部信息集成与共享，形成供应商、制造商以及客户之间供需的实时数据的收集与评估。Web技术有操作简单、易于维护的特性，能够将不同类型的信息资源进行系统集成与整合优化，构建出人机交互、功能完备的用户界面。在Web环境下开展供应链的管理和运行，Web能够支持为网络各种信息资源的访问和传输、服务、维护，加速内部信息网构建。但是，Web效率不够高，应用处理复杂的交互操作亟需解决与研究。

（三）软件系统的可重构技术

重构是软件结构的重新设计和重构操作，具有容易扩展系统功能的结构或者形状。实现敏捷供应链管理系统重构的关键，是构建合理的可重构体系结构。基于软件代理的设计方法，通过不同中介代理对功能实体的封装来解决上述问题，完成系统的重构以及对于原有系统的重用，不断调整软件内部结构的可维护性、可理解性和可扩展性，为软件代理在复杂系统的扩展优化以及原有系统的演化集成重构提供技术支撑。软件代理基于自身系统的智能性，在感知环境变化的同时，可进行自我控制与调整，并对环境产生影响。

（四）对遗留系统的封装技术

集成遗留系统是实现敏捷供应链的基础与前提。其基本要求是通过不断发展的软件分析技术与服务化生产技术对遗留系统进行必要的切分和封装，推进遗留系统扩展性的智能化、自动化，使封装后的遗留系统持续正常运行态势。它可以分为三种不同的封装方式，分别是直接数据库访同、内部函数（模块）调用以及用户仿真等方式。

（五）Internet/Extranet 环境下动态联盟企业信息安全保证技术

在动态联盟中，企业成员呈不规则动态变化的。通过动态联盟单一企业业务流程与管理优化与集成，加速联盟内企业相互间运行机制、数据资源乃至安全技术等要素等的重组优化。动态联盟企业网络安全技术的框架确保相对完整，又符合现有主流标准，遵循执行规范标准，确保系统的互操作性与可扩展性。

第三节　产品智能服务系统

智能服务系统是智能工厂的重要服务支撑，是对智能制造的各阶段、各节点提供数据挖掘服务和知识推送服务，使智能制造过程围绕客户需求展开和延伸，可更好贴近客户需求。

产品智能服务系统基于云计算和大数据技术，通过数据采集设备，运行数据并上传至企业数据中心，系统软件对设备运行状态实时监测与评估，并通过机器学习和大数据分析多源、异构的运行数据，提前预判设备风险预测预警，构建端到端的智能运维优化方案，并进行健康管理。建立覆盖全生命周期的的产品智能服务系统，实现资源有效配置，驱动组织业务管理创新，对企业创造价值具有重要的意义。

日本日产公司提供了智能机器人健康服务系统。设备运行工况的复杂和设备多样性问题是设备健康评估的最大挑战。为了避免由于故障造成的停产损失，2010 年开始在数量庞大的工业机器人健康管理方面引入预测分析系统，使用控制器内的监控参数对其健康进行分析，根据设备实时状态进行维护计划和生产计划调度。在机器人建模分析中，根据每个机器臂的动作循环提取固定的信息统计特征，如均方根值、方差、极值和特定位置的负载值等，并采用同类对比的方法消除由于工况多样性造成的建模困难，通过直接对比相似设备在执行相似动作时信号特征的相似程度找到利群点，作为判断中期故障的依据。分析流程：第一，选择关键部件（如机械臂驱动马达）；第二，数据采集（如负载、扭矩、位置、周期时间、机器人型号等），第三，信号处理与特征提取；第四，健康建模（如相似性聚类定位等）；第五，故障诊断。在聚类分析过程中，根据设备型号和使用时间进行第一轮聚类，根据设备任务、环境和工况等进行第二轮聚类，如扭矩最大、最小和平均值等，形成机械臂虚拟社区（机械臂执行相似动作时，上述特征分布十分相似），然后比较个体与集群的差异性判断异常程度，使用的方法有 PCA（主成分分析）—T2（设备与集群的偏离程度，其分布符合 F 分布的特征，可以按 90%~95% 的置信区间确定控制）模型、高斯混合模型、自组织映射图、统计模式分析等。

美国通用电气航空集团（GE Aviation）提供了波音 767 的 CF680 发动机、猎鹰 2000 喷气式飞机的 CFE738 发动机、军用 A10 攻击机的 TF34 发动机、C5 运输机的 TF39 发动机等航空发动机，及其控制系统和售后维修服务等业务，在航空公司不愿花钱对发动机进行大型常规保养或及时检修的前提下，向航空公司提供航空发动机“飞行使用时间服务”的产品智能服务的创新模式——“由公司承担航空发动机的购买、维修、调试、更新升级，向航空公司租航空发动机，卖发动机的飞行使用时间，不需航空公司另外付保养维修费用”，公司逐渐发展成为提供智慧航空运营服务的杰出代表。

三一重工股份公司从 2008 年开始实施物联（从数据的采集、通信、汇集到大数据平台）的实践，目前有 20 万台设备共 5000 多种参数连接在企业控制中心（Enterprise Control Center，ECC）系统，实时监控设备的运行数据，并进行故障报警、故障预测、配件预测智能服务、辅助研发和信用管理等智能服务。三一重工产品智能服务系统对特定故障预测建模时，需要对采集的参数类型、采集频率、数据质量等进行针对性定义和部署，不完全依靠现有数据去挖掘和分析。而且工业数据是有工程机理的，对数据的质量有明确的需求，数据分析需要与工业逻辑相结合。在此基础上，分析主要的问题清单，有针对性地考虑采集数据，以什么精度、用什么频率、跟哪些数据匹配等因素，并基于应用方向和目标区进行部署。

第四节　基于物联网的智能运营管理服务平台

智能化、数字化管理是企业转型的核心，涵盖企业战略、组织、运营服务等环节的方方面面。全面推进智能化、平台化建设，加强物联网、大数据、北斗定位等技术与高铁施工、生产、存储、配送，以及运营管理各环节的深度融合，推进生产模型数字化、生产数据在线化、生产管理透明化、生产预警自动化，从而全面提升工厂的运营管控能力、决策分析能力，实现专业化、实时化和智能化的运营管理。

一、智能数据采集平台

智能数据采集平台主要利用工业物联网技术，连接产品、设备及各种生产控制系统，能够提供生产现场（生产、管理、工艺与服务）实时数据，实现生产智能化的过程，从而建立智能制造系统与生产现场之间的联系，进行生产端和控制端的数据资源全面集成，优化业务流程，为柔性、高效、协同生产提供信息支持。

在双块式轨枕智能工厂生产实践中,对现场生产设备及检测设备的智能化改造，具体有以下几种手段。

(1) 数控编程设备迭代更新，提高生产制造智能化、自动化，普及 CNC 设备及机器人的使用，使生产线更加柔性和实时掌握更具价值的多维度数据。

(2) 将有监控能力的各类传感器涵盖到制造工艺、生产调度、运维服务等阶段，依托 CPS 系统构建获取信息、传递指令的优化闭环，满足数据采集需求，实现科学决策。

(3) 利用物联网、数字孪生等现代技术，给产线、设备加装终端电脑（工业平板电脑），方便设备运行数据采集，为智能制造顺利进行提供保障。实践证明，只有对现场情况的充分掌握，即有准确的数据输入和及时准确的信息反馈，才能确保各类智能化应用，实现业务管理的闭环。

二、智能运营管理平台

构建以数据为基础，覆盖“云一管一边一端”智能化系统集成与服务的智能运营管理平台尤为关键。一是横向层面，围绕智能制造和运营管理各项数据的集成和融合，支撑企业（包括财务、战略、资金、人力、供应链）等关键部门与其他业务板块间的管控协同，为企业经营决策提供支撑。二是纵向层面，企业管理层通过制造系统工艺板块及重点工位单元数据分析与评估的基础上构建数据闭环，有效支撑生产过程优化和构建精准、高效及持续优化的运营能力。其宗旨是以精益生产为指导思想，围绕计划、派工、作业、库房、质量等若干方面的以人为中心的生产管理，对生产排期进行制定、分解、督办、反馈，达成物料、工具等相关辅助工作的协同制造，将计划生产、调度管理、物流仓储、质量检测及智能运维集一体，用数字化的媒介和手段实现生产过程各环节的信息共享。

通过智能运营管理平台，促使生产方式、管理模式、业务组织、创新协作等方面加快数字化转型，快速响应敏捷生产、产品溯源加工制造等信息整合优化，促进生产过程精细化、透明化，有效地提升生产效率、产品质量，并降低生产成本。

（一）基础数据管理

基础数据一般可分业务、工艺、系统设置参数等三类基础数据。第一类业务基础数据，如企业组织架构、人员、生产加工单元（设备及非设备资源）、工具工装、工厂及设备日历等信息；第二类工艺技术数据，包括对产品及零部件、BOM 层级、工艺种类、工艺路线、工艺参数要求、工艺版本、工时定额等基础数据的维护；第三类系统设置参数定义，实现对原材料、成品、系统属性、功能属性、系统字典等进行分类定义，通过系统功能的配置化管理，按照物理对象和逻辑对象实际的生产操作或功能建立对应的执行逻辑。通过企业组织架构管理，实现对企业各部门基础信息的管理与维护，包括部门名称、部门信息、部门所属类型等。对工人工作班次、工时、人工成本、所属工段班组、技能等级、培训情况等属性信息进行管理，同时分配工人可操作及管理的设备。

系统安全对于企业非常重要，防止企业运营的信息泄露，需要进行详细的权限设置管理。系统能够按部门、人员 / 岗位定义相应角色，进而分配相应的操作及管理权限，员工仅能查看个人相关的业务信息，无权查看或操作业务范围之外的信息，可有效防止人为及误操作现象发生。

（二）智能计划管理

在计划管理模块中可以对计划进行分解及相关操作。生产计划一般可以分为订单计划、生产任务，生产计划一般是指由 ERP 系统生成的主订单计划（也叫节点计划），而在 MES 中的生产计划，主要是依据主订单计划分解出的生产任务。对没有

ERP 系统的制造型企业，MES 还需要具有建立计划任务的功能，通过 Excel 导入或者手动创建等方式建立生产计划。

计划管理模块主要针对生产计划的制订、分解、修改、停止、统计等计划管理功能。生产主计划可直接读取公司计划系统数据或手工创建多级作业计划，并能够方便地手工调整。在计划管理模块中创建批次订单后，系统将根据产能、订单优先级、物料、设备、工作日历等关键约束条件进行工序级计划排程，并将排产结果生成派工单和生产任务准备单用于指导生产。

对于离散制造企业来讲，插单情况时有发生，在生产过程中不可避免，计划管理模块需要具备紧急插单功能。系统会根据插单任务的优先级将其放到整个计划序列中，并明确标识，便于计划员对该任务的特别处理。如果插单任务比较紧急，那么已经制订的正常生产任务就要为其让路，优先保证该插单任务的完成，但在这种情况下，容易对生产计划造成较大范围的影响，甚至会造成很多正常生产任务的脱期。这就需要通过调度功能进行相应地调整，尽可能不影响或者少影响正常的计划任务。

在计划管理中，通过图形化的展示界面实现生产订单的状态监控。现场操作人员对派工任务及时执行并反馈进度，系统实时显示实际的生产进度。可利用系统产品结构树查看每个订单信息和工序状态，包括投产状态、计划数量、计划交货期、所用时间、提前（或延迟）时间、已完成数量等，所有信息一目了然。

其他功能还有：计划状态监控，便于计划开展，工序进度的状态与跟踪；用不同颜色标识工序进度情况以及所处工位；关键节点的计划监控与展示；订单结构化的进度展示；订单进度的统计与分析。

（三）智能作业管理

作业管理模块主要包括发送生产准备指令、生产任务调度、生产任务下达、零件流转卡管理等功能。对多级计划管理体系的生产管理模式，任务下达班组或者直接指定到具体工人，调度人员可根据现场情况，将生产任务在班组间调配，实现各班组均衡化生产。

系统根据计划任务自动生成生产准备指令，内容包括产品名称、图号、工序名称、设备名称、工时等各种信息。根据车间排程后的生产任务，以物资需求计划为基础，在对工艺、工装、刀具、物料等生产资料进行验证检查后，将生产准备计划发送至相应相关部门及人员，便于提早开展准备工作。对未准备就绪的工作，系统会向相关系统、部门发送指令，敦促其按生产任务进行及时准备，从而实现生产过程的协同。

作业管理模块还具有外协管理功能，包括外协计划的分解、修改、调整、完工反馈、统计分析等功能，以及外协流程审批管理功能，并记录外协相关内容，如外协工序、外协车间、外协厂家、外协原因等相关信息。

车间现场作业模式大体有以下基本形式：单品身份证、工艺流转卡、派工报工。这些方式在一个工厂（或车间）中是数态并存，协同发展，但管理的目标之一就是达成趋同性，主张协同融合，精益管理，实施更为扁平与敏捷的作业模式，降低施工成本与优化管理。

（四）协同制造平台

协同制造平台充分利用网络技术、信息技术，将原来传统的串行工作变为并行工作，实现生产准备、现场作业的协同进行，包括对工具、工装、物料、工艺等准备状态管理，以及生产过程中的各种异常处理、统计分析等功能，有效避免由于生产准备未完成，例如缺少物料、工艺等情况而影响生产的正常进行。

生产管理人员可方便地查看计划准备情况、在制品信息、工序状态、质检信息以及生产设备详细运行信息等内容，可以查看工单执行进度与在制品进程等动态信息，便于采取科学措施来应对生产过程中的各种变化。系统还可以与其他上下系统进行协同。从接收厂级制造任务到产品交检完工人库，在各项业务执行过程中，当出现各种异常问题时，系统会按照不同的问题类型，向OA、ERP、PLM、CAPP、EAM、DNCMDC、计量管理等对应信息化系统发起处理流程，并实时显示问题处理进展。

协同制造平台还提供丰富的查询功能，可按时间、工单、零件进行相关信息查询，提供工单实际工时分析统计功能，为标准工时制订提供数据依据。

（五）智能物料管理

制造活动离不开物料的移动、配送、仓储，智能物流是智能化制造的重要环节。大多制造企业的进货物流、出货物流已普遍交由专门的物流企业承担，而物料适时、适量地配送到企业生产线各个工序的上线物流，也开始委托专业公司来承担。通过工业互联网，可有效掌握物料的移动、调度、仓储，对物料跟踪追溯，减少差错，降低库存，提高效益。

传统生产模式下，企业对物料的管理往往停留在手工管理的层面，主要是由库管员通过纸质单据或者电子表格管理。由于车间现场生产繁忙，每天收发工作任务繁重，经常记录不及时，导致月末盘点账物不符，管理不够精细化。

由于库房与生产计划缺乏直接联系，现场人员不了解库存情况，库管员也不了解现场情况，只能被动地等待现场人员来领料，不能根据现场计划作业情况提前做准备。现场和库房之间没有及时有效的沟通手段，导致现场人员不能准确告知库管员“我在什么时候，需要什么物料，需要多少”，而库管员也不能准确告知现场人员“我能为今天生产任务提供的物料可用数量是多少”。为了解决这种矛盾，不影响正常生产，企业往往会增加库存量，导致库存成本居高不下，但由于临时订单、工艺变更频繁出现，仍然不能避免物料短缺的情况发生，影响了生产的正常运转。

从精益生产的角度，当然希望库存越少越好，但是受到供货批量、供货半径、运输成本等因素的影响，有时库存又是必需的。建设智能仓储和配送系统是实现智能生产的重要组成部分。智能仓储和物流系统的建设首先要根据企业存放物料的要求，进行全厂的物流规划，包括仓库的选址、仓库的形式、作业方式、货位单元的形式及规格、库存的容量、货位运输配送的方式等。这里本书仅就系统的基本构成和应该具备的功能进行描述。

1. 入库管理

从 ERP 系统读取采购订单、供应商到货单，开具质检单，进行质量检测，合格后分配货区货位，配盘，上架，完成入库记录的维护。一般用条形码或 RFID 进行物流的跟踪。

2. 出库管理

出库包括销售出库和生产领用出库。机械制造业最复杂的出库是生产出库。生产出库是生产计划部门根据生产计划（可以是批量的，也可以是准时制 JIT）、物料清单 BOM，开具领（送）料单，库房读取出库单，指挥堆垛机械进行出库作业。堆垛机械可以按照准时化生产的要求进行多品种物料自动下架处理，经过运输机构送至分拣台。分销售出库是销售部门开具销售出库单，装载机出货，按照客户订单装箱、装车。

3. 盘库管理

根据周期盘点、分区盘点、动态盘点等不同的盘点策略，在堆垛机和条码的配合下，进行实物盘点作业，生成盘亏盘盈表，经过流程审批，更正库存数据。

4. 库存分析

进行库存资金占用分析、呆滞物料分析、盘亏盘盈分析、库存周转天数分析等。

（六）智能设备管理

在设备管理模块中，包括对设备的台账、维修、保养、备件等常规管理功能，也包括通过与设备数据采集系统(MDC)进行集成,实现对设备实时信息采集与管理。

1. 台账管理

从 ERP 系统中获取与设备相关的固定资产信息，构建 MES 设备台账信息，生成设备台账报表，设置设备基本信息、指定操作人员、工作时间等，也可对设备进行分组管理、分工段管理，以及支持设备盘点、设备调入 / 调出、备品 / 备件管理等功能。

2. 保养管理

自定义设置设备保养内容、时间、规则，也可设置周期性保养提醒规则，根据设备近期运行状况进行保养提醒。临近设备保养时，系统自动提示，相关人员进行日常保养，登记保养记录。

3. 设备点检

MES 提供设备点检计划的维护和管理功能，对于已经制订的点检计划，MES 系统根据点检项目及点检频率，自动对设备进行点检操作，点检结束后将点检结果录到系统中。

（七）实时信息采集

通过与 MDC 模块集成，借助先进自动采集技术对生产设备进行实时、自动、客观、准确的数据集成，加速生产过程精益化、透明化管理，提供生产数据的反馈评估，比如，制订的生产计划是否科学，是否需要重新调整等。

现场信息管理模块主要用于现场操作工人进行加工计划接收、技术文档调阅、工序报检、完工确认以及配套性分析（包含工装、刀夹量具、原材料、装配件等）。工人可以用 PC、手持移动终端、手机 APP、平板电脑等多种方式进行登录操作。

通过现场工作站扫描工卡登录系统，工人进行上岗开工、任务签收、查询信息等操作。班组长通过派工单、零件图号等查询条件查看班组的生产进度、计划完工时间、预计完工时间、质量情况等信息。

系统支持条码扫描方式完成物料交接、派工任务接收、检验报工等。可以选择按工序开工或者按产品号开工等模式，工人接收工作任务开始加工，任务完成后，可通过完工汇报将计划实际执行情况反馈到系统中，实现订单跟踪等闭环管理。根据生产模式，可设置任务协作（多人同时完成一项任务），支持单人或多人报工。

由于现场管理界面主要是为现场工人使用，界面与操作应该简捷、简单。

操作简捷：班组长派工时只需一次操作，工人也只需两次操作就可完成任务接收与完工反馈。

方便操作：系统支持条码扫描、触摸屏等信息输入方式。在触摸屏上来用大图标的形式，方便工人现场操作。

界面清晰：未派工、已派工、未到、在制、已完成、外协等分类显示，自由选择。

技术文件：工艺文件、图纸、3D 模型均可在线直接浏览。

检验信息：检验标准、检验结果都可以在线查看及录入。

统计分析：可以自定义人员、时间段、设备等条件进行工作任务查询与统计。

（八）智能质量管理

质量管理模块主要是解决车间层面生产过程中的质量活动及质量管理等工作，包括生产过程质量数据管理、半成品质量管理、质量跟踪与追溯、质量统计分析等。质量管理模块可通过现场终端以及各类自动化检测设备，实现过程质量信息自动采集。比如通过与自动检测设备进行联网通信，实现对产品合格、不合格品质量统计以及每个产品生产过程数据的记录与管理。

质量管理模块的主要功能如下。

检验计划和车间生产作业计划全程绑定，在接收检验计划之后，检验人员可以方便地进行检验准备与及时检验。

具有质量信息录入、处理、查询、追踪、打印等功能，支持条码和工位终端等输入方式。

能够进行包括首检、自检、巡检、关重件及关键工序在内的生产加工过程质量检测记录，显现零件每道工序形成的质量特性。

对不合格品经审核检测，按处置通知单书确定返工、返修以至报废处理。

批次管理：根据质量分析结果，针对问题批次件进行反向查询，方便产品出了质量问题后召回。

单件管理：根据产品数据信息集成和设计，追踪关键零部件件的单件批次以及条形码读取，进而追溯零部件的生产过程质量等相关信息，包括操作过程、质量信息等。

对产品质量进行多维度分析与展现，发现规律及趋势性问题，有利于提升产品质量，并提供打印、输出（EXCEL）等功能。

（九）智能远程运维管理

利用网络和数字化的技术手段，整合和优化配置智能运维全过程资源，使技术信息内容与生产实际过程实时同步，形成信息管理闭环。智能远程运维通过数据融合和分析挖掘，为故障分析预测、维修时机策略、成本控制提供决策支持，提升维修质量。

（1）建设健康管理数据平台和结构化的数据标准，实时采集、集中、融合智能装备及其部件的设计制造初始性能数据（包括设备履历、运转状态等）的全面集成，以及数据筛选、数据标准化等方面的预处理，实现平台状态监测、故障预警与运维决策的动态优化，解决当前轨道交通产业面临数据共享、数据治理的问题。逐步推进基于大数据分析的智能运维在轨交领域不断拓展突破。

（2）以故障应急处置为核心，整合运用远程预警、数字可视化模型、人工智能以及数字建模等各类技术手段，将故障描述、故障处置、应急预案以及故障趋势等进行科学分析评估，构建轨道交通装备故障诊断系统集成与健康管理的优化闭环，实现装备运行的智能监测、智能控制以及智能联动，达成运维策略优化、应急处置敏捷、故障诊断精准、组织生产高效以及智能运维与智能决策持续优化。实现生产运营数据管理、检修保养管理、故障及修复状况记录、设备性能分析、设备报废管理的全生命周期管理。

（3）通过智能装备及各子系统运行状态综合评判，借助健康等级评定算法，智能识别和评估轨道交通车辆装备的健康度与运行的安全性，加速由传感器实时监测与诊断向预测性维护转变。基于故障预测与健康管理技术，实现设备运行潜在故障的智能识别与预测评估和，并运用知识深度搜索技术，对故障信息来源快速定位。

（4）对智能装备及部件运行状态进行监测，对故障发生规律进行建模分析，实现装备故障智能诊断；经大数据分析、设备健康评估模型、维修决策模型，对设备运行数据进行智能分析与挖掘评估，为视情维修决策的优化提供依据，构建知识库和模型库；通过对海量运维数据进行收集挖掘分析，为设备制造商的后续产品改进设计提供参考依据，也为应急指挥和故障处理提供支持。

（十）智能决策支持

对计划、执行、物料、设备、质量等数据进行全方位、多维度地查询、分析与展示，为公司管理人员、相关使用人员提供各种统计分析报告，为智能决策提供数据支持。

1. 查询功能

通过各种条件进行查询并有效指导生产，常见的查询有以下几项。

生产进度查询：包括该订单处是否已经投产，交货期能否准时，是延误还是提前，具体差异多长时间。以产品、部件、零件、工序等多级别展现，结构清楚，一目了然。

生产盘点：按车间、时间、产品代号等相关要素对组织生产进行核查。核查投产数量、装配数量、废品数量及结存数量。推进成本核算准确规范，优化生产管理效益。

生产月报：按月制定进度计划，便于管理者掌握生产进调度、产品质量、环保节能等情况，对本月计划进行详细查询等，为评估科学决策提供依据。

完成情况汇总表：显示完成的计划任务，如本期投入、计划完成数量、实际完成数量、完工工时统计等信息。

交检表：可按不同分类统计车间工序交检及工序质量情况汇总。

产品不合格统计表：评估已完工和在制计划部件出现返修、返工等状况。

通过与 MDC 系统进行集成，可查看设备开机率、运行效率、空闲等待时间、任务正点完工、延迟完工等信息，为合理制订生产计划提供准确依据。

2. 分析功能

通过对相关数据进行全方位的挖掘与分析，及时发现问题，优化生产过程，提升生产效率与产品质量，并有效降低生产成本。

支持生产管理、技术、设备、质量等部门对生产过程进行监督、分析与优化。比如，生产进度实时报表可供管理决策者及时掌握生产整体计划与进度，对生产计划执行情况、工程作业情况以及设备、物料、成本、质量等进行多维度的综合分析，隐性问题显性化，有助于为生产效率、产品质量提升以及生产成本降低提供决策依据。

（十一）系统集成

为了实现设计、制造和管理三位一体，需要将MES与ERP、PLM、DNC/MDC等系统之间进行集成，实现数据在不同系统之间的共享和有序流动。主要集成的数据流有下列内容。

ERP从PDM/PLM获得产品数据中的零件属性及物料清单（BOM）。

CAPP将工艺路线、材料、工时等信息传递给ERP系统及MES，将工艺路线及相关信息下发DNC系统。

PDMPLM与MES单向集成。PDM/PLM系统将工艺BOM、零件属性等信息通过接口传递给MES。

ERP系统与MES双向集成。ERP系统将生产任务和物料信息通过接口传送给MES，MES将任务完工和设备状况反馈给ERP系统。

DNC系统与PDM/PLM系统双向集成。PDM/PLM系统将工艺BOM、零件属性等信息传递给DNC系统，DNC系统将定型后的NC程序提交到PDM/PLM系统归档管理。

MES将生产任务等准备信息发给DNC系统，DNC生成的刀具清单传递给MES的库房管理模块进行刀具准备，并通过MDC将加工进度等信息回传给MES。

一般情况下，DNC/MDC是一体化的系统，DNC中的程序等信息从内部传递给MDC模块，MDC进行程序信息与采集信息关联，形成更丰富的展示内容。如果DNC与MDC是两个独立的系统，则需要进行以上的集成。因越来越多的PLM已经包含CAPP的功能，在这种情况下，集成工作更为简单，MES/DNC所需要的工艺路线等信息可直接从PLM中读取。

第十章
基于数字化车间的智能生产系统

制造业的生产方式直接决定着智能制造的水平与国际地位。智能生产是将信息技术、现代管理技术和制造技术相结合，按照工艺设计要求，实现对智能调度、物流配送、工艺执行、智能排产、质量过程控制、设备运行及状态监控等生产各环节、各要素的数据采集、存储、处理分析和决策，达到设计制造一体化、管控一体化的目标，推进企业可持续发展。

智能生产系统是实现智能生产的关键，在制造过程中通过自学习、自控制、自优化功能，加速推进人机协同交互、生产精准控制以及智能决策与优化。借助5G、物联网、数字建模等信息技术，对生产制造中人、机、物之间实时数据的集成评估与动态优化，构建智能生产、质量管控乃至科学决策的闭环，最终实现生产全过程的精益管理，促成高效生产。

本章就智能生产系统的组成，柔性制造技术的特征及在生产管理中的应用，精益管理与智能生产之间的相互关系，以及推动智能制造高质量发展等若干问题进行阐述。

第一节 智能生产系统的总体框架及构成

基于数字化车间的智能生产系统根据产品工程技术信息、车间层加工指令，结合车间物流和刀具管理系统，优化零件毛坯加工作业的调度、制造等活动，缩短生产周期、降低成本、生产更有柔性化。

一、智能生产系统的组成

智能生产系统是工厂信息流和物料流的结合点。在现代企业中，智能牛产系统由不同的生产车间组成，车间是智能生产系统的核心。智能生产系统由生产过程中所需要的智能化设备、操作人员、生产数据以及相应的体系结构和组织管理模式等组成，具体包括车间控制系统、加工系统、物料运输与存储系统、刀具准备与储运系统、检测和监控系统等。

（一）智能生产系统的组成及结构

1. 车间控制系统

车间控制系统是智能生产系统的重要组成部分，它由车间控制器、单元控制器、工作站控制和自动化设备本身的控制器以及车间生产、管理人员组成。

美国国家标准技术研究所的自动化制造研究实验基地（AMRF）将智能生产系统中的车间控制系统按照五层递阶控制结构模型，分为车间层、单元层、工作站层和设备层。如图 10-1 所示。

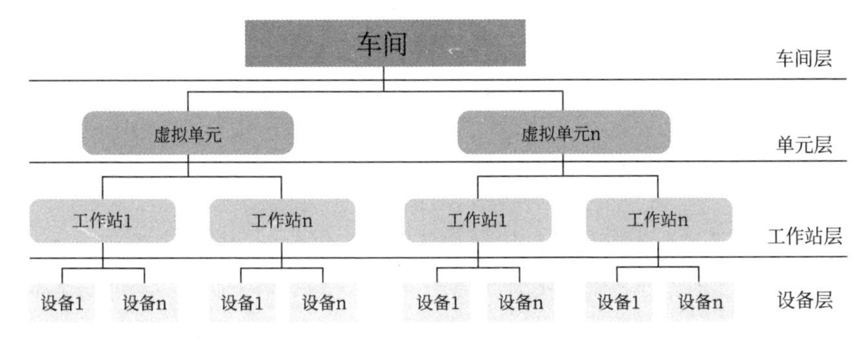

图 10-1 车间控制系统的递阶控制体系

车间层是车间控制系统的最高级，它将工厂下达的生产作业计划进行任务分解和调度，同时将车间的生产作业信息反馈到工厂，完成任务分解和信息反馈功能。

车间控制器是车间层控制系统与外界交换信息的核心与枢纽，具有三大功能。

计划：根据 MIS 下达的主生产作业计划和工程设计系统提供的生产工艺信息制订车间某时期内的生产计划。

调度：根据产品制造的计划排期及实施情况，构建资源配置和组织生产协同优化的闭环，确保车间按质按量推进任务。

监控：利用监控技术将生产各单元中出现的相关异常信息反馈至车间调度决策模块，并通过设备控制模块进行实时数据调控和参数调节优化，为智能生产提供决策依据。

2. 加工系统

加工系统是 MAS 的硬件核心。常见的加工系统类型有刚性自动线、柔性制造单元（FMC）、柔性制造系统（FMS）、柔性制造线（FML）和柔性装配线（FAL）等。

刚性自动线将各种刚性自动化加工设备和辅佐设备按一定的次第连接起来，在控制系统的作用下结束单个零件加工的凌乱大系统。它一般由刚性自动化加工设备、工件输送装置、工件切削输送装置和生产控制系统等组成。加工设备分组合机床和专业机床，可以采用多面、多轴、多刀，对固定一种或少数几种相似的零件同时加工，所以自动化程度和生产效率均很高。应用传统的机械设计和制造工艺方法，采用刚性自动线可以进行大批量生产。但是，其刚性结构导致实现产品品种的改变十分困难，无法快速响应多变的市场需求。

柔性制造单元（FMC）一般由数控机床或加工中心、工件自动输送及更换系统、生产刀具储存、运送及更换系统、设备和单元控制器等组成。FMC 具有单元层和设备层两级计算机控制，对外具有接口，可以组成柔性制造系统，独立自动加工的功能，可实现某些零件的多品种和小批量的加工。

柔性制造系统（FMS）由自动化加工设备（如数控机床、加工中心等）、工件储运系统、刀具储运系统、计算机控制系统等组成，此外还可以扩展为自动清洗工作站、自动测量设备、集中切削、运输系统、集中冷却、润滑系统等，可实现在加工自动化的基础上物料流和信息流的自动化。FMS 能够根据制造任务或生产的变化迅速进行调整，具有柔性高、工艺互补性强、可混合加工不同的零件、系统易于局部调整和维护等特点，适合于多品种、中小批量零件的生产。

柔性制造线（FML）由自动化加工设备（如数控机床、可换主轴箱机床等），工件储运系统和控制系统等组成。FML 同时具有刚性自动线和柔性制造系统的某些特征。在柔性上接近柔性制造系统，在生产率方面则接近刚性自动线。

柔性装配线（FAL）通常由装配站、物料输送装置和控制系统等组成。装配站可以是不可编程的自动装配装置和人工装配工位，但随着智能化的发展，装配站更多的是由可编程的装配机器人组成。

物料输送装置由传送带和换向机构组成。根据装配工艺流程，FAL 将已装配好的半成品和不同的零部件运送到相应的装配站。

3. 物料运输与存储系统

由运输设备和存储设备两个部分组成组成。物料运输与存储系统负责制造过程的各种物料（如工件、刀具、夹具、切屑、冷却液等）的流动，及时准确地送到指定加工位置，加工好的成品通过运输系统送进仓库或装卸站。物料运输与存储系统为自动化加工设备服务，使自动化系统得以正常运行，以发挥其整体效益。

工件输送设备包括四部分。

(1) 传送带。广泛用于 MAS 中工件或工件托盘的输送，传送带有步伐式、链式、辊道式、履带式等形式。

(2) 运输小车。分轨小车、自动导向小车、牵引式小车和空中单轨小车四种。运输小车能运输各种轻重和各种型号的零件，具有控制简单、可靠性好、成本低等特点。

(3) 新一代工业机器人的显著特征是智能性，成为现代工业领域高度集成的自动化装备。通过多关节机械手以及多功能、多自由度的机器装置，完成生产制造过程中某些特定的操作任务。工业机器人利用自身所具备的专家系统，自动识别环境变化，实现系统操控具体情况下快速、准确、自主解决问题的能力，从而推进产品制造的柔性化、智能化。基于具有高强度、高精度操作以及全过程自动化操控的突出优势，工业机器人可分为移动机器人、焊接机器人、搬运机器人、喷涂机器人、码垛机器人、装配机器人等几种。

(4) 托盘及托盘交换装置。在 MAS 中实现工件自动更换，缩短消耗在更换工件上的辅助时间。托盘是工件和夹具与输送设备和加工设备之间的接口，有箱式、板式等多种结构。物料存储系统包括工件进出站、托盘站和自动化立体仓库。

自动化立体库是物流仓储中出现的新概念，是基于电子计算机控制管理的一种自动存取系统，实现高层货架存取作业的仓库。自动化立体库基于一般可达到十几层乃至几十层高度的货架，能够实现自动化物料搬运和出库，是当前技术水平较高的仓储形式。

基于好运达智能工厂自动化立体仓库的主体由库房、货架,外围输送设备、入(出)库工作台和自动运进（出）及控制装置系统组成。自动化立体仓库基于计算机管理系统具有模块化结构、可控制编程、精确的数据处理能力等综合优势，推进仓库功能由单纯保管型向综合流通型的转变。同时基于与其他信息系统的集成，为实现更加可靠、准确地管理存放提供信息支撑，达成存取自动化、操作简便化，适用于高度智能化、现代化，且具有一定规模的生产。

4. 刀具准备与储运系统

刀具准备与储运系统由刀具组装台、刀具预调仪、刀具进出站、中央刀具库、刀具计算机管理系统等组成，对加工设备所需的刀具进行运输、管理和监控。

在组合机床和加工中心上广泛使用模块化结构的组合刀具。组合刀具由标准化的刀具组件构成，在刀具组装台完成组装，组合刀具可以提供刀具的柔性，减少刀具组件的数量,降低刀具成本。刀具预调仪由刀柄定位机构、测量头、Z/X轴测量机构、测量数据处等几部分组成，组装好一把完整的刀具后，上刀具预调仪按照刀具清单进行调整，使其几何参数与名义值一致。刀具经预调和编码后，送入刀具进出站，以便进入刀具库。中央刀具库用于存储FMS加工所需的各种刀具和备用刀具，它通过刀具自动输送装置与机床刀库连接起来，构成自动刀库供给系统。机床刀库用来装置当前工件加工所需的刀具，刀具来源刀具室、中央刀具库和其他机床刀具。刀具输送装置和刀具交换机构的任务是为各种机床刀库及时提供所需的刀具，并将磨损、破损的刀具送出系统。刀具的自动输送装置主要是带有刀具托盘的有轨或无轨小车、高架有轨小车、刀具搬运机器人等类型。

5. 检测和监控系统

检测和监控系统的功能是保证MAS正常可靠运行及加工质量。检测和监控的对象有加工设备、工件储运系统、刀具及储运系统、工件质量，环境及安全参数等。在现代制造系统中，检测和监控的目的是要主动控制质量，防止产生废品，为质量保证体系提供反馈信息，构成闭环质量控制回路。

检测设备包括传统的工具（如卡尺、千分尺、百分表等）或者自动测量装置（如三坐标测量机、测量机器人等）。检测设备通过对零件加工精度的检测来保证加工质量。零件精度检测过程可分为工序间的循环检测和最终工序检测。采用的检测方法可以分为接触式检测（如采用三坐标测量机、循环内检测和机器人辅助测量技术等）和非接触式检测（如采用激光技术和光敏二极管阵列技术等）。

二、智能生产系统的功能模型

智能生产系统的 IDEFO 功能模型。车间控制系统的功能包括车间生产作业计划的制订、分解、控制与调度、物料的存放与使用管理、生产制造与质量控制、生产监控管理等。

生产系统是车间控制系统的数据流模型。车间控制系统功能的实现有赖于与其他分系统的配合，具体体现在以下几个方面。如图 10-2 所示。

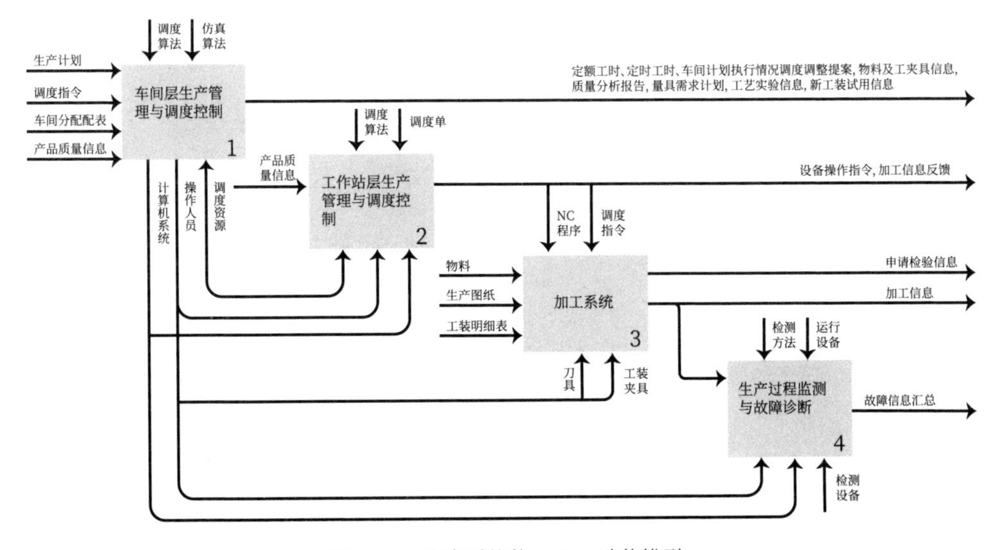

图 10-2　生产系统的 IDEFO 功能模型

（1）车间生产作业计划的制订，必然以主生产作业计划为依据，使用由 EDS 提供的许多工艺信息，而加工过程采用的控制规律以及精度检查方面的信息则由质量管理系统（QMS）提供。

（2）车间生产资源的管理均与 MIS、EDS、QMS 等系统密切相关。MIS 制订生产计划依赖于车间生产资源的状态，CAPP 系统制订加工工艺需要根据车间资源的使用情况，而检验夹具、车间量具的可用性则需要 QMS 的定检计划。

（3）车间生产工艺制造所需的工艺规程、NC 代码都来自于 EDS，检验 NC 代码或检验规程则源自于QMS，作为质量管理的依据。

(4) 车间监控系统提供车间实时的生产、运行状态，一方面保证车间生产计划的顺利进行，为MIS、EDS、QMS等系统提供相应的信息；另一方面根据实际生产加工情况，对计划、业务活动进行核查分析，以及质量追踪情况作出评估。

(5) 车间控制系统通过分布式数据库管理系统和计算机网络系统的支持实现上述功能，分布式数据库管理系统则能确保车间控制系统所需信息的完整性、一致性和安全性，计算机网络系统则是数据交换和共享的桥梁。

三、智能生产系统与其他分系统的信息接口

MAS与其他分系统的信息联系按照性质可分为动态信息和静态信息，按照信息的来源可分为输入信息和输出信息。MAS信息的特点是在车间范围内具有局域实时性。信息包含文字、数据、图形等。根据不同企业的实际情况，从这些信息中可以分别抽象出以下不同的实体。

(1) 车间作业计划类。包含的实体有生产调度计划、计划修改要求、车间工作指令要求、生产能力、工作令优先级因素、操作优先级、工作指令报告、车间工作令、物料申请、操作顺序、工作令卡等。

(2) 生产准备类。包含的实体有生产准备数据物料计划、产品批号、设备分组、负荷能力、质量综合考核信息等。

(3)生产控制类。包含的实体有最终计划修改要求、设备分配情况表、工作进程表、工具材料传送报告、生产制造活动报告、生产状态信息报告、车间作业调度、日产任务通知单、日产进度、产品制造工艺卡、工(量)卡信息、NC文件、设备运行记录、质量分析信息、申请检验信息、工艺试验信息、新工装调用信息等。

(4) 库存记录类。包含库存计划事项、库存调整、安全存储、库存查询、库存记录、成品出入库报告、库存报警、物料需求信息、废品处理信息等实体。

(5) 仿真数据类。包含生产计划和生产过程中的仿真参数、仿真命令，还有仿真图形文件、仿真算法、仿真数据文件等实体。

四、技术的发展趋势

(一) 智能化

随着大数据、云计算、人工智能等技术的兴起，在此基础上的智能制造将是未

来制造自动化发展的重要方向。智能制造系统则是将互联网、云计算、大数据、移动应用等新技术与产品生产管理深度融合，基于系统自学习、自调整的功能，实现智能生产、智能服务、智能物流以及智能决策；同时，利用智能感知、智能分析决策以及人机交互等现代技术，加速输入和输出数据信息的转换、语义分析以及智能逻辑处理的交互与整合，对制造过程中发出的指令进行调整与优化。

（二）制造虚拟化

虚拟制造是以高性能计算机支持下的虚拟现实、仿真技术为基础，对产品设计、工艺规划、生产制造等环节统一建模，进而实现产品制造全流程、全生命周期的系统建模与仿真分析，从而更高效、柔性灵活组织生产。

同时，虚拟制造能够对产品研发、生产、试验、调试等全生命周期过程中的制造活动进行预判和评估，有效推进产品在设计研发、工艺规划、质量检验、维护及维修等环节的重构优化，进而推进制造过程各阶段的决策与控制能力，促进产品制造数字化、智能化转型。

（三）敏捷化

随着数控技术的发展，为适应多品种、小批量生产的自动化，发展了若干台计算机数控机床和一台工业机器人协同工作，以便加工一组或几组结构形状和工艺特征相似的零件，从而构成柔性制造单元（FMC）。借助一个物流自动化系统，将若干个 FMC 连接起来，以实现更大规模的加工自动化，于是构成了柔性制造系统（FMS）。以数字化的方式实现加工过程的物料流、加工流和控制流的表征、存储与控制，这就形成了以控制为中心的数字化制造系统的一部分。

敏捷制造模式的出现，使可重构制造系统（Reconfigurable Manufacturing System，RMS）成为可能。RMS 是一种通过对制造系统结构及其组成单元进行快速重组或更新，及时调整制造系统的功能和生产能力，以迅速响应市场变化及其他需求的制造系统。其核心技术是系统的可重构性，即利用对制造设备及其模块或组件的重排、更替、嵌套和革新等手段对系统进行重新组态、更新过程、变换功能或改变系统的输出（产品与产量）。

总之，敏捷制造在当前全球范围内研究十分活跃，是一种面向 21 世纪的现代制造新模式，是制造环境和制造过程面向 21 世纪制造活动的必然趋势。

（四）网络化

当前，以 Internet/Intranet 技术代表的网络技术迅速发展，深刻改变了传统的生产制造模式，其影响的广度、深度和发展速度远远超过人们的预测。

网络制造指针对产品生产过程，利用以因特网为标志的信息高速公路，灵活而快速地组织社会制造资源（人力、设备、技术、市场等），按资源优势互补的原则，迅速地组成一种跨地域的、靠电子网络联系的、统一指挥的生产及运营实体模式。网络制造包括企业内部生产单元系统的网络化，制造企业研发设计、生产调度各子系统集成，实现系统敏捷性、数字化的跃升，企业之间的网络化，加速推进企业间的数据互通、资源共享与协同优化。基于 Internet/Intranet 的网络制造已成为全球制能制造跨越发展的关键。

（五）全球化

随着现代技术革命，尤其是信息技术的发展，全球化的分工与协助越来越紧密，生产资料的全球采购和一体化战略快速推进，这对全球制造业产生了重大变化，导致制造业的全球化趋势不断加强，全球化战略已是指导各跨国制造公司抢占世界市场的首选战略。

制造全球化内涵比较广泛，主要有市场的国际化、产品采购与营销的国际化、工艺研发和产品设计的国际化、全球性开发与产品制造的跨国化、产品服务的国际化、全球范围内制造企业间的重组合作、全球制造的体系结构的形成等。当前，中国制造业仍主要集中在产业链中低端环节，在高端环节存在供给不足的被动局面，未来我国制造业还有很大的升级空间。对企业而言，不断转型升级是持续健康发展的基础。

（六）制造绿色化

我国在实施制造强国战略时，把绿色制造摆在突出的位置，绿色制造是指在保证产品的功能、质量、成本的前提下，综合考虑环境影响和资源效率的一种现代制造模式。其宗旨是产品全生命周期各个阶段，不断优化产品设计，选择对生态环境影响性小的工艺设计，合理配置资源，为生产流程再造、跨行业耦合、跨区域协同、跨领域配给等提供支撑，也是促进智能制造持续发展的重要因素。

目前由于企业的内部资源、能力不尽相同，不同企业之间的绿色竞争力存在差异。企业应推行绿色制造技术，发展绿色材料、绿色能源和绿色设计数据库、知识库等基础技术，重点研发高效、智能、清洁的生产技术工艺；通过智能化、绿色制造技术工艺应用，达成生产过程低能耗、低材耗。在节能环保技术研发方面，加强节能、节水、节材等先进技术工艺研发，进一步提升其对制造业绿色转的支撑作用。

第二节 柔性制造——中国制造的核心竞争力

市场全球化的竞争格局，使得中国制造业面临严峻的挑战，企业的经营环境发生根本性变化，制造业出现了由标准化的“规模经济”向个性化的“定制经济”转型的趋势。柔性制造作为以客户为导向，以需定产的制造方式，通过对基础资料、资源、生产、仓库、质量等各模块的智能管控，实现多品种、小批量的最优化选择成为新的生产方式，助力企业生产实现高效化、透明化和柔性化，柔性制造因此成为企业未来的主要生产模式，也是衡量一个企业是否成功的重要标志。

对于制造企业而言，在向柔性制造转型过程中，要做到符合市场需求，符合经济基本规律，就要把有限的资源投入到核心业务中，加强自身的核心竞争力，获得更大的竞争优势和转型空间。事实上，越来越多的企业已着手利用柔性自动化生产线来实现订单的快速响应，控制成本以及提升生产效率。柔性制造成为中国制造业未来的核心竞争力。

一、柔性制造是智能制造转型升级的基础与关键

从国际看,世界经济已由国际金融危机之前的快速发展期进入深度转型调整期，经济走势错综复杂，充满不确定性，危机的影响持续发酵，国际市场需求仍然低迷不振。从国内看，中国经济正在由高速增长期进入潜在增长率下移的增长阶段转换期。制造业持续走低、工业产能利用率不足，生产经营成本上升和创新能力不足导致企业经营困难。中国亟须借助从“制造”向“智造”转变的契机，实现从“制造大国”到“制造强国”转型。

从国家层面上看，以美、日、欧为代表的发达国家和地区实施再工业化战略，以互联网、新能源为代表的新工业革命初现端倪，全球产业结构调整出现新动向。随着数字经济、人工智能、生物技术、新材料等战略产业的跨越突破，加速推进制造业向绿色制造、柔性制造、智能制造、以及集成制造转变，构建“链”“群”效应，

培育新型产业生态，以制造业为核心的实体经济是保持国家竞争力和经济健康发展的基础。推进实体经济生产方式升级是制造业跨越发展的关键。

从企业层面上看，为了取得更高的效益，大多企业只关注了技术研发上的改革或者是服务营销，却忽视了其中最重要的一环——生产制造。这时候就产生了柔性制造的概念。而柔性制造则是在生产自动化的基础上，通过应用物联网和大数据，以端到端数据流为基础，以互联互通为支撑，由生产加工设备和计算机网络控制系统，构建高度灵活的个性化和数字化智能制造模式。基于不同的生产线、不同的生产工艺，甚至是多个柔性制造单元，能根据新的生产任务指令，迅速调整生产状态，以适应新的生产环境，完成新的作业计划，从而满足用户日益增长的个性化定制的需要。这是柔性制造的核心出发点，也是制造企业在生产自动化程度达到较高水平后，将装备优势转化为产品和市场优势，实现升级转型和赶超世界先进水平的重点路径。

从生产组织来看，工业生产更加柔性与灵活，柔性制造逐渐成为制造业实现跨越发展的重中之重。工业化生产将使得动态的、适时优化的和自我组织的价值链成为现实，在柔性制造系统中，构建制造过程的数字孪生模型，加速构建工艺流程、设施布局、组织生产、设备性能参数、控制策略以及运营管理等要素的动态模拟与仿真优化的闭环，达成生产单元系统仿真数据的控制反馈和监控的融合，优化工艺匹配性，提高关键工序数控化率及整条产线的可靠性，实现生产高效组织和产品快速迭代。利用动态自我检测功能，将装备故障诱因、生产运转异常等问题反馈到生产系统中，在确保高效运行的前提下达成自我修复优化。5G+ 柔性制造加速数据快速传输，通过构建数据管理、反馈与评估的闭环实现智能分析与智能决策，加速智能排产、制造执行、质量控制、设备互联等环节的优化与跃升，促进柔性化生产的精益化、智能化与云端化。

柔性制造大幅提升了生产效率和管理效率,它是离散型加工模式的革命性创新。目前被广泛应用于轨道交通、新能源、电子等行业。

柔性化生产给企业经营管理带来的优势较为明显。灵活的柔性制造把产品的普遍性与特殊性完美地配置在生产之中，可明显提高设备利用率，减少设备的投资，降低生产成本，提高生产效率和快速响应能力，稳定产品质量等优势，为客户提供个性化、多元化的系统解决方案，因此正在被越来越多的客户所接受和应用。同时，柔性制造高效、快速、柔性的基因属性，对生产排产、订单管理与调度、物流和仓储有了质的提高，真正实现精益自动化。

二、柔性制造系统主要功能

(1) 能自动管理零件的生产过程，自感知加工状态，自适应控制、自动进行故障诊断及处理、自动进行信息收集及传输，要做到这些，知识库和专家系统是必不可少的。

(2) 简单地改变加工工艺过程，加载不同的数控程序，改变加工参数就能制造出某一零件族的多种零件。

(3)在柔性制造系统的线边,设有物料储存和运输系统,对零件的毛坯、随行夹具、零件进行存储，并按照系统指令将这些物流自动化传送。

(4) 在低成本前提下，能解决多机床条件下零件的混流加工问题。

(5) 优化生产调度，提高管理效能，能实现无人化或少人化加工。

三、柔性制造系统的构成

柔性制造系统在具体生产中，一般由以下几部分组成，即智能加工系统、仓储和物流系统、智能控制系统、智能调度系统和辅助系统。

（一）智能加工系统

加工工艺系统是机械设备执行零件加工工作的重要支撑，是机械生产加工的前提条件，在现代加工制造领域，机械加工工艺系统主要由机床、刀具系统、夹具系统以及被加工工件四大部分组成。机械加工行业 ERP 管理系统对加工流程统一设置、统一协调，使多生产线、多部门协同工作。不同产品对应不同工艺，生产环节紧密相扣，最终保证产品的按时交付。

（二）仓储和物流系统

此系统是智能制造“工业 4.0”快速发展的重要组成部分。智能物流的 WMS/WCS 打通生产与设备的底层关联，将生产信息贯穿整个生产及转运过程。如机器人码垛系统、AGV 系统、穿梭车系统、成品自动组盘、库位动态分配、成品及原辅料的自动存取、自动上下架、作业状态监控、出入库报表等，而系统与 ERP（企业资源计划系统）、MES（制造执行系统）、TMS（运输管理系统）的对接，推进全流程自动化作业，协同助力企业供应链高效运作。同时，协同从生产到车间仓储物流各环节全流程的数据和信息追溯，确保生产更加透明、安全。

（三）智能控制系统

智能控制系统由五级控制系统组成，分别是工厂层、车间层、单元层、工作站层和设备层。智能控制系统融合云计算、物联网和大数据技术予一体，依托部署在生产现场的各种传感节点（工厂、车间、生产线、设备）和无线通信网络实现生产环境的智能感知、智能预警、智能决策、智能分析，实时动态监控生产状态、能耗情况、电流电压等，使企业管理更加智能化。为生产环节实时提供可视化管理、智能化决策。同时提供一系列工具（包括 ERP、RFID 等系统）帮助管理者从不同角度分析做出客观判断，实时统计生产进度，实时产能分析，生产即时调整，信息实时共享，实现更多的管理功能，从而达到企业整体信息化及管理效益的最大化。

四、5G 赋能柔性制造向多元化、个性化定制转型

5G 作为新一代移动通信技术，正在与大数据、物联网、云计算深度融合，倒逼传统制造产业升级转型升级。相比 4G 来讲，5G 具有高性能、高可靠、大连接以及海量数据的特性，加速渗透于工业制造领域，催生融合创新应用，使工厂向柔性生产转型，支撑数字化决策。在生产制造中可实现远程设备的运维、设备的联网、质量的控制和物流管理等功能，持续推进产业生态发展。

一方面，5G 为柔性制造赋能。5G 数据传输的高速度、低延时等特点，提高了生产制造的自动化、信息化和智能化程度，形成全流程、全体系数据驱动的下的泛在感知、敏捷响应、全局协同、智能决策等能力。一是，5G+ 工业物联网的融合正由从部分环节的散点式应用向涉及生产核心环节延伸，集成 5G+ 制造执行系统越来越多在生产中得以深度应用，实现生产控制网、数据采集网的相对独立与信息共享，企业信息在生产组织间得到良好的共享与交互。二是，5G 集成可以构建起人—机器—工厂以及跨区域企业间的一体化信息传输与管理的生态系统，构建起全流程、全产业链、全价值链的制造执行服务体系，对运营管理、业务拓展、财务、销售等要素进行关联分析和运营风险的动态监控，加速 5G 与企业各系统间的联动与协作。用户可跨越空间限制参与产品的设计、生产，最终提供客户满意的产品。

另一方面，5G 赋能工厂生产方式以及管理模式得以创新。随着 5G 技术与制造业的深度融合，5G 所带来的变革，不只是生产方式的优化，如生产运营效率的提升、生产过程的可控性提高、生产成本与能耗的降低等，更带来了一种全新的生产方式

和业务模式，为推动产业链优化升级提供新路径。未来工厂将形成一种高度灵活、深度定制化、全面智能化的产品与服务的新生产模式。这种新的生产模式，体现在工厂生产中的数字化的产品研发、智能化的规模生产、个性化的生产定制、精益化的管理协同、网络化的协同制造，推动产业生产方式和企业组织范式发生根本性变革。在智慧营销层面，以多元化、个性化的服务型定制生产模式更为突出。通过产品和服务的云平台提升品质，从而实现差异化、高端化、个性化精准营销，打造企业发展新动能。而基于5G赋能可为用户带来贯穿规划、设计、生产制造、物流运输、货款支付以及生产售后等跨地域、全流程的全程参与及增值服务，提高企业敏捷和精准的响应能力和应变能力，全方位提高企业整体的市场竞争力。随着5G技术潜能持续释放，5G融合终端的内涵及外延不断拓展与延伸。而“5G+智能设备”“5G+机器视觉”进一步提升生产装备的智能化水平，赋能智能制造转型升级，持续探索行业业融合创新，形成可持续推广的典型应用，由此不断放大叠加倍增效应，构建持续发展的产业生态。

第三节　精益管理贯穿系统运营，助推智能制造高质量发展

在全球化的背景下，精益管理已成为实现企业跨越发展的一个重要趋势。特别是在大数据、物联网与人工智能技术的日臻成熟趋势下，轨道交通制造业通过系统运营和管理变革，推进精益生产与智能制造二者的协调发展，它将智能制造技术、信息网络技术、现代管理技术相结合，并应用于产品全生命周期管理全过程和企业运营管理的各个环节，实现对计划调度、过程质量、设备管理等生产过程各环节及要素的精细化管控，敏捷应对市场动态，构建差异化竞争优势，企业才能在激烈的竞争中站稳脚跟，实现可持续发展。

一、精益管理贯穿系统运营的始终

（一）智能计划排产

智能计划排产是整个生产过程进行科学生产的源头与基础。利用APS进行自动排产，推进精益制造、柔性运作、按需生产，构建生产与经营的响应反馈与闭环优化，

最终实现用更少的人、更短的时间、更少的库存，做出更多的产品，提高生产的效率。

同时，跟踪生产计划从制定到执行的每一个重要环节，快速应对内外部环境变化，实现APS/MES/ERP等系统的无缝集成，形成闭环流动的计划体系，更好地响应插单、改单、订单逾期等意外问题对生产计划的影响，推进生产管理高效组织优化，提升产能效率，缩短生产周期，提高生产计划整体质量，加速企业提质增效。

（二）智能生产过程协同

随着对于制造的敏捷性及精益制造的要求不断提高，实现生产设备的互联互通与生产过程的协同管理尤为重要。在生产实践中，以提高设备利用率为目的，以少人化为关键指标，基于数据自动流动，构建一套物理空间与虚拟空间的自主交互、协同优化的复杂系统，加速推进计划生产、工艺优化、成本控制以及生产制造过程中的智能化管理，达成企业生产信息化、智能化与云端化，有效提升制造企业的生产能力和优化产品质量。

例如，通过协同平台对生产的计划、排产、派工、物料等相关工序进行统一协调，对从事生产的相关人员进行数字化、网络化、智能化管理，当生产制造中出现设备故障、生产异常、质量缺陷等问题，平台系统会自动通知相关人员，解决生产中出现的问题，减少了问题等待时间，提升了设备利用效率和工人的劳动效率，实现了数字化的并行管理，从而更灵活地实现整个企业的制造敏捷性。

（三）智能设备互联互通

智能设备的互联互通，实现数字化生产设备的分布式网络化通讯、程序集中管理、设备状态的实时监控，是CPS信息物理系统的典型体现。通过工业互联网将状态感知、传输、计算与制造过程融合，实现加工设备、立体仓库、AGV等单元级CPS之间数据的互联互通，进一步对整个生产过程实时、动态信息进行分析和控制，以实现生产过程中信息可靠感知、数据实时传输、海量信息数据处理，实现系统内动态的资源配置、运行的按需响应、加速设备迭代优化，从而最终实现单元级CPS之间的协同控制能力。

（四）智能生产资源管理

智能生产资源管理是做好智能生产的重要前提。现场管理人员应当预见更换材料或订单完成情况做出安排或调整，通过对生产资源工具（包括刀具、物料、量具、夹具）的数量、质量、形式和品种进行出入库、修磨、盘点、报损等情况的统计分析，实现库存的精益化管理、库存智能预警等，减少企业后工序设备投入和人员投入。从物料管理来看，将精益管理贯穿于生产过程的每一个环节，包括统计反馈物料清单、库存数量及质量等信息，并依据工业生产的现实情况制定生产计划、实现物料控制及优化调度，提高工具的利用率，也可避免因生产资源的积压造成生产辅助成本上涨，助力精益生产的落地与提升。

（五）智能质量过程管控

推进生产过程数字化及质量管理智能化。在生产过程中，通过安装和布设升级传感器、数据采集设备及工控设备，将连续的、没有中断的数据进行集成管理，实现设备的互联互通，提高设备智能化水平。该阶段关注的重点是利用大数据技术贯穿于智能工厂信息化和自动化系统的各个环节，通过生产系统中所积累的海量数据进行挖掘、提炼、分析与处理，能够对生产过程的工艺路径、参数及物料、质量等信息数据的实时监控管理，推进全产业链的协同优化，从而实现生产的精细化管理，使每个生产过程可控和透明化管理。同时，构建集物料管控、生产调度、装备监控、质量检测于一体的智能质量管控平台，实现计划、排产、派工、生产制造过程中的智能化管理，使得管理者实时管控物料配送、生产节拍、完工确认、标准作业指导、质量管理等方面的情况，为管理者进行工艺改进、优化工艺过程参数提供决策支持。

（六）智能决策支持

通过自动排程、任务调度、数据采集、实时监控等系统模块，企业决策者能够直观地查看到产品加工作业计划、生产进度控制、设备运行参数等数据，并从生产数据中实时筛选和评估分析，绘制出整厂能耗分析、财务分析表、设备运行数据、异常情况等多维度信息，有效形成状态感知、实时分析、科学决策、精准执行的数据闭环，为管理者提供决策支持。

二、精益智能推进企业高质量发展

通过实施智能精益管理，企业在车间管理层面有了质的提升，为企业智能化转型升级、推进高质量发展奠定坚实基础。

（一）以协同生产为主线，实现多部门协作管理能力

企业的生产管理、工艺、计划、质量、设备各部门紧紧围绕生产制造为核心目标，将产品加工由传统的串行生产转变为数字化的并行协同生产模式，实现计划、排产、派工、生产制造过程中的智能化管理，提升设备生产效率，缩短产品交货时间，降

低生产成本，提升市场竞争力。同时，企业需要对其与用户、供应商及其他合作伙伴间的物流、信息流和资金流的运营模式不断进行改善，强化跨部门联动以及工厂间协同，提升运营管理能力，提升客户满意度，最终实现柔性生产，帮助企业提升设备运行管理能力。

（二）推进信息系统与生产设备深度融合，提升透明化与精益化管理

所有的数控设备全部联入DNC网络，变信息化孤岛为信息化节点，所有加工程序实现安全集中管理，并对设备进行实时监控，包括故障信息、生产数量、设备进给倍率等信息；通过高效的自动传输、可靠的虚拟仿真，增加生产信息的透明度，节约沟通的时间和成本，实现生产过程如程序信息、设备监测、生产异常、故障预测等要素集成共享，实现信息化、精益化管理。

（三）虚实融合，提升产品研制能力

在设备互联互通的基础上，以人—人、人—机协同为特色，推动虚拟世界与物理世界深度融合，虚实融合，相互促进，实现更大范围、更宽领域的数据自动流动，并将车间生产的各环节进行集成管理，实现了多个单元级CPS的互联、互通和互操作，实现生产过程的精准执行。另外，信息层和物理层的交互作用过程涉及产品、生产现场和生产资源的数据传递、过程控制和过程监测，通过科学合理的管控机制有效统筹，管理与控制生产节拍和运行方式，以实现更为广泛的状态感知、实时分析的自主决策及其后续执行能力，并通过建模仿真、信息系统集成及可视化等工具集和单元典型应用模式的探索，大幅度提升研制效率和品质量。

（四）精益智能，助力企业降本提质

通过数字化车间建设，对于企业实现科学决策、智能设计、智能排产、智能远程运维、智能生产协同性，有助于实现敏捷、高效、高质、低成本的生产与服务模式。在自动化和设备智能化的基础上构建大数据分析能力，构建“感知—洞察—评估—执行—响应”闭环的运作与循环体系，对于企业提升生产效率、产品质量，缩减生产成本等方面有明显改善。

第十一章 智能研发

智能研发是推进企业持续发展、提升核心竞争力的重要一环。智能研发是一套基于系统工程，将知识、工具和方法与研发流程深度融合的综合研发体系，从而达到提升研发价值和提高产品品质的目的。建设差异性、高性能、高品质的智能研发平台系统，是实现我国企业智能制造的基础，也是企业转型升级、提质增效的关键因素。

本章就企业研发的关键要素、智能研发的创新设计系统及模式、产品研发与工艺设计以及好运达智创科技平台在研发领域的探索实践等若干问题做出分析与阐述。

第一节　智能研发——企业做大做强的基业长青之道

随着新一轮技术革命的到来，基于物联网、新智能、新材料等所形成的高端产业成为制造业的新领域，大多发达国家将目光重新转向制造业。美、英、德等国加大对研发创新的投入，通过建设智能工厂和智能产线，利用现代智能技术和装备，实现人、机器、生产线工艺和信息技术的有机结合、协同生产，由制造向智造转变，重塑先进制造业在未来竞争中的优势地位。

在全球化的背景下，中国企业正处于从资源驱动向创新驱动转型的关键时期，研发创新是企业转型升级、提升核心竞争力的关键。目前，智能化高端装备在我国经济结构转型升级中处于核心环节，尽管轨道交通装备自给率达到较高水平，由于产品附加值低、缺乏核心技术和自主品牌等相关问题，致使轨交装备仍处于国际分工的中低端领域。提高智能研发能力，提高企业竞争力，重点构建以基础研究为主导的、以提升产业核心竞争力为目标的高端研发平台，加强基础研究布局，强化重大原创性研究，不断完善研发体系，加大科技研发和技术投入，实现装备制造智能化转型，持续开发以新工艺、新材料、新智能为代表的新技术，加快产品迭代升级，促使企业提质增效，引领产业高端发展，也为轨交行业打造一个值得借鉴的范本。

要建成“制造强国”，必须重视智能化的研发。充分利用物联网、大数据、人工智能与云计算技术，逐步建立起完整的技术和产品研发体系，驱动产业从粗放型转向集约型转变，从低附加值向高附加值升级，在引进先进技术的基础上，兼具消化和吸收、改进和创新并举。既要重视实用性研发工作，也必须注重培育核心技术，建立起属于企业自己的研发体系，这是企业的立身之本，更是企业基业长青发展之道，从而增加产品附加值，降低生产成本，加快产品迭代，实现产品升级，占据全球高端市场，对高科技企业来讲至关重要。

智能研发是与智能制造相适应的研发体系，它是以云计算、物联网、增强现实等现代智能科技为手段，采用和数字化技术与工具，实现产品研发体系的智慧化和所研制产品的智能化。促使各环节采用“同一语言”管理，从源头提升产品质量、降低成本，保障在研发活动中设计流程状态的精准控制和优化。智能研发的提出，就是要把研发中的各种手段与要素管理驱动起来，其实质就是企业在成本导向下，通过采用现代化的智能技术，建立企业的技术优势，从而提高产品的品质、技术含量和附加值，帮助企业从“制造”走向“创造”增强市场竞争力。在这个阶段，企业要在竞争中占据主动权，驱动实现概念设计、详细设计、工艺设计等环节集成，既要重视实用性研发工作，也必须注重基础性研究，培育核心技术，这是企业的立身之本；在设计环节与供应商实现设计的集成，包括与推进本土下游企业的相互合作等。同时，对中小企业最重要的是知识产权保护以及人才的稳定性也尤为重要。

智能研发的原则包括以下几个方面。要想实现这些转变，必须要有以下几大要素的支撑才能得以实现。

一、执行“一把手”工程

研发创新对于企业而言是锲而不舍、持续求进的过程，企业一把手作为是企业研发创新、流程再造成败的关键。企业一把手在做到全要素精细策划、全方位综合统筹、全过程动态协调的基础上，更要做到统筹兼顾，筑牢根基，深入推进。企业一把手要有坚定的信念，有决心、有意志、有毅力，敢于行动，时时信任和激励下属，迎难而上，开拓创新，带领团队不断实现新的突破，同时要有在逆境中允许试错、宽容失败的机制和氛围；一把手需要有决策判断及驾驭全局能力，对于所承担的研发工作，能够全面分析，抓住关键，精准决策，高效运行。领导者应具备敢于担当的责任，勇于面对挑战，客观认识现实，在面临冲突与危机时，领导者更要勇于承担责任。

二、建立统一的多学科协同研发平台

统一的多学科协同研发平台的构建，是做好智能研发的重要一环。当今世界，学科广泛交叉、深度融合已经成为现代科学和工程技术发展的重大趋势，基于多学科融合、理工交叉、基础与应用并重的发展理念，加快培育以技术、品牌、质量、服务为核心的竞争新优势，推进企业可持续发展。在实践中，结合新材料、新智能、新工艺等相关载体，以创新性研究为目标，将不同科研创新主体和创新要素结合在一起，构建深度融合、相互耦合、协同创新的现代科研组织形态，打通创新链路，形成原始创新、集成创新、消化吸收再创新多种创新模式，推动前沿性、基础性的科技研发从无到有的创新研究。基于智能科学的理论、技术、方法和信息，建立以“网络化、工业化、智能化”为特征的新型研发组织模式。从数字化技术状态管理，协同设计与制造等多个维度，形成一个覆盖产品全生命周期中涉及专业研发要素的、统一的多学科研发平台，实现资金流、物资流、知识流、信息流等的高度集成与融合，促进生产高效运营。在软硬件资源云化的基础上，攻关专业软件接口、可视化展示等关键核心技术，实现跨部门、跨学科、跨地域的协同研究与决策，有效提高工作效率与沟通时效。大数据服务平台是高效研发的重要基础，也是学科交叉与跨界研究的关键载体，展露出强大的分析能力，挖掘出庞大数据库独有的价值，推动跨部门、跨专业、跨地域协同工作，实现纵向贯通、横向共享，积累和应用企业的最佳研发实践知识和经验，为企业决策提供有力支撑。

三、实施知识工程的重要性

知识的重要性不言而喻，智能研发的核心是知识工程。特别是在信息化、网络化、数字化的背景下，全球成功的高新技术企业无一例外重视与实施知识管理，并将其视为企业赢得经营优势、提升核心竞争力的关键。要把智能研发与知识学习同步谋划、同步开展、同步实施，在企业知识积累、管理、存储、传承、沉淀与增值的基础上，满足客户知识挖掘获取、积累沉淀，借鉴企业外部智力资产，挖掘隐形的智力资产，实现全范畴企业智力资产的管理及利用，从而形成研发流程设计、仿真及一体化过程的多专业、多学科、多模型的协同优化设计平台，推进企业技术创新和产品自主研发能力，进一步提升和形成持续深厚的技术基因，成为知识效益化和企业智慧化的关键；企业知识管理通过对知识的获取、整合、评估以及知识再创造、知识创新等方式，形成个人知识和企业知识的日益积累与集成共享而达成企业智慧资产持续孕育的良性循环，帮助企业及时应对市场的变化，做出正确的决策；结合企业现有的知识源，包括历史研发数据、专利库、历史解决方案等资料，驱动企业研制创新；在归纳分析、反复总结的基础上，实现知识管理与研发创新的挂钩与重构，形成一个往复循环持续优化的智慧研发过程，不断进行知识更新。利用物联网、大数据、云计算技术，将知识与实际研发有机结合，变革企业研制模式，建立与研发对应的知识体系，真正实现知识的积累与应用；构建知识积累和共享的常态化、规范化机制，为知识传承与使用奠定基础，并将工作环节中产生的新思路、新方法、新成果以知识的形式进行管理，使之成为实现知识持续增值，竞争优势持续提升的重要战略性工具，从而实现企业价值的最大化。

四、以客户为导向

智能设计是一个非常复杂的系统工程。现阶段的智能设计要求互联网企业以客户为中心作为流程设计和运营的前提与核心，由之前以产品和生产企业为中心过渡到向以客户利益为中心的转型，将客户的需求、喜好、体验等信息与产品研发紧密结合，加快产品迭代，实现产品升级，构建一个闭环持续优化的产品设计及服务过程体系。借助数据和技术手段的赋能，通过数据的采集积累、挖掘分析与阐释解读，实现数字化、智能化、决策智慧化，形成一个往复循环持续优化的智慧研发体系。为给客户提供更安全、更绿色的产品，继而在下一代产品研发中改进设计，通过产品的动态优化改善用户的体验，从而持续改进产品的质量和功能。

第二节　智能研发的创新设计系统及模式分析

一、研发与工艺设计系统

当前，以数字化、智能化为特征的信息技术革命日渐明显，全球迈进智能互联时代。随着先进智能化、自动化技术和工业物联网相融合，在生产、经济、社会等各领域及场景应用得以拓展与丰富，加速经济社会的数字化进程。

数字化技术是指以计算机硬件、软件、信息存储、通信协议、光缆、通信卫星和互联网络等为设备和技术手段，以信息科学为理论基础表达、传输和处理所有信息的技术集合。作为一种通用信息工程技术，数字化技术一般包括数字编码、数字压缩、数字传输、数字调制与解调等技术，具有分辨率高，表述精度高，可编程处理，处理迅速，传递可靠，便于提取、存储和集成联网等优势，是计算机技术、多媒体技术以及互联网技术的基础，是实现信息数字化的技术手段。

计算机辅助设计（CAD）系统是以多维度数据库的系统集成与整合优化为基础，以人机交互技术、产品数据管理技术、图形变换技术为主要手段，达成以工程分析计算为主体的产品创新优化设计。

一是将 CAD 的产品设计信息转化为产品生产、质量工艺等要素的汇聚融合与集成优化，达成加工制造与知识库系统迭代更新、产品设计系统集成良性运行的闭环。按照计算机自动输出的数控管理、工艺线路的程序设计进行工序和工步的排序组合，构建数控加工参数优化的数学模型分析，在合理选择夹具、量具、刀具的基础上优化铣削参数库（如进给量、切削深度等），加速设计、技术工艺与加工制造的协同优化。同时，根据工业生产流程与最优铣削匹配参数，计算对每道工序的额定工时的整合优化，达到计算机辅助工艺规划（CAPP）的系统要求。

二是将面向产品计划生产、工艺参数、能耗、成本管理等相关要素进行数字化，转换成语义理解与逻辑计算推理能力，并以更易于理解的工艺指令形式贯穿到产品制造的全过程，由此构成 CAD/CAE/CAPP/CAM 等系统，这些数字化系统加速推进现代生产自动化、柔性化。

智能设计技术是借助计算机、人工智能、专家系统等信息技术，在产品设计中将工艺、质量、检测等要素数字化，进而转换成图形处理和知识理解能力，达成基于知识型设计过程的智能化、自动化，完成设计过程中更为复杂的生产任务。主要有下列几项：面向多源海量数据的设计需求获取技术，设计概念的智能创成技术、基于模拟仿真的智能设计技术、面向性能优化的智能设计技术等。

二、产品创新设计与研发管理模式

（一）多学科协同创新设计与集成

在智能互联时代，按照控制、机械、电子、软件等不同专业，建立用于多学科领城一体化功能建模与仿真分析的模型，实现产品多学科一体化快速原型设计。

在复杂产品性能样机的开发过程中，需要利用各学科领域知识实现对设计过程中的技术、方法和工具进行集成。尽管不同学科涉及的领域和开发对象不一样，但从设计和开发的角度来看，都有某种程度的相似性，具有相同的框架。所以，实现全生命周期的产品开发，可以借助不同学科领域知识，在统一的框架内，结合各类设计模型，构建面向产品开发全生命周期、多学科协同集成设计与仿真流程，实现数字性能样机一体化设计与仿真过程中的研讨、设计、建模、优化、仿真、评审和决策，开发统一的产品协同开发方法，实现复杂产品数字性能样机的全生命周期协同设计与制造。

（二）产品创新设计与研发管理模式

集产品设计与研发管理于一体的模式创新逐步凸现重要性，成为加速企业发展的致胜之道。通过研发模式的更替与变迁，持续提升工业竞争力。根据特点，可以分为六代研发创新管理模式。

第一代是以技术创新为线性驱动的研发管理模式，通过共性技术研发、关键技术研发的创新突破，推进产品创新带来商业化的演进，从而推动创新研发活动持续进行。

第二代是以市场需求为拉动的研发管理模式，更为注重以市场拉动为目标，构建一个由产品创新、技术研发与有需求的客户反馈及潜在客户等拉动因素之间高度协同的良性循环，实现市场和产品设计的精准匹配。

第三代是各部门深度参与的研发管理模式，由公司技术研发、质量管理、财务等相关部门实现公司内部组合一体化，强调多专业、跨部门结合的优势，并就产品创新进行反馈、评估研究，确保研发方案实施的先进性、可行性和高效性。

第四代是价值链上下游创新合作的研发管理模式，强调连接和同盟，整合智能制造产业链上下游生态圈，构建产品创新生态体系，实现实时、高效、高质量的研发，有效提升价值链运行效率与竞争能力。

第五代是以客户参与创新的研发管理模式，强调广泛的网络化和创新流程的灵活性，在深度挖掘客户的隐性化、个性化需求及其他信息反馈的基础上，依靠灵活的快速响应与精准对接，持续推进创新研发。

第六代是“开放式创新”管理模式，注重企业内外创新资源的获取、整合与创新，通过动态价值评价实现资源的优化，构建知识生态创新系统，为企业实现高效创新提供决策依据。以用户为中心、多元主体深度参与、创新因素更为民主化的的开放式创新成为新趋势。如图 11-1 所示。

图 11-1　产品创新设计与研发管理模式

总体来说，不管采用哪种创新管理模式，产品创新过程都包含以下几个阶段。

产品策划。根据市场需求和企业产品定位，形成产品开发的整体思路及创意。包括产品策略的可行性、营销推广等，并对创意进行筛选，选择符合市场需求和独特的创意，确定目标客户和产品定位，塑造品牌内涵与外延，并形成初步的产品策划实施策略。

产品设计。设计管理在产品创新阶段具有重要作用。生产商与客户对于初步的产品创意的改善与优化，形成较为完善的产品概念，通过多种元素如符号、数字、色彩、图形等方式的组合，将产品概念具体化，确定产品的功能与结构，以及生产系统布局的落实与构建。产品设计是一个创造性的综合信息处理过程。

产品开发。加速产品从设计转化为具体产品是企业战略的核心关键。产品开发一般按组织→计划实施→检测/评审→批量生产等流程实施，主要包括制定产品开发策略，关键技术研发与集成优化、跨职能管理与研发效率提升、产品工艺设计与质量监控、产品开发生命周期内的迭代优化等。

产品测试。产品测试旨在经过市场评估、客户评价及反馈，对产品功能、产品规格、参数要求等相关要素的完善、优化与改进。产品测试主要包括产品功能测试、客户和市场测试。产品功能测试就是验收所开发的产品结构、参数与性能等是数据的准确性与可靠性。客户和市场测试则是测定所开发的产品达成客户的需求，并征求对其产品的评估及反馈，以便产品优化迭代。

产品发布。在产品测试及全生命周期阶段预测分析的基础上，进行销售渠道的创新优化，并进行大规模销售。

（三）基于移动物联网的产品创新设计与研发模式

1. 开放式创新（Open Innovation）

美国学者 Henry Chesbrough 首次提出“开放式创新”理论以来，开放式创新不论在全球学术层面还是企业层面都被列为管理创新中热议和研究的重要议题之一。他坚信，越来越多的公司重新思考想法的产生及其市场化的基本方式——借助外部想法推进公司内部资源和创新思想相结合进行创新，进而融入更多的创新要素，撬动更多的内部研发，实现创新创造的良性循环。基于物联网的开放和共享性，这为开放式创新提供了新的平台和极大便利。Von Hippel 认为，客户是创新的重要源泉，企业可以通过互联网建立一个虚拟的网络社区，让客户参与进来，提出自己的产品需求，并参与到企业的研发中去，以改进产品。此外，企业通过虚拟仿真建立虚拟领先用户社区，与社区用户相互间有效的沟通反馈，从而更好地进行产品创新。

在开放式创新中，客户不仅是产品和服务的使用者、消费者，还是企业的合作发明者，开放式创新主要体现企业的创新思路源自客户，以及市场竞争加剧倒逼产品创新、研发创新，从而更好地借助外部资源优势促使企业从创新累积中获得收益。

2. 众包理论

美国人 Jeff Howe 首次推出 crowd sourcing（众包）概念。“众包”是指借助物联网等渠道将某企业或机构过去本由自己员工执行的工作，以自愿方式外包给非特定大众以完成工作任务的做法。它具有基于互联网、开放式生产、自主参与和自主协作等特征，它体现了一种公众的参与式文化。

在互联网时代，基于开放式创新理念，客户是产品创新、设计、制作过程中的重要参与者，因其专业化的知识储备、强烈的创新潜质，并能够将碎片时间集中起来，参与众包，从而推动产品创新。这种来自用户的价值创造为主要诉求的众包，在激烈市场竞争中，越来越成为企业产品创新以及模式创新中应该具备的关键能力。

3. 长尾理论

按照美国学者克里斯·安德森（Chis Anderson）的长尾理论阐述，其认为用户对产品性能的需求呈现长尾状的帕累托分布。在互（物）联网时代，由于各项成本降低，生产商根据市场的潜在需求，达成不同客户群体的差异化诉求。一方面，可以向精英群体精准定位和设计价格不菲、高端品质的个性化产品；另一方面，也可以向广大用户设计样式新颖、功能完善的定制产品，向长尾理论中尾端的众多消费者提供必要的产品与服务。实施长尾策略的公司包括下列几项特征。

(1) 借助互（物）联网技术的企业，利用长尾理论筹划开拓细分市场，真正实现品牌长尾化，促使产品竞争由同质化向差异化演变。

(2) 利用互（物）联网技术，企业的产品或者服务存储、传播成本较低。

(3) 企业建立在巨量潜在客户群的定制需求基础之上，遵循产品多元利基市场的逻辑规律。

(4) 市场对个性化需求定制和产品创新具有强烈的需求。

4. 精益创业

精益创业理论不同于开放式创新和众包模式，该理论认为，在新产品研发和技术创新中同样存在市场的不确定型性，有效应对方法是小步试错，精准推进。它主要解决的是在客户参与产品创新过程中，精准施策，有的放矢，提升产品开发的精准性和可靠性，加速产品优化迭代。

精益创业的思路是：预设产品价值和增长价值，在实证检验及信息反馈的基础上，加速产品创新改善优化，如此循环往复，真正实现产品创新价值诉求最大化。

其操作要点是：主动试错，快速假设，快速验证，快速迭代，用最小可行产品以直接或间接的方式直接感知客户的真正需求，构建出体现自身产品创新与契合市场需求相契合的价值产品生态；企业知识库系统的优化迭代，并与客户信息反馈的有效整合相结合，用合适的指标测量价值假设和增长假设，快速完成产品更新迭代。

可见，“精益创业”基于最小化产品、客户反馈以及快速迭代的逻辑实验论证方法应用，由此构建企业进行有序试错、假设检验和科学实验的闭环，是一种高产出、低投入、产品创新迭代优化的新型开发组织形式，基于其经济性和对市场敏捷反应的特征，较为适合中小科技型企业进行产品的创新研发。

（四）基于物联网的产品创新设计与研发方法

一般来讲，基于物联网的产品创新设计与研发团队是产品开发成败的关键。大产品团队起着研发团队组织与协调的关键角色，促进组织结构优化，加快设计资源运转，确保产品开发环节协同高效。产品功能团队是日常运营的核心，分别由产品经理、研发工程师、产品测试、运维等人员组成，并按照职能划分承担相应职责，人员数量一般 3 至 10 人为宜，产品创新设计与研发是包括概念设计、工艺设计、方案设计到生产组织等相关产品要素的完整过程。在此基础上，构建无缝开放式创新设计与研发方法。如图 11-2 所示。

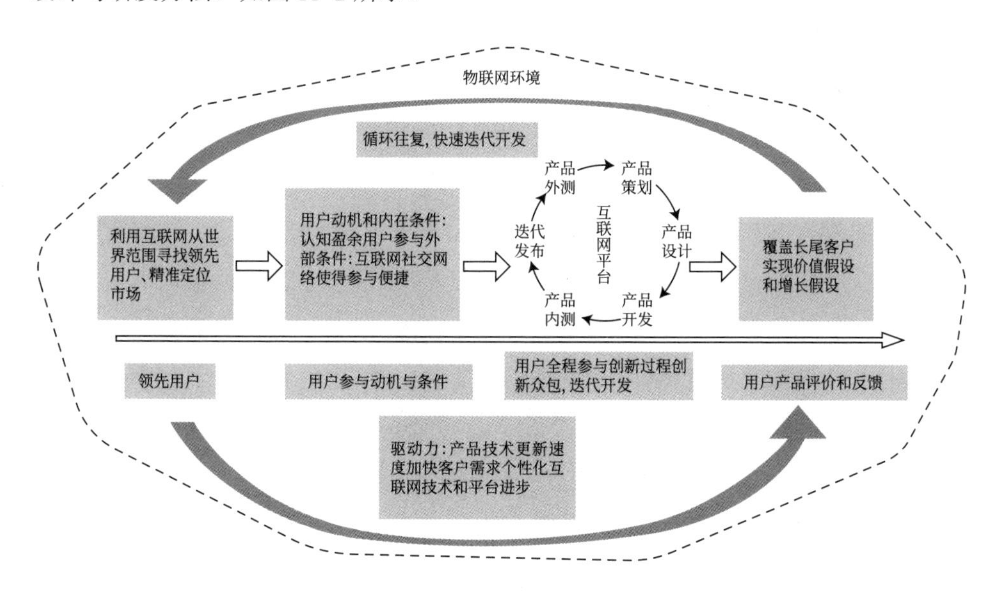

图 11-2　无缝开放式创新设计与研发方法

在产品创新研发过程中，找到合适的领先客户是做好开发式创新设计的基础与前提。这些领先客户有对产品明确的价值、功能、品牌等诉求信息，并与原自模块前端的企业联合确定新产品的原型开发与概念设计，并将其推向市场。通过虚拟社区，使得客户与生产制造商在产品设计、生产、服务乃至沟通成本都变得更为便捷与高效。迭代创新加速推出新产品，其“紧贴客户、快速迭代”的发展策略成为加速产品创新与企业转型的一大特征。

可见，借助物联网成为加速推进产品创新以及企业提质增效的重要举措。物联网对产品创新以服务升级的推动作用并非仅仅提供平台和系统工具，而企业借助物联网技术，重新定义企业和客户的关系。如受尊重、被肯定和平等，让客户获得参与感与归属感，有效建立忠诚度。

产品快速迭代模式是企业无缝开放式创新设计研发的重要一环。企业实施“最小化可行产品”后，实现产品创新各阶段诸如产品策划、开发、设计、生产、测试以及改进等完整流程的整合优化，良性循环，跟踪客户并评估反馈，快速推进产品的迭代升级。如敏捷开发、精益创业等开发模式，都属于这种创新范畴。该模式的主要特征是：高效利用物联网生态环境，从产品创意策划到产品落成的整个阶段，快速迭代、循环往复、用户全程参与产品创新的每个步骤。

第三节　产品研发与工艺设计系统

产品研发与工艺设计系统的核心或基础是工程设计系统（EDS），即确定产品设计目标，在智能制造技术和理念下，快速开发新产品、缩短产品设计周期。现代制造企业的竞争优势不仅来自出色的管理水平和营销策略，还来自无与伦比的创新产品设计和高质量的制造水平。从企业创新活动的价值链应用来看，技术变革是企业获得竞争优势的主要驱动力之一，产品设计周期、快速响应开发设计能力以及加速上市时间，都是构成产品竞争力的重要因素，从而超越竞争对手，提升市场占有率。因此，产品研发与工艺设计系统在制造系统中的地位十分重要。

一、产品研发与工艺设计系统的结构及组成

产品研发与工艺设计系统一般包括 CAD、CAPP、CAFD 和 CAM 四个子系统。

其工作流程一般是这样：来自 CAD 的信息经 CAPP 子系统后得到有关零件加工工艺信息、工装夹具等设计信息，这些信息再经 CAFD 和 CAM 子系统后，得到各工序的工装夹具图纸信息和加工刀具文件、NC 代码等加工信息。

产品研发与工艺设计系统除了要接收和处理大量的设计信息外，还要实现从工程设计、工艺过程设计、工艺特征提取、夹具设计、生产制造与装配等大量信息的集成与并行。工程设计自动化分系统的特点有四个。

(1) 构建一个基于统一数据标准的产品数据模型，产品研发设计人员在任一阶段的设计数据修改信息都能通过共享数据文档或数据库，直接反映到其他子系统中，保证了产品数据的统一性和可跟踪性。

(2) 功能上具有层次性。产品研发与工艺设计系统具有功能上的层次性，不仅具有如零件特征建模、可制造性评价及工艺生成等最基本的功能模块，还具备上层模块在并行模式下对上述基本模块的工作控制，实现对各功能活动的管理。

(3) 结构上是具有反馈的双向嵌入式并行结构，而不是单一的流程形式，这种具有反馈的双向结构，可以使制造过程中出现的任何问题，直接反馈到工程设计模块，进行修改和优化，大大缩短了产品的设计和制造周期。

(4) 性能上变得更加灵活和开放，表现为具有良好的可扩展性，可以添加新的功能模块，在符合内部推理机制下，系统数据库和知识库能够方便地扩充。

二、产品研发与工艺设计系统

产品研发与工艺设计系统有三个方面的需求：功能需求、信息需求与性能要求。功能需求表现在四个方面。

一是对产品开发项目实现有效的管理。在新产品开发的整个项目流程中，包括对项目人员组成与配置、项目统筹与进度、产品的检测和反馈等要素合理的优化完善，及时反馈各子任务的推进进度以及相关解决方案。项目负责人及时统筹与评估子任务的开发及履行情况，并随时调整任务的时间和节奏。

二是实施产品二维 CAD/CAPP 集成，利用计算机辅助设计（CAD 系统），将产品创新中的工艺设计、工装设计、包装设计以及产品设计中的绘图、修改、审核、绘图环节优化集成，降低设计风险，缩短设计周期，并且使工艺设计规范化、标准化。

三是实现产品信息管理。实现产品信息管理即是将产品研发、生产、检测等环节中所涉及的技术文件、设计能力资料、工艺分析、检测设备清单、及生产可行性报告等，进行有效、准确地分类管理。防止信息资料的泄密、混乱和丢失，进而保证信息资料的安全性。

四是工程设计自动化系统在生产制造过程中与其他系统集成，以解决信息交互的问题。作为制造系统的一个分系统，工程设计自动化系统必须在计算机通信网络和数据库环境下实现与经营决策分系统、市场需求信息等其他分系统的沟通；同时，工程设计自动化还将工艺文件、物料清单等生产信息传递给其他相关分系统。

信息需求表现在三个方面。

一是工程设计自动化系统内部信息共享，如 CAD/CAE/CAM 的三维信息与二维信息、接口文件的相互转化与集成等。

二是建立统一、一致的信息模型。

三是外部信息传递及接口。系统向生产企业相关部门延伸，如生产调度、质量检验以及技术等部门传送产品设计、能耗、产能、工艺等信息。此外，系统应与其他系统之间有统一的通信接口，需要与分布在全国各地的厂商进行信息沟通。

性能要求表现在以下六个方面。

一是实用性。系统应解决目前产品在生产制造、加工过程中所出现的实际问题，具有实用性。

二是可靠性。即工程设计自动化系统运行的稳定性和信息数据存储的安全性，基于生产场景应用的不断拓展深化，对其开发软硬件可靠性、可扩展性与可维护性质量要求越来越高。

三是先进性。工程设计自动化系统中的数据库结构、体系结构、软硬件配置以及网络选型等方面，要求符合先进性和成熟度的统一，且符合全球信息技术未来发展的趋势。

四是可扩展性。工程设计自动化系统应能够对企业发展和系统扩展有一个正确的评估，考虑其扩展需要在系统设备配置、数据库容量等要素适当预留可扩充空间，不能封闭，扩展性要好。

五是一致性。工程设计系统中的产品数据信息应符合规范性与一致性的要求，确保提供生产信息来源、传输过程的可靠、可控性与一致性。

六是易维护性。在构造分布式数据库管理系统的同时，充分考虑系统的维护性需要，采用可操作性强、易维护性和方便性高的集成式维护管理。

三、产品研发与工艺设计系统的功能树和功能模型

基于功能需求建立的产品研发与工艺设计系统的功能树，如图 11-3 所示。

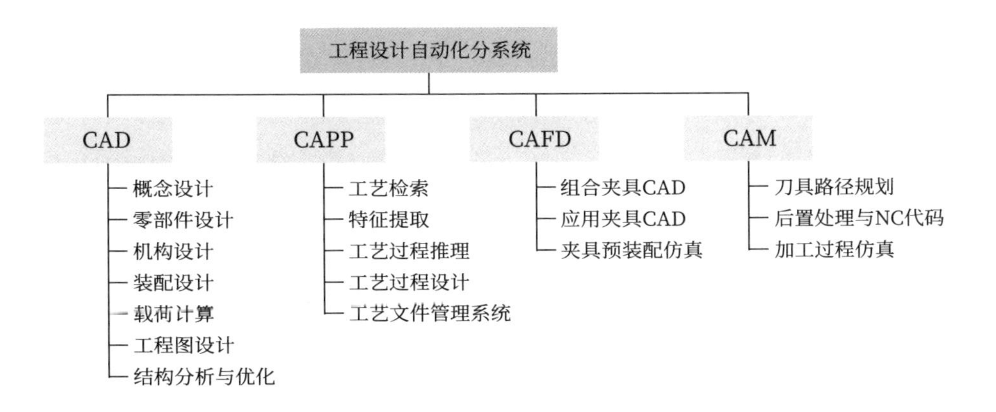

图 11-3 产品研发与工艺设计系统的功能树

CAD 子系统包括概念设计、零部件设计、机构设计、装配设计、载荷计算、工程图设计及结构分析与优化等功能；CAPP 子系统包括工艺检索、特征提取、工艺过程推理、工艺过程设计及工艺文件管理等功能；CAFD 子系统包括组合夹具 CAD、应用夹具 CAD 及夹具预装配仿真等功能；CAM 子系统包括刀具路径规划、后置处理与 NC 代码生成及加工过程仿真等功能。

四、工艺设计自动化系统与其他系统的内部信息接口

从图 11-4 中可以清楚地看出系统内部数据信息的需求和流动。

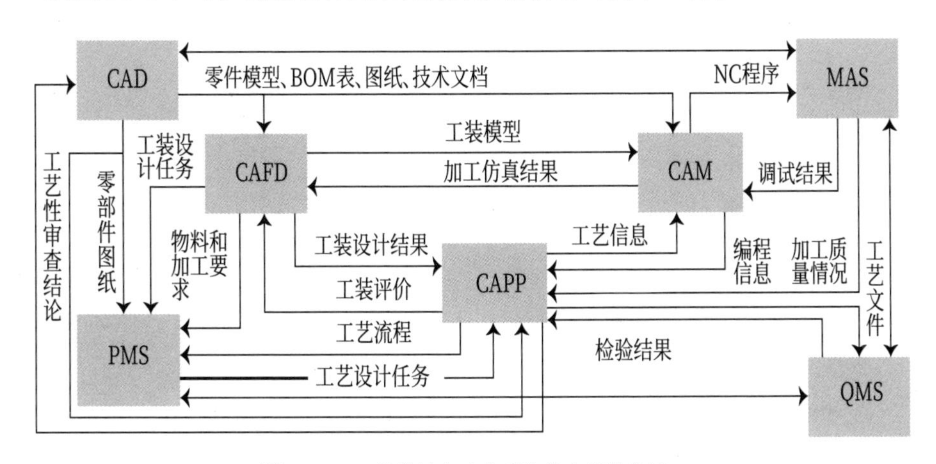

图 11-4 工艺设计自动化系统的内部信息接口

首先，将产品开发计划、生产经营计划管理等信息传到CAD子系统，由CAD子系统输出产品的零件模型、图纸、技术文档、BOM表等信息，并将上述信息传给CAFD子系统；其次，CAFD子系统将物料加工任务与工装设计以及相关环节数据信息的汇聚融合，传送给生产管理系统（PMS），并将加工建模（包括加工工艺、性能参数等）以及工装建模等环节的集成信息输入到CAM子系统，同时将工装设计结果等信息传递给CAPP子系统；最后，CAPP子系统在接收上述信息以及来自CAD子系统的BOM表和零部件图纸后，将产生的工艺信息和编程信息传递给CAM子系统，同时将产生的工艺文件和检验结果传递给质量管理系统（QMS），将工艺设计任务和工艺流程传递给生产管理系统（PMS），CAM子系统则将NC代码与加工仿真系统程序调试信息输入到制造自动化系统（MAS），MAS将加工质量动态跟踪与控制优化等信息反馈给CAPP子系统，CAPP子系统也会将工艺性审查结论反馈给CAD子系统。

第四节　智能研发的新动态、新趋势

在经济全球化的背景下，智能研发的高低是企业能否可持续发展的关键因素，已经成为国际跨界科技巨头以及高技术企业竞争的新焦点。这些企业纷纷抓住全球经济格局大变革大调整的机遇，以新能源、新材料、物联网等新兴产业进行重点突破，将研发创新作为产业跨越发展的主要驱动力，从而实现产业转型和高端发展。智能研发依托物联网、大数据、云计算、虚拟现实与增强现实等技术，从设计源头上全面改造企业和产业体系，推动智能技术在产品设计优化、工艺流程升级、产品质量检测、设备故障诊断等生产环节的深度应用，促进企业运营管理、物流、市场营销、客户服务等核心业务环节的改造，推动供应链整合重组、价值链细分重塑、产业链跨界融合；基于计算机信息技术、自动控制技术、大数据处理分析技术等，结合行业应用和需求问题，逐个突破在新能源、工程机械、轨道交通等重点行业的场景化应用，形成系统化解决方案的最优决策，由点带面促进产业的智能化转型升级。

当前智能研发的总体状况呈现加速突破、智能驱动的新趋势，正在从根本上深刻影响或改变着智能制造产业的发展格局与产业环境。这种趋势主要表现在以下几个方面：在智能水平上，基于传统的CAD/CAPP/CAM研发设计系统有机集成，提供系统解决方案，整合研发信息系统，补齐创新短板，进一步提升原始创新能力；在技术路线上，能结合市场快速变化，赋予企业更大的灵活性和敏捷性，敏捷式响应、高质量制造，解决复杂产品的系统级协同研发问题，助力企业向智能化、现代化管理转型；在研发形态上，数字智能应用驱动加速推进，经济社会巨大潜力逐步显现，企业在高企生产成本和缺失价格优势的竞争中，产生集聚效应，快速向现代企业进化且有机融入新的智能生态圈，推动产业转型升级和可持续发展。

一、智能化

把人工智能的思想、方法和技术引入传统的CAD/CAPP/CAM系统中，分析、归纳设计方法和工艺知识，模拟人脑的思维和推理提出设计和工艺方案，从而可以提高设计水平、工艺水平，缩短周期，降低成本。近年来，以知识工程为基础的专家系统的出现给CAD、CAPP、CAM的研究带来新的启发，并且取得了显著的成效。它们使新的工程设计系统具有一定的智能能力，在一定程度上可以提出和选择设计方法与策略，使计算机能够辅助和支持包括概念设计与构形设计在内的整个设计过程的各个阶段。

二、虚拟化

在工程设计自动化系统中引入虚拟现实技术，通过基于自然方式的人机交互系统，通过高度逼真的三维计算机生成一个虚拟环境，并通过多种传感设备，使用户在身临其境的感觉中与可视化的设计参数进行交互，完成虚拟制样、工程分析、虚拟装配和虚拟加工。通过模拟和预测产品的性能、功能和可加工性等方面可能存在的问题，提高生产管理人员的预测和决策水平，从而降低企业的成本和投资风险。

三、网络化

CAD、CAM、CAPP作为计算机应用的重要方面，离不开网络技术。只有通过网络互联，才能共享资源和协调合作，实现上述系统之间数据无缝管控和交换，减少中间数据的重复输入输出过程，加速新产品开发，提高企业在市场中的竞争能力。从某种意义上讲，网络化设计就是数字化设计的一种全球化实现。

四、并行化

产品开发有串行开发和并行开发等模式，由于未考虑产品全生命周期（从概念设计到产品迭代）各阶段的相关因素，串行开发模式有较大的局限性，不可避免地造成多次设计施工。而并行工程则是集成的、并行地设计产品及相关过程的系统化方法，在产品设计期间，并行处理整个产品生命周期中的关系，消除了由并行过程引起的孤立、分散，最大程度地避免了设计错误。

五、集成化

CAD/CAE/CAPP/CAM 信息集成技术是解决在现有商业化 CAD 系统下，通过特性技术实现与下游 CAPP、CAM 等应用系统信息集成的有效方法。这些技术的研究与开发在一般企业应用计算机辅助设计提高产品开发和生产效率方面也有广泛的应用前景。随着智能制造、虚拟制造、并行工程等概念和方法的出现，要求集成平台不仅能支持企业的信息集成还能支持企业的功能集成和过程集成。随着使能技术和企业经营过程分析的发展，过程集成已逐渐应用于生产制造的各个领域，其中基于工作流管理方式以实现过程集成是一个可行途径。

典型案例

一、好运达智创科技平台预制件智能工厂

混凝土预制构件生产始终是轨交全产业链中的重要一环。预制件的质量、成本是生产经营正常运作的关键。预制构件生产线运用 5G、物联网、智能视觉识别、大数据和智能机器人等技术，以智能化模具研发为创新点，对混凝土小型预制构件生产线进行技术改造升级，全面实现混凝土预制构件的自动化、智能化、柔性化制造。实践证明，预制件自动化生产线能够极大提升模具加工精准度和生产效率，进而提升生产质量，降低生产成本，提高设备利用率，避免多产线投资大、利用率低造成的浪费，有效缩短交货周期，赢得更多客户，实现行业科技创新与高质量发展，也有力促进了传统基建混凝土产业的转型升级与智能化发展，成为制造企业在竞争中脱颖而出的重要条件。如图 11-5 所示。

图 11-5　基于在支架搭设施工技术、模板安装施工技术、预应力筋张拉施工技术、混凝土配比技术等领域的研发优势，好运达智创科技不断推进新的桥梁箱梁施工技术，确保工程质量和施工进度，打造企业在基建领域的市场竞争力和品牌影响力。

（一）工艺关键点和创新点

好运达智创平台针对基建混凝土小型预制构件生产线进行智能化升级改造，其主要技术关键点与创新点有如下四个。

1. 设计 + 智能制造双引擎驱动，打造基于新型模具的智能化生产线

模具是现代工业的核心，新型模具是基建工程高质量发展的重要因素。通过落实设计研发系统、数字化生产管理系统、质量云生态系统等，能够有效地对机械设备、模具部件进行控制，从而实现快速、高效的产品加工，使模具加工做到标准化、数据化、规范化，极大提升零部件制造的自动化水平、智能化水平、绿色制造水平，质量、效率双轮驱动制造体系全面升级，打造全新的高端精品生产示范线，持续提升智能制造水平。

混凝土预制构件的柔性生产工艺环节涵盖柔性模台模具、脱模剂喷涂、混凝土智能布料、产品振捣、智能养护等生产环节。以三维模型和 PLM 全生命周期为基础，将企业产品模块化、系列化、标准化，建立最优的设计流程，形成智能的知识设计系统，从源头开始设计模具图样向标准化、流程规范化发展。在生产和装配的过程中，通过数控系统、传感器自动实现对质量、产量、加工能耗、加工精度和设备状态等

数据进行采集，实现企业数据流的闭环管理与企业范围内的信息集成要求，并与订单、工序、人员进行关联，实现生产过程的全程追溯，设备联网和数据采集的实现，也极大促进智能建设工业互联网的进程；模块化设计系统将产品系列化，融入计算，分析及优化，并将企业产品领域数据或专家的产品知识及经验集中管理在系统中，确保系统高质高效运转；生产线能够根据生产不同的产品，实现快速换模，柔性化生产；引进数字化工厂理念，通过虚拟现实和建模仿真软件，对生产线工艺布局、物流方案、生产计划等进行仿真验证，为企业的柔性制造生产提供最优解决方案；能够将生产工艺、加工工序、生产标准等信息结合企业需求进行联网标准化统筹管理，以此为基础提高企业质量管控水平，推进企业研发进程。

2. 智能布料系统

由于预制件模具品种多、样式多，传统方式采用单一定点布料。如果批量混合生产，采用机械手与泵机联动方式，达到机械手与泵机启停同步状态，根据各种模具排布码放、设定机械手行走路径程序，最终调取不同程序完成布料。

基于大数据技术与深度学习算法，研发精准布料系统，该系统利用称重传感器和可变容积等方式，实现精准布料。该工位读码器获取模台 RFID 信息后，将数据库中与 RFID 电子标签匹配的大数据调取出来，与该工位本地系统的操作指令结合，完成对应操作。大数据系统将历次布料环节中的混凝土质量和体积进行自动记录，积累数据，自动校对历次布料的平均值，采用 PID 闭环控制迅速准确地调节布料机的液压系统，从而实现布料质量和体积的最优化，完成精准布料。此方式降低了布料机因混凝土积累影响布料的准确性，还可以提高布料的响应时间。

3. 全自动子母车出入窑

该全自动子母车系统采用子母车方式，以实现物料在两个垂直方向上的搬运要求。搬运模台时，母车在各个养护窑间沿直线运动，子车负责搬取模台并将模台送入养护窑内。在结构设计方面，采用液压升降，性能稳定，运行平稳；采用传感器结合机械定位，定位准确，可精确到达所要输送的窑口，与养护窑控制系统联动，单窑码满后可实现联动关门。另外因采用子母车结构，养护窑内只放轨道，这样可以避免配件在窑中高温高湿环境中的损坏。

4. 全自动养护窑

产品养护工艺采用蒸汽加热的方式对混凝土构件进行蒸养作业。养护系统使用温度传感器、电动调节阀门、可编程逻辑控制器等设备控制养护温度。系统通过对温度信号的采集分析，并结合 PID 算法对电动调节阀进行精细控制，从而实现精准控温的养护工艺。

养护窑采用多段可调温度 + 自动阀门 +PLC 精准控制窑内温度时间 + 自动呼叫出入窑与开关门的创新方式实现了创新性改进。在对混凝土的入窑温度、表面温度、内芯温度、出窑温度以及各个阶段的时间周期做好记录比对，绘制出适合的预养温度曲线和蒸气养护曲线，在保证养护强度的基础上，尽可能减少时间节拍，提高产量。

（二）工艺特点

1. 基于数据化、标准化的智能模具生产线

工业数据是工业互联网的关键资源要素，是助推行业工业体系升级和行业数字化、网络化、智能化转型的基础动力。智能模具不仅降低材料和能源消耗的成本，还能提高生产效率和加工精度。此外，此智能生产线将生产环节采集的关键数据进行结构化处理，并通过工业互联网平台与 MES、ERP 等业务系统对接，实现业务数据的汇集；基于对行业海量工控数据和业务数据的积累和分析，实现针对生产线的精益化管理，进一步降本增效；对整个生产过程进行实时的监控、记录、分析及数据的可追溯，从而建立企业生产数据价值优势，优化生产过程，确保生产高效运行。

2. 提升生产过程数字化管理

数字化是企业转型升级的重要驱动力。通过研发基建混凝土小型预制构件柔性智能化产线，针对小型预制件多品类、多规格产品的多样化生产需求，采用先进的研发思路进行重点研发设计；对于模台模具、脱模剂喷涂、遮板组装、混凝土精准布料、产品振捣、产品养护等重点生产环节，采用新设备、新工艺、新技术，重点解决了多品种模具的固定和切换问题、混凝土布料量柔性精准控制问题等一系列技术难题，改变了以往小型预制件产线生产品种单一、智能化程度低、生产效率低、质量难以保障、大量需要人力操作的落后局面；提升企业的数字化管理水平，通过节点计划、生产主计划、车间现场作业计划的数字化管理，提高了计划制定效率、准确性和可操作性，并以此为基础提高企业质量管控水平，促进工艺研发进程。

3. 精益管理与生产管理深度融合

在生产管理中，精益管理与生产运行相辅相成，协调融合。精益管理贯穿于生产制造的每一个环节中，建立严格的数控加工技术流程，有助于提高模具的加工精

度，促进模具质量与技术的提升；规避烦琐的生产制造程序，提升模具的生产质量与工作效率。同时，能够带动企业跨越内部资源界限，实现对整个生产供应链的有效组织和高效精益化管理，从而使模具企业的生产运作处于良性循环中。

（三）项目成熟度分析

1. 项目成果获得业界认可

多次观摩学习好运达预制构件智能工厂项目，得到了业界专家和同行的充分肯定，多次组织相关参建单位和同行单位的现场观摩与技术交流学习。《中国铁道报》、央视、新浪网、中华网、高铁网等众多媒体进行宣传报道，赢得业界人士的高度评价。

2. 产线技术先进、产品质量可靠获得客户好评

预制构件柔性智能化产线已经在黄黄、郑济、京张等项目中得到普及应用。经用户反馈，确认该产线技术先进、稳定可靠，显著提高了生产效率和产品质量。产品性能指标符合采购要求，能够满足其生产使用要求，赢得了业界良好的口碑。

3. 依据项目成果编制智能建造相关技术标准

依据项目成果，本企业作为参编单位，参与起草了《混凝土预制构件智能工厂通则》《混凝土预制构件智能工厂 双块式轨枕》《混凝土预制构件智能工厂 预制盾构管片》《混凝土预制构件智能工厂 小型预制件》《混凝土预制构件智能工厂 装配式建筑》等多项智能建造相关技术标准。

二、好运达智创科技平台预制管片智能工厂

管片作为隧道的整体依托，对隧道的寿命和安全起着决定性作用。随着管片结构尺寸不断增大，在预制管片生产中，易引起端面受力不均、管片开裂等问题，生产难度越来越高。管片质量直接关系到隧道的整体质量和安全，成为地铁高质量施工的重要因素。

（一）预制盾构管片生产工艺

就管片生产来看，采用不同的生产方法，管片的质量存在着比较显著的差异。从国内的生产情况来看，管片生产主要有三种方法，固定台座法、机组流水法和自动化流水线法。好运达智创科技预制盾构管片生产线从智能模具清理、智能喷涂、全自动模具合拢、钢筋笼吊装、预埋件安装、混凝土搅拌与运输、精准布料、开盖、全自动收面、智能蒸养、全自动脱模、外形尺寸检测等各环节进行质量控制，为隧

道结构在今后运行中的稳定性和安全性提供保障，确保地铁列车平稳运行。

作为预制管片的专业生产厂家，在进行管片生产时，一方面要考虑其质量，另一方面要考虑自身的效率。好运达智创科技预制盾构管片生产线其施工过程，是由一系列相互关联、相互制约的工序所构成，施工程序复杂，工艺精度高，过程控制节点居多，直接影响工程项目的整体质量。为满足施工需要，好运达智创科技凭借多年来预制盾构管片生产积累的经验和研发成果，创新运用大数据、云计算、物联网、数字孪生等技术建设生产云服务平台，进行创新性研发，应用了以自动振捣技术为先导，隧道预制管片管理系统、桁架吊装、自动焊接等技术相续研发与应用，推动预制盾构管片智能化生产、精益化管理水平的提升。

（二）预制管片智能工厂工艺特点

利用“物联网”技术，研发预制管片管理系统。针对预制隧道管片的工艺流程特点，好运达智创科技应用现代“物联网”信息技术，建立管片“物联网”平台，通过 RFID、智能一体机、二维码等信息传感设备，开发隧道预制管片预制管理系统，实现对管片生产全过程生产信息数据的实时采集和分析，以确保产品质量；同时应用工业 PLC 等程控仪器将管片自动化生产设备与管片物联网信息平台相融合，通过平台的大数据分析和优化技术实现对管片生产和设备的最优控制，使管片生产具有智能化、数字化的特点，该技术的研究及推广应用有助于推进管片预制生产管理及质量控制水平的提升，助推地铁工程建设高质量发展。

以自动振捣技术为先导，强化生产工艺创新。设计是管片质量保证的重要一步，通过对管片各生产工序的智能化升级，生产工效指标大大提高，极大降低人工成本和管理成本，同时具有能源消耗低、生产效率高、质量可控等优点。特别指出的是，强化钢模板安装、钢筋骨架制作、混凝土浇筑以及自动振捣施工工序，基于混凝土浇筑采用自动振捣方式，振动传递到与之接触的混凝土内部产生共振力，使相邻振动器之间的作用范围能够相互有效覆盖，从而使混凝土内部达到充分、均匀、密实振动的目的。智能生产线实现了工艺标准化管理、数据自动化采集、检验可视化、安全实时监测、发运订单化等，提升成品的精度，延长使用寿命，管片的质量得到控制和提升，从而达到敏捷、高效、高质、低成本生产的目标。

推进精益智能，促企业良性发展。预制管片生产工艺是在对现有多种生产工艺深入研究并不断改良后，提出的更先进、更灵活、更可靠的生产模式，并将精益智能理念深植生产工艺的每一个环节。从生产过程来看，精益智能的很多理念，如生产布局、节拍、工序控动等，是实施智能管片的基础，同样，智能基建管片中的设备互联、高级排产、过程协同、质量过程管理等方法与手段，有助于促进精益生产的落地与提升，促进企业良性发展。

第十二章
创新数字化管理，推进高铁工程建设高质量发展

数字经济是提升管理能力和重塑经济体系的重要力量，数字化转型是当前各行业各领域转型升级的主要方向。对轨道交通业而言，基于云计算、人工智能、物联网等新技术的广为应用，数字技术与高铁工程建设深度融合，高铁的数字化转型势在必行。其本质是以BIM、GIS以及现代信息技术为基础，贯穿施工管理的每一个环节，由此形成勘察设计、建设施工、运营维护和竣工交付等方面数字化管理的闭环体系。推进高铁工程建设的全面数字化，实现新的突破和创新。

第一节　加快数字化转型，打造企业高质量发展“新引擎”

处于全球科技革命和产业变革加速发展的关键期，数字经济不仅改变了管理和生产过程，成为经济领域新的增长点，也包含了更大的挑战和机遇。积极推动生产运营数字化、培育数字产业生态化成为经济高质量发展的关键要素。基于此，一场数字化革命正在全球范围内全面推开。2020 年以来，美国以先进制造业为代表的未来产业领域的布局明显提速，德国、爱尔兰、英国等国家也在积极部署“工业 4.0”，带动产业数字化转型。英国在其数字化战略中强调包括连接性、技能与包容性、数字化部门等方面的战略任务。依托物联网、数字孪生等新一代信息技术，对制造业进行数字化的前瞻性布局，以期在重塑新一轮国际分工态势的博弈中占据价值链制高点。

当前，中国经济处于加快数字化转型、实现湾道超车的重要阶段，实现高质量发展还有许多短板弱项。中国势必要将智能制造转型升级上升到国家战略，抢占新一轮产业竞争制高点，将数字化、智能化转型成为推进中国迈向全球制造产业中高端的关键路径。我国政府先后出台《关于积极推进“互联网 +”行动的指导意见》《关于深化“互联网 + 先进制造业”发展工业互联网的指导意见》等一批数字化转型顶层设计先后出台。其宗旨就是将工业化和数字化深度融合，探索数字化转型的新路径，构筑数字化转型的新能力，进而在数字化转型中保持持续的竞争力。数字化转型是赋能企业技术创新能力、培育新模式新业态的必经之路。

在全球化的大环境下，数字化转型是加快企业转型升级，引领未来经济增长方式发展的新引擎。

纵观全球跨国巨头，苹果、谷歌、微软等通过数字化转型已成长为新的全球巨头。这些国际化公司加速全球经济发展的数字化变革，形成覆盖产品创新、生产制造、管理运营以及客户服务等环节，迅速推进产业结构转型与业态创新。就中国企业而言，大多数开展数字化转型的企业基本处于“上云”阶段，缺乏对“用数赋智”的深度理解和推进。从短期内来看，通过数字化转型可减少订单及供应链压力，降低运营成本，以及缓解疫情带来的负面影响。从中长期看，在国内企业加快推进新型基建形势下，数字化转型有助于发挥数字经济牵引作用，激发企业数字化转型内生动力，赋能中国经济高质量发展。中国的基建企业目前仍然处于“微笑曲线”中低端的位置，通过数字化转型，可以向“穹顶曲线”的高端迈进。想要在新价值链中站稳脚跟，企业需要紧跟数字化转型的脚步，进行全方位的系统思考，否则就会在数字化浪潮中出现“看不见”或“看不懂”，最终导致“追不上”的局面。

数字化转型关键在于重塑企业模式，按照“点、线、面、体”的体系思路，持之以恒地逐层推进，在转型中企业应对岗位层、企业层、产业生态逐步变革与升级。首先，从一些关键要素或工位作业开始，率先实施数字化，建立临时性解决方案。基于前一阶段的不连贯性、片面性，由点及线，再进行各个工序间的协同，而通过对生产环节的数字化改造，提高生产柔性，如对于质量、时间、鲁棒性、风险等因素，进行动态配置，使得工作流程更为敏捷、准确和可控，从而在每个环节推进数字化的创新和改进，并带来更为紧密的集成、自动化和内部运营的加速与提升。其次，在由线到面阶段，搭建具有凝聚力的数字平台。坚持数据驱动，将数据作为战略性资产，促进数据全要素汇聚和按需流动，使生产建造由“经验驱动”到“数据驱动”转变。在这一阶段，企业着手实施整体的数字转型工程，而不是消极的等待数字化运动来推动自下而上的变革，每一个生产环节都要经过仔细审查，集成生产制造各环节数据的实时传输、智能计算和建模分析评估，达成工业过程智能控制、智能运营和优化生产决策，促进数字化转型。再次，以数字企业为主体，包括纵向整合产业链、横向形成跨企业、跨区域的数字化产业链生态圈，由此进入由面到体的阶段。在此阶段，企业构建平台＋生态的发展模式，达成技术、资源、信息、管理以及业务等要素的无缝链接，横向上达成产业链上下游企业间的数据共享和业务集成，形成端到端的数字化工程优化，培育智能建造服务新业态。重点围绕构建以下几个方面新型能力开展，包括创新产品和服务、推广智能生产与运营、增强用户体验、加强员工赋能和培育数字新业务。

推进数字化转型是一个循序渐进的过程，也是企业转型升级、提升核心竞争力的重要内涵。对于企业而言，将数字技术、数字化管理工具与生产经营活动紧密联系，需要做到供需对接、协同发展并举，从而最终实现优化业务流程，重构商业模式，提高生产效率，实现业务增长，进而建立起持续有序的竞争优势。在“工业 4.0”的背景下，企业转型的切入点，成为至关重要的问题。

目前企业数字化转型呈现出三大特点。

第一，数字化与企业深度融合。企业是数字化转型的主体，而数据流动的自动化水平将构成一个企业核心竞争力的关键要素。在实际生产管理中，通过实现人、机、物的全面互联，加速构建数据融通、智能互联的新型工业生产制造模式及重塑服务，数字化贯穿于企业生产制造、运营管理、财务、人力以及物流采购的各个环节，而且深入企业间研发设计、远程运维、质量管理与销售服务等各业务系统的无缝衔接和综合集成，持续催生网络化协同、个性化定制、服务型制造、产品全生命周期管理等新业态、新模式。基于“物联网 +”的众包、众创、众智平台的汇聚及支撑，推动实体与信息交互协作的新生产方式。基于数字化在工业生产中起到支撑作用，创新资源配置、生产制造和产业组织形态，加速数字技术与运营管理有机融合。

第二，数据汇集成为核心生产要素。在实际应用中，运用大数据驱动企业财务管理、人力资源管理等领域数字化，构建企业内部各职能部门以及外部的数据共享平台、数据决策平台，在生产、管理、分配和消费中源源不断地产生出以文本、图像、声音、视频等多种方式呈现的信息，经数字化转换后，形成融技术流、资金流、人才流、物资流为一体的数据闭环，进而经连贯性地信息处理、分析、存储、传输数据的系统解决方案，把数据转化为企业的洞察力以及竞争优势。为企业领导者高效做出合理性和一致性的决策提供重要支撑，有效提升管理效益，促进决策效率，实现资源优化配置。提升生产智能化的关键是对系统运行中多维度的精准数据流进行反馈评估与执行优化，以及由此带来的聚合效应、叠加效应和倍增效应。

第三，企业决策智能化。移动互联网、物联网、边缘计算等技术在工程建设中普及，实现生产要素（人、机、料、法、环）数字化，能够持续获得大量具备关联性、一致性、价值性的生产数据，为构建与工程建造实体智能交互、精准映射、虚实融合的数字仿真工程奠定了可行基础。企业决策更多地依靠自身的数字化、网络化系统做出预测分析，成为大多数企业积极探索转型升级的较佳路径。

第二节　创新数字化管理，推进高铁工程建设高质量发展

随着云计算、大数据、人工智能、物联网等新技术的广为应用，数字技术与高铁工程建设深度融合，高铁的数字化转型势在必行。其本质是以 BIM、GIS 以及现代信息技术为基础，贯穿于施工管理的每一个环节，由此形成勘察设计信息、建设施工信息、运营维护信息和管理绩效信息的数字化管理的闭环体系，推进高铁建设过程的全面数字化实现新的突破和创新。

一、勘察设计

勘察设计时充分应用BIM技术，实现勘察设计多源数据融合，实现全线、全专业、全过程工程建设精细化管控。在高铁工程项目建设初期通过建模和对比的方式对工程前期调研、规划选线、方案抉择等进行分析把关和确认总结，在 BIM 模型中通过模拟与演示，对勘察设计过程中可能出现的重点、难点与要点进行预演，从而在源头上保证项目在勘察设计的水平和质量，随时掌握工程的进度、成本等动态信息，确保工程正常运行。

在充分掌握区域地质背景的基础上，根据地质选线的基本原则，重点分析重大地质问题的规律与特征，绕开严重不良地质地段，加大对重点地段和岩溶、岩溶水、危岩落石、滑坡、岩堆、顺层等专项地质的地质勘察工作，合理选择线路位置，开展具有针对性的专项地质研究与勘察活动。

在开展相关地质研究与勘察活动过程中，同时对高铁工程建设项目实施后可能造成的环境影响进行分析、预测和评估，并对土地的实用性和经济效果进行分级评价，就评价结果提出相关问题的解决方案。加强软弱土地基和路基工程、路堑边坡的钻探工作，对相应的岩心、矿样、土样进行分析研究，测定岩石和土层的物理、力学性能，经过采集数据进行对比分析和汇总。对于地质情况比较复杂的隧道、长大隧道和浅埋隧道进行超前地质预报，特别是带有岩溶、断层等不良地质体的隧道，采用电磁深层物探、遥感地质和先进的地质调绘技术等多种方式的综合超前预报技术，在重要地质点布设控制性钻孔，提前发现不良地质体，减少地质灾害的发生，指导隧道安全施工。设计文件的审查深度和全面性将会影响后续施工的质量、进度、

成本以及工期等各方面内容，在审查工程中，应坚持“批准后才能变更，设计后才可施工”的基本原则，对设计文件、施工图纸中工程数量、几何尺寸等进行细致审查。各级责任人在审查设计文件时，要求权责明晰，责任落实到人，保证勘察设计的水平和质量。

二、施工过程数字化协同

现场施工时围绕人、机、料、法、环、测等关键要素，贯穿于工程建设的机械作业、进度控制、质量控制等过程，制定合理的施工工序，建设智能工地解决方案，并将工程建设过程中的所有生产数据实时显示、上传、下载及存档，使项目管理者能够随时随地掌握施工动态，提升施工效率，优化施工方案。开展数字化工地的成套装备及技术研制和应用，完善现场工装设备的智能化和信息化水平，通过智能化方案提高施工质量、降低物料、人力等资源的浪费，解决工人劳动强度大、质量不稳定、生产作业效率低下等问题；通过数字孪生技术对施工的进度和成本进行模拟，在精准下料、现场管理、成本管控等方面实现由粗糙的施工管理模式向高品质精益化管理模式的转变。同时，以自动化升级改善工程的质量水平，防范和减少施工作业过程中安全事故的发生。

（一）原材料管理

在原材料管理系统的基础上，通过应用库存可视化管理、原材料进出场检验和数字化管控等方法，对试验室、物料验收和拌合站等重点环节进行系统管理，原材料从供应商开始，经由原料生命周期管理、成品标识、入库扫描、出库扫描、库位管理等环节，建立起与最终成品的数据关联，原材料管理系统录入了所有的数据信息，实现了既能追溯原材料来源，也能追踪成品去向的全生命周期管理。在检测过程中，不合格的原材料和物料将自动报警并采取相关措施，有效阻止不合格的原材料流入工程建设环节，在源头上完成对半成品和原材料供应有效控制，解决传统原材料管理中来源去向不明、库位及生命周期混乱、信息时效性低、遗漏率高等难题，保证工程的建设工期和工程实体的质量。

（二）路基专业

应用先进的北斗卫星导航技术，研制基于无人驾驶及信息化检测技术的路基智能压实设备，包括智能压路机、实时检测装置、中控系统和云端控制系统等，结合无人驾驶、路径规划、压实检测、图像识别、卫星定位等技术，在路基压实的均匀性、稳定性、压实程度等方面显著提高，全面提升路基压实质量和工程作业效率，同时大力发展地基加载的自动化检测和试验水平，完成智能化、数字化和可视化路基压实工作。

（三）桥梁专业

研发与设计桩基的施工检测系统、桥梁的精准控制系统和桥梁的线形监控系统及桥梁施工管理平台等一系列先进技术和装备系统，并应用于桥梁设计和施工当中。基于BIM技术，指导桥梁施工建设的场地规划和运输路线拟定，进行设计方案的优化和比选，实现工程量统计、预制构件定制，切实提高桥梁的建造效率和数字化施工水平。在推进简支梁施工时，通过现场远程操控智能静载试验、智能喷淋、自动张拉等全程施工系统的优化，以及梁场管理系统和智能设备来整体把控关键工序，最大程度提升箱梁的预制施工技术和质量管控。

（四）隧道专业

高铁隧道工程往往具有作业空间小、管理难度大和作业风险因素多等特征，通过应用和开发超前地质预报系统、隧道衬砌检测系统、有害气体检测系统、围岩监测系统、隧道设计数据管理系统等先进的隧道技术和装备系统，实现隧道施工、设计图和超前地质预报信息的输入、查询和统计，对现场超前地质预报信息进行集中管理、统一显示和实时处理，解决隧道施工管理过程中管控功能单一、信息整合度低、共享困难等技术问题。完成隧道开始施工以及初支全过程的风险预知和预判、施工质量过程控制，提升隧道建设效率和质量，保障整体工程施工安全性。

（五）轨道与线路专业

研发与轨道作业相关的轨道板精调和无缝线路应力放散，融合多类型传感器集成和多源数据融合结算技术，研发轨道交通几何状态快速检测技术及铁路道砟无损测量系统、噪声自动辨识监控技术和装备等，极大提高轨道检测和检验的作业效率和作业精度，实现自动化、智能化和信息化检测，在轨道作业过程中采集的数据为后期运营预测维护提供决策支持；研发枕厂与板厂的生产管理系统，能够实现钢筋集中加工、绑扎、养护、质量监测、出（入）库等施工工艺的数字模型评估检测、施工数据自动筛选及优化、异常情况智能反馈，加速轨枕和轨道板从开始生产到铺设完成全流程的智能化管理和数字化追溯。

在京张高铁建设完成的双块式轨枕智能工厂中，将传统轨枕生产线进行全面的智能化升级，实现所有关键工序无人化生产。采用智能桁架筋与箍筋组装安装设备，自动完成桁架筋与箍筋的安装、入模作业；采用精准布料系统，通过“双控”配合智能算法，解决了混凝土布料量无法标准化的难题；模具出入坑设备实现了自动入坑、出坑及自动蒸养，提高了生产效率和作业精度，同时独立养护坑规范了生产工艺，节约蒸汽能源。为全面保障轨枕质量，生产线配套了套管检测设备、箍筋焊缝检测设备、3D 智能检测设备等复检工位，通过工业视觉和深度学习算法，实现对产品尺寸和裂纹的精准检测，解决了之前人工检测质量受人为因素影响大的难题。

三、数字化竣工交付

以高铁建设工程为核心，将工程从项目立项到项目完成过程中产生的静态信息进行数字化建档，并汇总、整理和移交。数字化竣工交付系统涵盖规划、设计和施工过程的信息管理、BIM 模型管理、清单管理、建设和维护数据转换、可视化查询和系统管理等。其中，规划、设计和施工过程的信息管理分为建设管理、勘察设计、施工资料、监理资料、竣工验收资料等类别；BIM 模型管理分为工务专业模型、电务专业模型、供电专业模型、房建专业模型和集成模型等；清单管理包括文件移交清单、资产转移清单和设备运维清单；建设和维护数据转换包括设备履历、影响资料等；可视化查询和系统管理包含建设信息、隐蔽工程、基础数据管理和系统管理。通过有效集成项目实施过程中的多源信息，形成建设工程项目的结构化竣工交付数据库，实现对竣工交付信息的集成化、数字化、可视化，为后续的智能运维系统搭建创造必要的基础条件。

通过数字化竣工交付系统将建设单位在高速铁路全线建设过程中各类信息形成数据资料，包括包含有结构化表格、BIM 模型、二维图纸、设计说明、质量资料、安全资料、云端业务数据、模块管理、安全施工管理、计划进度和竣工验收资料等重要资料进行分类别数字化管理，并建立数据组织模型，为运营阶段建立起必要的数据档案，给后续的基础设施管理和设备管理提供数据支撑。

将 BIM 模型内承载的建设管理过程产生的各类信息和数据，通过数字化竣工交付系统以无缝转移的方式在竣工阶段予以交付。将竣工交付数据以实体模型为核心进行组织、存储、关联和管理，在 BIM 模型的铁路运维管理系统中，集成运维期车载设备、信号通信检测记录、维护记录、优化调试信息、生产作业及缺陷库等要素，加速 BIM 模型从设计到运维的拓展和延伸，建立起全线 BIM 协同工作平台。围绕高铁建设工程施工方案、设计和图纸文档、工程数量、技术交底、施工进度、现场监控、风险预警、质量管理和安全管理等信息，为项目管理人员提供所需综合信息分析和汇总平台。实现设计模型的交付管理与高铁建设工程勘察、设计、施工、进度、质量、安全、运营等信息的有效集成，形成覆盖全线各专业的基于 BIM 技术的高速铁路建设管理平台，全面提高各参建单位的协同工作效率。

第三节 中国制造企业数字化转型的探索与实践

在工业物联网持续高速发展的发展机遇期，积极探索数字化技术的实践与布局已成为企业跨越发展的关键，利用数字技术来创造和获取价值，成为在数字化浪潮下全面主动掌控数字化“弄潮儿”，尤其是伴随着装配、焊接、搬运机器人及数字孪生、3D 打印和大数据分析等数字技术的发展，数字化所能创造的利润更高、更直观，已经成为传统制造企业降本提质增效的最优选择。

以混凝土制品之一的双块式轨枕的制造生产为例，最早生产的双块式轨枕产品，由于人类认知层面的局限，只是停留在相对比较模糊的概念而已。如果没有数字化技术的探索与实践乃至积累，想要构建一套生产工艺或者是建设一整条双块式轨枕生产线，历经高质量的迭代设计是必不可少的。举例来说，为了验证双块式轨枕某个部位的尺寸与配件间的相互位置，就不得不重新设计流程（俗称打样）或生产出大量的中间产品，在很大程度上导致企业消耗大量的人力、物力、财力以及时间成本。采用数字化模拟演示设计技术，就可在三维数字空间里虚拟出创造双块式轨枕的工艺流程和样品。在虚拟的三维空间里，可以随意修改双块式轨枕及其配件每一处的装配关系和尺寸，大大提升双块式轨枕组织流程、产品几何结构以及装配方式的可行性等要素的集成优化。此外，数字化技术可以根据生产工艺和生产流程，设计出具体生产线工艺，并且对其进行迭代设计与验证，优化物理样机生产工艺的技术更新以及制造能力的提升。实际上，在双块式轨枕最终生产出来之前，多环节数据的分析反馈且不断优化的数字建模必然驱动相关产品的升级迭代。以计算机技术替代传统产品模型，基于针对系统的性能参数及状态变化等模型的数据分析与精准评估，提升生产效率与优化产品质量。数字化技术的概念很早就被广泛提及，但直到物联网技术在工程领域应用，信息技术与工程建设有机融合，才变得具有成本效益。而数字化技术是信息化后的数据沉淀，IT是基础，还包括一系列的数据采集、数据分析、存储加工以及数据集成和共享，优化资源配置和生产工艺，从而提升企业的整体运营效率，成为企业进行生产管理及决策的平台工具。

近年来，随着中国智能制造的战略不断被提及，数字化技术的关注度越来越高，应用领域也不断深入。该技术集成了人工智能（AI）和机器学习（ML）技术，融入数据、算法等，不仅连接单个模块，而且实现多个模块的串联，如智能工厂中的人、机、料、法、环，从而能够不断尝试新算法，测试新工艺，在问题发生之前就能发现问题并进行优化改善。

数字化技术为传统制造业提供了新的发展思路，具体来看，传统制造业数字化转型主要通过以下几个路径来现实。

一、以智能制造为重点推动企业数字化转型

针对重点行业建设智能单元、智能产线、智能工厂，通过应用智能化装备与先进制造技术，并对产生的数据甄选利用分析，实时控制制造过程更为柔性化与智能化，持续提升智能制造水平；在新材料、新工艺、新平台的数/模驱动下，增强企业数字化改造的内生动力，将物联网与基于机器学习的工业机器人技术相结合，加速推进工业装备智能升级与优化工艺流程，重构创新模式与优化生产模式；构建知识库系统、算力算法优化以及数据集成共享的智能化闭环，提升人机交互协同制造，加速推进系统迭代升级。

二、平台赋能推动产业数字化转型

以新一代信息基础设施为抓手，在积极部署新一代信息设施的基础上，全面改善传统制造企业的数字化转型升级需求，加快推动新一代信息网络升级。工业物联网、大数据等新技术的应用，成为推动传统产业升级改造的重要引擎。在“新基建”的热潮下，工业物联网赋能基础设施的智能化改造，通过对人、机、料、法、环等全要素进行重构，推进生产方式、服务模式以及组织形态变革，深挖数据核心价值不断优化产品的综合能力，加快推动“中国制造”提质增效，从而推动经济产业整体数字化转型。

在平台建设基础上，以物联网平台赋能为着力点，结合行业发展特征和综合优势，

推进生产环节、管理方式上云赋智，加速推进平台工程施工、数据运营等全生命周期的全面集成，提升与优化资源配置能力与智能互动能力，以不同的方法和作用点推动行业数字化转型。对于轨道交通行业，抓住生产过程智能化这一痛点，从设备智能管控入手，加速生产工艺透明化、设备运维智能化、生产制造服务化、经营管理精益化等的数字化转型，逐步形成制造企业可持续发展、向数字化转型升级的产业格局。

在“新基建”背景下，场景成为产业互联网创造价值的重要内容，从而推动基建产业向纵深发展。以双块式轨枕数字化转型为例，国内轨道交通混凝土制品双块式轨枕首家智能工厂在京张高铁的创建与应用，在全国高铁行业具有示范意义，是轨道交通领域智能工厂建设的全面探索与实践。其本质是以MES系统、SCADA系统、PHM系统以及现代信息技术为基础，实现京张建设过程的全面数字化、协同化、智能化，使新基建产业与数字转型相结合，深掘数字要素价值应用，构建生产方式、组织模式变革和建造过程优化闭环，加速推进“智能京张”和“实体京张”虚实相映的两个产品。在轨道交通领域具有极强的导向效应、示范效应和辐射效应，推动整个轨道交通行业的数字化转型。

典型案例：

京张高铁六标段：创建国内首家轨道交通双块式轨枕智能工厂

一、智能工厂基本情况

（一）智能化施工建造

怀来梁枕厂双块式轨枕智能车间是对现有十二道工序设备实行工序自动化和少人无人车间两个阶段的持续升级改造。在工序自动化阶段，对传统的生产线关键工序采用新设备、新材料、新工艺进行改造升级，改造环节包括模具清理、脱模剂喷涂、预埋套管安装、吊装码垛、蒸汽养护、轨枕脱模、产品外观检验、成品养护等工序。成功研发全自动双枪喷涂机、全自动套管锁付机、模具清洁机器人、全自动残渣吸附机、模具自动吊装码垛系统、裂纹智能检测标识系统等，达到了降低成本、提质增效、环保节能的目的。如图 12-1 所示。

图 12-1　智能轨枕工厂生产现场

少人无人车间阶段是在自动化生产车间的基础上进行的优化升级，除了对全自动套管锁付机、模具自动吊装码垛系统、裂纹智能检测标识系统进行升级完善之外，还对桁架钢筋、箍筋安装工序、布料工序进行全面升级改造。全自动套管锁付机升级为套管自动组装安装系统，通过现场加工螺旋筋，实现原材料统一标准。标准统一的螺旋筋通过自动运输通道运送至作业工位，自动识别、抓取安装。在桁架钢筋、箍筋环节中，研发桁架钢筋、箍筋自动安装系统，利用机器人自动焊接、精确定位安装。

在挂钩安装工序，采取现场制作标准化挂钩，通过最新研发的自动挂钩设备，实现挂钩的自动组装安装，最终实现工序的流水线组合生产。在布料工序研发混凝土精准布料系统，利用鱼雷管、光感测距等方式，实现精准布料。在模具吊装码垛工序，将模具自动吊装码垛系统升级为自动化程序控制，无需人力来操作。在产品外观检验工序，将裂纹智能检测标识升级为自动质量检测系统，在原有裂纹检测基础上，增加外形检测、清理注油加盖等功能。少人无人车间阶段的持续升级改造，实现了生产线关键工序的自动化、智能化，降低了劳务成本，提高了生产效率，从而实现了少人无人智能车间。

（二）智能化运营维护

在信息化管理方面，双块式轨枕智能工厂 MES 系统实现透明化生产管理，优化工厂生产制造的管理模式，稳固过程控制和管理，大大降低生产成本，提高工作效率。研发 SCADA 控制系统，实现对现场的运行设备进行监视和控制，实现生产线运作一键操作，同时与 PLC 对接，实时监测设备运行状态，保证生产线设备自动化控制的可靠性和稳定性。另外，生产线设备率先引入 PHM 技术系统，实现设备故障检测、故障隔离、性能检测、故障预测、健康管理、设备部件寿命追踪等能力，从而减少生产线设备的维修费用和提高维修准确性。

二、研发力量

中铁三局与北京好运达智创科技有限公司联合研发，聘请了知名科学家为技术顾问，汇聚海内外技术人才，还包括高水平的技术设计、安装、调试小组的项目团队，以京张高铁怀来梁枕场双块式轨枕生产车间为样板，全面推进中铁三局怀来少人无人智能车间建设。

三、实施效果

在一系列的生产效率提高、产品质量提高、能源利用率低、生产成本降低的基础上，产生最直接的结果就是获得更大的经济效益。经过一系列生产线前后改造效果整体对比，可以看出，生产效率有了明显提升，达到预期目的，促进智能企业转型升级与提质增效。如表 12-1 所示。

表 12-1　轨枕生产技术创新与效果分析

对比内容	改造前（人工流水线模式）	改造后（智能工厂模式）
作业人员	47 人（两班）	少人、无人
管理人员	10 人	1~2 人
工艺性能	机械半自动	智能化、自动化
生产质量	人为干预因素大	标准化高质量
节能环保	噪声大、污染大	节能降耗、低碳环保

四、普及范围

双块式轨枕单模生产工艺是对现有多模生产工艺深入研究并不断改良后，更为成熟、更为高效、更为稳定、更为可靠的轨枕生产模式。其设备更加轻巧化、模块化，运行速度和稳定性大大提高，在业界彰显出良好的示范效应、导向效应与辐射效应。

目前该智能工厂工艺技术已在黄黄二标项目、郑万铁路重庆段土建四标重庆奉节轨枕厂、郑万铁路南漳轨枕厂等得以推广普及和智能化创新应用。

第四部分
创新展望篇

第十三章
物联网的愿景目标
——打造智慧企业

智慧企业是好运达智创科技近年来提出的解决方案，是对近年来数字化转型市场发展的总结和展望。对于物联网而言，智慧企业是一个很重要的创新。它实现了企业应用软件与工业应用软件的融合，使企业完成从流程驱动到数据和流程混合驱动的重大转变，极大提升了企业的生产效率，实现了商业模式的转型升级。同时，深化组织机构和生产方式变革，重塑以数据为中心的产业价值链和生态链，进一步提升企业竞争力。

第一节　智慧企业是企业智能化发展的最高形态

从物联网的发展规律看，工业物联网的发展可以分为三个技术发展阶段。第一个发展阶段是实现互联化和服务化，通过水平集成建立跨公司的价值链和网络，通过垂直集成打造柔性的、可配置的生产系统，实现产品全生命周期集成，提高企业运营透明性；同时，剥离产品的物理属性与数字属性，通过数字孪生实现工业资产的服务组件化。在第一个阶段的基础上，企业的整体应用结构将发生一场深刻的变革，步入第二个发展阶段——数字驱动。这一阶段实现了企业运营由生产流程驱动向“数字＋流程驱动”的混合型转变，通过打造“数据—洞察—行动—效果”构建智慧型企业应具备的素质环环相扣的价值链条，不断改进产品，企业运转敏感性进一步提高。第三个阶段则是打造智慧企业，通过充分提升生产运行各个环节的智慧化水平，减少人工重复性工作，以实现基于人工智能的自动决策，全方位提升企业运转效率，最终迈向智慧企业。

智慧企业的基本内涵就是企业的智慧化过程，是信息通信技术与企业管理紧密结合的过程，是企业信息化发展的表现形态。企业的智慧是企业、消费者、合作伙伴与公众智慧的集合，表现为共享的、协调的、最大化企业内外部资源的经济竞争力。云计算不仅使互联网技术基础设施虚拟化、动态化和高效化，更重要的是能够推动经营模式、管理理念、组织架构和管理流程进行转变。国内外对智慧企业的理解大致有这样几个方面：在企业的组织结构方面，智慧企业不同于传统的企业组织结构，更强调信息化条件下的扁平化，便于沟通交流；在技术能力方面，智慧企业对前沿技术和创新技术充满兴趣，创新成为企业的核心竞争力，是典型的创新型企业；在关键资本和资产方面，智慧企业注重培养知识型的员工，属于知识密集型和信息密集型企业；在企业营销方面，智慧企业依托互联网营销平台，大力推广网络化营销；在企业战略方面，智慧企业具备国际化愿景和目标，是一个国际化企业。

何谓“智慧企业”？

笔者认为，智慧企业是依托新一代互联网、物联网与云计算等技术，以信息为基础、以知识为载体、以创新为特征，构建一个高感度的基础环境，以此来推动企业进行智能化、网络化、科学化的经营管理，实现产业转型与升级；以及工业化与信息化深度融合，优化配置企业财力、人力、信息、物资等各类资源，达到企业内部的信息感知与传递、处理，最终实现企业竞争力提升、员工满意度增强的可持续发展的企业战略目标。

智慧企业是一种企业身处巨大变革时代的全局性战略思考，是一种方向引领的发展方向，是一种新技术创新推动管理变革以及两者交织融合而成的新模式，是一种传统企业践行“互联网 +”战略的最佳实践。智慧企业需要具备以下素质及要素。

一、创新，打造智慧企业核心竞争力

在全球数字化升级赋能基建工程高质量发展的大背景下，创新成为一个国家再工业化战略的关键支撑和实现智能制造高效发展的原动力，也是企业加速数字化转型智能化发展，打造核心竞争优势的关键要素。

企业树立系统创新思维尤为重要。智慧建设并非仅仅加快数字技术与制造技术深度融合的迭代升级，也并非仅仅部署与构建先进装备、系统、软件等系统的更新迭代，建立以云计算为核心支撑的“智慧 + 共享”数据驱动系统，实现“数据反馈—信息评估—资源整合—协同管理—企业决策”的优化闭环，为加速平台智能化管控提供支撑；采取“人工智能 + 管理创新”双轮驱动，加速工业化进程中的技术规范、制造标准等要素的迭代优化；更重要的在于驱动流程、机制、知识等要素的耦合、重构优化，需要同步推进人的赋能与管理变革。强化人才在实现智慧企业愿景的支撑作用，推进企业在技术创新、知识迭代，以及加速产业孵化赋能，优化整合人才链、技术链、创新链、服务链，以智慧化、数据化提升技术层面、管理模式的协同发展，促进生产力与生产关系的同步调整，创建适应未来竞争的新型能力。

在企业变革中，企业未来创造价值能力取决于深层竞争力，即创造力，它是构成企业组织模式变革和价值创造力的稀缺元素。“互联网 +”使员工知识获取和信息掌握的能力得到前所未有的释放，员工迸发的空前的创造力正成为构建智慧企业的基础。人工智能使人们的分工更加极具创造性和挑战性，通过数据反馈、技术迭代与持续提升机制，构建基于深度学习的智能专家系统，形成跨学科、跨领域的知识储备以及人的能动性与创造性自主协同的优化闭环，搭建起开放兼容、稳定成熟的科研创新与智能协同体系，不断提升企业的智能化水平。人的主体性与机器智能相结合会成为未来发展的重要趋势，人类智能与人工智能在交互融合与不断碰撞中创造出全新的智能生产力。在网络化的组织上，员工完全可以成为自主研判、自动管理、自动预测，并充分发挥创意与灵感的智慧者。

智慧企业的建设首先要以人为出发点。智慧企业强调终身学习并能够学以致用，推崇知识与实践相结合，加速企业技术创新、组织创新与自主创新；员工不断培育与开发学习创新能力，才是构成并推动企业创新的持久动力。员工只有具备了协作意识，才能使企业的策略和制度得以贯彻实施；员工只有具备了全局意识，才可以避免出现本位主义，也才能够为公司整体发展提供好的建议。员工具备了这四种意识，就可以不断推动企业由计划管理和目标管理逐步走向自动化管理，才能使企业更好地适应变革，最终成长为智慧企业。

二、高效运用 IT 工具，构建智慧企业组织与管理新生态

作为具有创新性的科技企业，创造带来的成就感和社会价值成为员工最主要的驱动力。企业为员工带来更高效的创造环境和创造工具，员工以全新方式参与到企业运作中。他们应用互联网、云计算、大数据、物联网、移动技术、传感器等先进技术和管理工具，更加系统地自动预测、自动运转和自动管理，这一过程中企业的核心竞争力得以重塑。但这还是远远不够的，还必须要合理地结合企业的外部知识，这主要来自行业组织和竞争对手。智慧企业的另一特点就是高效协同，这取决于协同工作能力，通过将日常流程电子化，能够极大提高企业运作效率，同时可以提高员工间的协作水平。

对于企业而言，智能制造不再是一个概念，而是一种落地的生产力。从数据挖掘到管理决策，智能制造正为实现企业现代化发展带来更大的发展空间。作为工业互联网的创新形态，好运达智创科技不断完善优化平台系统，搭建了一个轻松、便捷、透明的企业管理服务平台，从 OA 到移动 OA 再到智慧协同，从办公自动化到为中心的企业运营管理平台，协同不断被赋予新的内涵，而智创工程互联也在变革中扮演着举足轻重的角色。智慧协同是结合人工智能，以人为中心的协同管理，是一种人机共生的系统，只需鼠标轻轻一点，足不出户，就能在几分钟之内迅速实现网上办公。企业互联网平台大大降低工作成本，快速提升工作效率，组织效率大幅度提升，突破了时间和空间的限制，使身处国内乃至世界各地的员工紧密地联系在一起。这种企业运营管理平台搭建了一个便捷、透明的数字化管理平台，也使员工与企业、员工与员工之间的沟通变得更加高效、专业、规范和更有价值。

三、企业的文化竞争力，贯穿于智慧企业战略发展的每一个环节中

构建智慧企业是一项系统而复杂的庞大工程，涉及企业文化重塑、组织架构调整、业务流程优化等诸多内容。智慧型企业除了通过宣传和IT工具进行传播和保障以外，智慧型企业需要通过制度与文化不断地进行强化。智慧型企业强调的文化主要包括执行力、快乐工作、学习与创造，智慧企业应将符合现代生态伦理要求的价值理念体系贯穿于文化建设中。互联网思维要具有崇高的思想境界追求，不能仅仅考虑功利主义。建设智慧文化要从四个方面入手：在工作方式和工作内容上体现智慧文化，大数据平台的成功搭建和运行强调信息的价值；在工作及技术上要支持智慧文化，还要从员工的个性化需求出发，提供协作技术，并尽可能消除限制，利用信息管理平台创建完备的知识管理系统，从而实现创新；通过多方式和多类型的培训来强化智慧文化的认知，这不仅包括商业文明、企业文明和服务文明的普及教育，还包括智能化技术的普及培训等；对智慧文化建设还要从企业激励机制上提高员工的参与热情，可以通过物质奖励和精神奖励来激励员工对企业文化建设做出突出贡献。

当前，世界科技创新进入到多点开花、群体奋进的新阶段，颠覆性新技术不断出现，催生出一大批新业态、新模式、新经济形式，特别是新一代信息技术的发展和通用目的技术属性的增强，为推动全球产业链创新发展、打破既有产业链分布格局提供了强大动力。

在此背景下，各国为抢占新一轮科技革命和产业变革的制高点与主导权，纷纷将新一代信息通信技术作为发展和增强本国竞争优势的重要支撑，加大产业布局调整，强化新一代信息通信技术与制造产业的深度融合发展。

智慧企业顺应时势所需，凭借信息化关键能力的分析总结，以产品全生命周期管理为主线，努力打造智慧企业战略的系列解决方案。在具体工作中，好运达智创科技在智慧装备、智慧研发、智慧生产、智慧管理、智慧学习和智慧人才等方面进行了不懈探索与深入实践。打造智慧工厂，这是好运达智创科技打造智慧企业的主战场，也是好运达智创的传统优势领域。由好运达智创自主研发的六位一体化智慧工厂信息管理平台，将信息化全方位融入企业的日常管理、生产运营、市场营销、财务管理、战略决策等各个核心业务领域，通过“可视 、可知、可溯、可控”的透视化管理，构建起一套人员、设备、环境一体化协同模式。

全生命周期管理，全方位风险预判，全要素智能调控。与其他领域的智能工厂

相比，好运达智创科技坚持以基建工程数据管理为核心，打造基建工程数据中心、生产决策指挥与工程管控平台，打通传统工程建设过程中存在的“孤岛效应”，整合各单元专业数据，形成自动感知分析、自动预警提示、智能管理决策的工程管理模式。全面覆盖轨道交通工程建设从宏观全局到细节过程，从项目设计、建设到生产运营管理等全方位、全过程的智慧管理，为智慧工厂的后期运行提供庞大数据支撑。通过数据采集平台、加装自动控制、传感、数据采集卡等，实现人、事、物的连接和数据自动采集；提供工业大数据平台，对企业数据进行抽取、分析、计算和管理，实现运营协同与智慧管理决策。

实施智慧管理。基于大数据决策支持，以物流、信息流、资金流集成为基础，创建贯穿产品全生命周期的信息化管理体系，将精益管理等先进管理方法融入其中，实现由人工汇总并上报决策数据的落后方式转变为科学化决策支持、精细化资源管控、协同化经营管理。

实施智慧生产。基于通过实现复杂组织和流程下的信息集成，对人、机、料、法、环等信息数据的无缝连接，建立从空间、时间到状态同步的虚拟生产现场，实现对生产现场全要素的实时感知监控；依托工艺设计仿真、制造运营管理（MOM）、智能工厂、智能供应链物流等信息化平台与理念，打通产品研发、生产管理控制，以及工厂“端到端”的数字化发展模式，实现制造模式的转型升级，使传统生产模式转变为高度智能化、分布化的制造模式。

实施智慧研发。它是与智能制造相适应的研发体系，是当前企业研发支撑平台的升级。以物联网特别是工业物联网等现代智能科技为手段，实现产品研发体系的智慧化和所研制产品的智能化。实现顶层计划到具体执行的透明化管控、基于知识驱动的自动化设计、多学科协同设计仿真优化及验证、基于标准接口的试验数据的采集与管控、产品数据的全过程管理与可追溯等。实现多维度数据的存储和分析，支撑研发设计的迭代更新；在实现企业控制或管理的目标的同时，不断提升企业的创新能力。

研发智慧装备。这是具有感知、分析、推理、决策、控制功能的制造装备，集先进制造技术、信息技术和智能技术的集成和深度融合。通过智慧中枢形成一种全新的人机交互方式，构建智慧装备与智能技术“端到端”的虚实融合数字化闭环路径，形成虚拟数字世界与现实物理世界的相互驱动和闭环管理，使企业最终迈向智慧企业的最终目标。

对制造全系统、全生命周期活动（产业链）中的人、机、物、环境、信息进行自主智慧地感知、互联、协同、学习、分析、认知、决策、控制与执行，促使制造全系统及全生命周期活动中的人 / 组织、经营管理、技术 / 设备（三要素）及信息流、物流、资金流、知识流、服务流（五流）集成优化。

打造智慧人才。 建设智慧企业的关键要素就是人才。在智慧管理中产生的诸如决策与执行能力、自主创新能力等，需要高端人才科学管理与优化决策。诸多平台和资源提供者之间构成的非传统劳资雇佣关系，使得人才不再是公司的所有，而是为公司所用，这就形成了共享经济时代背景下的智慧企业人力资源管理新特征。获得人才的途径不再只局限于一般的招聘模式，而是通过“全球人才库”的平台实现全球人才资源共享，从而挖掘更大范围的的优秀人才资源。

实施智慧运维。通过综合保障分析、一体化设计与评估优化、售后服务与维修保障、远程服务支持，以及故障预测与健康管理（PHM）等信息化平台与先进理念，实现传统人工运维保障转变为智能化、远程化、精准化的全生命周期保障模式。有效发挥制造过程中智能生产设备的作用，并通过构建“端到端”的虚实结合数字化闭环路径，实现虚拟数字世界与现实物理世界的相互驱动和闭环管理。

创建智慧型学习团队。智慧企业是典型的学习型企业。在激烈的市场变化中，能够生存下来的组织，不是那些最强大的，也不是那些最聪明的，而是那些最灵活的组织。彼得 · 圣吉在《第五项修炼：学习型组织的艺术与实务》中写道：“未来真正出色的企业，将是能够设法使各阶层人员全心投入，并有能力不断学习的组织。”在企业的制造、供应链以及品牌服务等相关环节突破，构建较高的单项智能化应用程度是智慧企业初级发展阶段的主要表现。而在信息化综合集成应用具有较高智能化程度的智慧企业发展高级阶段，拥有数字神经系统，使得企业产生平稳和有效的运作能力，实现智能感知、自主学习、协同控制与智能决策。唯有学习型组织才可能及时做出调整，更好地适应环境的变化。

智慧企业相比传统企业具有快速学习和自适应能力，能够灵敏地感知到企业内部和外部的环境变化并适时做出响应。在当今的知识经济时代，企业的知识积累很大程度上决定着企业的竞争力强弱。智慧企业是典型的学习型企业，企业中的每名员工都可以通过网络不断进行学习。企业通过学习不断构建起强大的企业知识库和知识管理系统，这样当企业遇到市场变化情况时，就可以快速地做出反应。同时，企业利用各种信息化的手段，可以有效预警并应对市场经营风险，对经营管理策略进行及时调整，从而提高市场竞争力。

第二节　基于物联网的深度学习

人工智能技术下的智慧实现方式与人的智慧实现方式具有异曲同工之妙。

人工智能技术基于人类智能理论，重点研究图像处理、语言、专家系统、机器人等，通过扩展、延伸和模拟形成技术，促使智能机器会听（语音识别、机器翻译等）、会看（图像识别、文字识别等）、会说（语音合成、人机对话等）、会思考（人机对弈、定理证明等）、会学习（机器学习、知识表示等）、会行动（机器人、自动驾驶汽车等）。它与人类一样也需要自动地进行数据采集、存储，洞察与决策，最后执行业务，并将执行的结果导入存储，实现自我演进。在这里，与数据采集、存储、洞察与决策相对应，主要应用了三类关键的技术作为好运达智创科技平台推动智慧企业实施跨越发展的基础性、系统性工程，它们分别为人工智能与机器学习（与洞察、决策和执行相对应）、高级分析（与洞察、决策相对应）、物联网（与数据的采集和存储相对应）。

一、人工智能与机器学习

机器学习（Machine Learning，ML）实际上是人工智能（Arificial Itelligence，AI）的一个分支。人工智能的定义和分类与数据科学有很强的关联。无论是大的人工智能技术，还是小的机器学习分支甚至是深度学习（DeepLearning，DL）算法，都与数据处理密不可分。大量来自咨询公司的分析报告都表明，人工智能是继蒸汽机、电力、互联网客户之后最有可能带来新一次产业革命浪潮的技术，而人工智能的最大价值在于提升生产力，其对于工业、企业和B端场景的吸引力远大于C端。

机器学习是让机器通过算法识别并判断从外界获取大量数据中的规律。机器通过传感器来获得外部数据，经过预处理，进行特征提取和特征选择，然后进行推理，再到预测和识别。最终算法的准确性取决于良好的特征表达，一旦算法被训练完成，它就可以根据新的数据来预测未来的结果。机器学习的进一步应用让人工智能在自然语言识别、图像和话音识别上都变得更加准确。企业可以利用这些功能来消除重复的手工任务，这些手工任务消耗了员工的宝贵时间。

之所以人工智能（特别是机器学习）在今天能够得到广泛的应用，其原因与人数据的兴起、硬件性能的提高和算法的改进密不可分。

机器学习是一种在计算机没有显性编程的前提下，从数据中进行学习的能力。近些年来，全球大数据进入加速发展时期，数据总量每年增长 50%，从而为机器学习的数据来源奠定了基础。硬件性能的提高无疑为深度学习提供了实现的基础。在摩尔定律的作用下，计算机的性能在过去 30 年提高了一百万倍。近年来图形处理器（Graphics Processing Unit，GPU）技术的应用又进一步提升了硬件在处理人工智能问题上的性能。

深度学习的算法最早可以追溯到 20 世纪 40 年代。随着深度学习算法的突破，它开始真正应用到实际业务当中，带动了人工智能在各个分支的迅速发展。相比机器学习技术，深度学习能够自主学习，即在无外界干扰的情况下，能从海量的、多类别、快速变化的数据中挖掘深层次的价值信息，使企业具备更强的洞察力和决策能力。

深度学习是多层次的学习方式，通过逐层学习，再把知识传递给下一层，逐步实现对信息的分级表达。深度学习通过建立并模拟人脑的分层结构，对来自外部的图像、声音、文本等数据，进行由低级到高级的特征提取，实现对外部数据的解释。深度学习相较传统学习，从结构上来看，更加注重模型结构的深度，通常包含多层隐层节点。在深度学习中，特征学习非常重要，深度学习通过特征的逐层变换实现数据的预测和识别。

机器学习产生的影响十分巨大，更加复杂而强大的深度模型能够深刻揭示大数据中承载的信息，并能够更加精准地预测未来和未知事件。总而言之，机器学习是极具研究价值的领域，随着未来技术的发展会日臻成熟。

二、物联网

物联网被认为是物物相连的智能互联网（The Internet of things），经过十几年的发展，全球物联网正由初级阶段的独立式、碎片化应用向集成创新、跨界相融、焦点集聚的崭新阶段迈进。受到各国战略引领和市场推动，全球物联网应用呈现出加速蔓延态势，物联网所带动的新型信息化与传统领域走向深度融合。目前我国已经形成北京/天津、上海/无锡、广州/深圳、重庆/成都四大产业聚集区，在医疗康养、交通运输、节能环保等领域涌现出诸多领军企业，物联网运营服务平台不断崛起，产业发展模式日渐清晰，并出现以下几个特点。

（一）物联网与移动互联网加速融合，智能制造领域出现急速增长

在芯片到终端及操作系统方面，物联网与移动互联网形成了全方位融合的，并依托开源软件和硬件，创造出了世界性的智能硬件创新潮流，形成了“云+APP”的移动互联网应用与商业服务模式。

（二）工业物联网成为新一轮部署焦点

在工业制造领域，物联网成为实现智能化转型升级和造就国际竞争力的重要基础，产业布局正围绕物联网技术加速展开。美国、德国等政府已将建设信息物理系统提升到国家层面高度，通过不断完善国家基础设施建设，以及设立各级研发中心等方式，大力推动行业关键技术研发、产品应用、相关标准制定等。

各国工业和信息通信领域的领军企业，也正在围绕工业物联网的应用与实施进行研究，加速构建工业数据云平台，推进工业数据连接和管理，研发部署工业网络、新型工业软件等方面的标准、技术及解决方案，并不断向交通、能源、医疗等领域拓展。

（三）智慧企业成为物联网集成应用的综合平台

物联网应用感知并汇集大量数据，基于企业综合管理运营平台，进行大数据分析，并通过物联网运行状态的智能管理和精确把握，促进智能制造绿色低碳发展。

总体来看，目前全球的物联网应用多数限定在特定行业或企业内部的闭环应用信息管理和互联，没有形成真正的物物互联，不同地域之间的互联互通也有问题。这些闭环应用通过自己的协议和标准面向平台，彼此互不兼容，信息无法共享，物联网的优势难以充分体现。只有闭环应用形成规模并进行互联互通，才能形成完整的物联网应用体系，实现不同领域、行业或企业之间的开环应用，充分发挥物联网的优势。

三、高级分析

高级分析，是智慧企业科学决策的基础。企业依托先进大数据储备，深度洞察分析，构建全方位、持续化的监测评估体系，并从预测分析、人工智能（AI）、机器学习和认知计算获得价值，加速决策，提升效率，在行业内获得更大的竞争优势。而能够高效分析处理这些海量信息是企业正常运行的前提条件。通过大数据多维度

的挖掘分析，精准分析出客户的购买动机、倾向和需求，准确预测市场竞争与行业趋势，有序调研分析市场，制定正确的规划和服务策略。为实现信息议程，更好地优化业务流程，企业需要构建新一代数据中心，构建新一代数据中心的过程中会涉及相当多的大数据管理、元数据管理、数据治理、主数据管理、信息管理、业务分析等知识，以便实现跨系统数据共享，消除信息孤岛，提升数据质量，帮助企业构建各种依托于分析能力的创新型应用，为企业运营分析提供全面支持。

完善统一的元数据管理是实现智慧的分析洞察的前提之一，通过元数据管理，企业可以清晰地知道自己都有哪些业务术语、规则、流程、定义、运算法则、模型等，可以可视化地、清晰地进行数据的世系分析和影响分析。为了更好地管理整个信息供应链中各个组件的元数据并掌握各组件间数据的流动，企业需要有步骤地提升其元数据管理的成熟度，使元数据管理从局部走向全局，从分散走向集中，从孤立走向共享。

企业可以通过两种途径实现智慧的分析洞察：协作途径和专业化途径。协作途径是指通过创建贯穿整个企业的新一代数据中心，构建企业信息单一视图，使各个业务部门可以开发和共享洞察力，并使用各种分析手段改进企业绩效。专业化途径是指在特定的业务或职能部门内使用专业的分析技能和技术，开发深层次的分析系统用于改进特定的业务衡量指标。对专业化途径来说，来自业务部门内在的驱动力可以帮助企业改进运营衡量指标，增加营收，缩短流程处理时间，提高效率并缩减成本。项目的选择通常在业务部门内部完成，采用流程驱动的问题解决方法论，比如六西格玛。但该方式难以打破企业间的组织壁垒，实现贯穿整个企业的信息共享和传播，无法在各个业务部门之间进行协作，同时也难以构建面向数据的文化。对于协作化途径来说，企业可以更好地利用分析技术，实现横跨业务职能部门的信息共享和利用，使得各个业务单位和职能部门处于相同水平。与专业化途径相比，采用协作途径更容易构建面向数据的文化。

第三节　基于自研智慧系统的核心驱动力

目前，企业进行数字化建设的速度正在不断加快。据一项统计显示，72% 的企业认为在他们的行业中，未来 3 年比过去 50 年还要重要。以制造业中数字化转型的主要力量之一“工业 4.0”为例，从 2014 年正式以“第四次工业革命”为名提出“工业 4.0”的概念以来，在短短的 4 年时间里，“工业 4.0”便已经从概念期迅速走过了宣传普及、技术吸引、局部试点的阶段，进入全面建设的时期。回顾这段历程，2015 年是“工业 4.0”的核心应用——数字化工厂的宣传普时期，人们纷纷开始研究什么是数字化工厂，学习数字化工厂的一些基本建设原则，如垂直集成和水平集成。到 2016 年，人们的注意力开始转向“工业 4.0”的一些特征技术，被工业物联网、工业大数据、机器学习等技术所吸引。在 2017 年，开始出现大量的局部试点项目，企业开始局部尝试使用这些新技术，并不断对取得的价值进行总结。2020 年则是一个全面建设的时期，众多企业开始在企业层面开展“工业 4.0”的规划和建设工作。与以前的技术动辄需要 10 年的时间才能得到普及相比，以“工业 4.0”为代表的数字化技术为什么会有这样的快速进展？原因很简单，这些技术不但时刻发生着变化，投资回报也非常诱人。如果不能及时抓住这些机会，就会错过良机。目前这一阶段的建设目标和重点就是打造智慧企业。

综上所述，企业建设工业物联网要解决的最核心的问题就是提高企业的生产和运营效率。这不仅是好运达对目前技术发展阶段做出的判断，体现了工业物联网的核心价值，更是好运达智创科技提出的打造智慧企业的目标。当前国际形势随着全球化进程的推进呈现出了全新的发展和竞争态势，当前全球化制造、全球化研发、全球化市场的时代已经悄然而至。在不断加剧的竞争环境下，研发已成为企业竞争的主战场。工业化国家都把智能制造技术研发列为国家战略发展的重要方向，大力推动工业化与信息化的深度融合。对于致力于打造成为智慧型的企业来说，提高企业科研研发水平，增强自主创新能力，形成拥有自主知识产权的科技创新，才能进一步提升国际竞争力，实现企业跨越式发展。这正是好运达智创科技一直强调深耕于智能制造，并做大做强的根本举措，也是好运达智创科技提出的智慧企业解决方案。具体包括如下内容。

一、智慧企业套件

这是一个智慧云应用的集成套件，它包含核心的 ERP 云版本在内的制造和供应链、网络开支管理、人力资源管理和客户体验，并且借助云平台和数据管理提供的共同的数据基础，实现开箱可用的集成。

它包含了新一代的智能技术，如物联网、机器学习、高级分析等，以优化核心业务流程，创造新的业务模式。智能技术既可以是智慧企业套件的一部分，也可以是云平台上新的创新业务模式。

二、数字化平台

它包括了新一代的数据管理套件和云平台，数据管理套件提供了行业领先的内存数据库，可以更好地应对非结构化数据和第三方数据，建立企业所有数据的 360 度视图，并可以对机器化数据和 IoT 所需的数据进行有效处理。云平台提供了对智慧企业套件的业务流程进行集成、扩散和创新的平台，并可以借助人工智能、机器学习、物联网、区块链以及高级分析技术，构建创新的解决方案并运行在云平台上。

2017 年 12 月，好运达研发了自己的核心业务——智慧企业生产管理信息系统，该系统是综合运用各种先进的管控理论和制造方法，全面涵盖生产中的工序管理、组织管理、调度管理、供应链管理、设备管理等，通过全面的生产现场数据采集和分析使生产信息可视化，从而更好地监视控制、自动预警、调度分析生成制造过程，实现真正意义的远程操控。

基于此，好运达智创科技充分利用现有技术优势，自主研发一套面向工业企业的智慧企业生产管理信息化系统，通过信息流和知识流规范管理企业各生产要素的有序流动，推进企业的生产运行环境由二维空间转向三维空间。在运行过程中，通过智慧中枢系统构建一种全新的人机交互模式，在人、机、物三维融合环境中构筑感知、分析、决策、执行的生产经营管理闭环活动，并通过知识积累和学习优化等深度学习技术，持续推进整个运行环境进入高速发展的正循环，为工业企业智能工厂的运营管理提供重要支撑。

三、实现满足生产管理领域的工程协同

一是管理控制产品从生产到经营的全生命周期过程，通过融合企业生产经营模式、生产工艺流程、供应链物流等，有效串联起业务与生产制造过程，使工厂运行

在智能、柔性、敏捷的生产制造环境中，大幅度提升生产效率与稳定性。

二是以智慧工厂为核心，与上下游环节的采购商、供应商、服务商、运营商紧密衔接，打破产业壁垒，建立产业协同生态圈，塑造企业智慧生命体。

三是实现数据的共享、传输、汇总以及分析，解决智能工厂内部各级之间的信息“孤岛”问题；推进产能、质量、效益、能耗以及环保等要素管理的标准化、规范化、数据化及智能化，并为管理决策提供依据，从而最终为企业提高整体竞争力，实现集团（或公司）战略发展目标提供强有力的支撑。

四、产品全生命周期数据的连续传递与准确追溯

当前在企业的产品全生命周期过程中，有大量断点存在于数据传递中，难以实现不同生产环节中数据的智能传递和贯通，需要采取有效措施来衔接产品全生命周期不同环节中存在的数据断点，实现整个过程中数据的无缝衔接和连续传递，以及生产状况及技术状态的跟踪追溯，促进生产经营和业务过程在数字虚拟世界中的自动化和智能化，从而驱动相关活动和过程在现实世界的智能化和精准执行。

五、推进“端到端”的虚实结合数字化闭环路径

构建“端到端”虚实结合的数字化闭环路径，有效发挥智能设备在生产制造过程中的作用，并通过获取智能产品的运行状态来促进产品质量的提高。藉由数字形式对物理形式的映射，创建完整反映现实物理世界特性、行为和功能的虚拟数字世界。当虚拟数字世界的映射状态改变时，现实物理世界的对象也随之发生相应改变；当现实物理世界的对象发生改变时，虚拟数字世界的对象也同样发生变化。凭借构建这种“端到端”的虚实结合数字化闭环路径，达到现实物理世界与虚拟数字世界的相互驱动与闭环管理，真正实现“智慧企业”的目标。

六、依托大数据技术的知识挖掘及应用

在以上各种能力的构建基础上，通过工业大数据，深入挖掘和分析生产运行及业务活动中积累的数据，得到相关过程推进的逻辑与机理，形成知识与智慧，并智能推送给不同人员和业务活动，精准应用于管理决策、生产制造、研发设计、工艺设计、运营运维、后期保障等过程。

综上所述，好运达智创科技利用信息化系统的研发与应用，通过数字化信息流与知识流，规范管理并驱动企业各要素的有序流动，实现“准确前瞻的企业决策、

协同柔性的业务流程、可视透明的运营状态”及“自组织、自优化、自感知”等特征的智慧企业目标，通过应用智能技术，如人工智能、机器学习、物联网、高级分析，帮助企业改变以往既定的流程推动业务的管理方式，打通从数据获取、数据洞察、驱动业务到产生价值的链路，提高自动化水平，减少重复性工作，也让员工聚焦到高价值的工作上。更为重要的是，基于好运达智创科技的研发力量，以及研发系统在行业内的创新优势，已成功帮助数以千计的传统工业企业实现工业价值的重塑，提升了工业企业在成本、质量、交期、物流、服务等多方面的综合竞争力，也为好运达进军工业互联网奠定了坚实的技术基础。

当前，新一轮科技与产业变革在全球快速发展崛起，工业发展模式、技术体系与竞争格局迎来前所未有的重大变革。各发达国家不断出台以智能制造为核心的国家战略，旨在通过智能制造提振工业竞争力。智能制造也成为各发达国家制造业发展的重要方向及战略制高点。2015 年，我国也制定了“中国制造 2025”国家战略，强化了智能制造的地位和重要性。发展智能制造不仅成为我国企业转型升级的重要模式，也是发展制造业竞争优势的新动能和国家战略的未来方向。

在此背景下，对于未来的发展战略，好运达智创科技提出在全球化的竞争中，肩负起智能制造龙头企业的责任和使命，矢志不移，自主创新，以建设具有世界一流水平的智能制造工厂为目标，用智慧成就万物互联，在智能管理系统、智创工程精益管理系统、PHM 技术管理系统深耕技术研发，打造拥有自主知识产权的科技研发体系，持续推进与完善产业链、价值链、创新链的全球化布局，打造成世界轨道交通智能制造领域的领军者、创新者和开拓者。

好运达智创科技的目标是通过将好运达智能智创科技的智慧研发，充分利用物联网、工业物联网等信息系统，搭建一条信息高速公路，推动中国工业企业实现弯道超车。

第四节　智慧企业是对企业应用软件的智能化改造

在全球化的背景下，提高企业在国际、国内市场上的竞争力，必须树立全球化思维，运用高科技的信息化技术形成综合创新能力尤为关键。尤其是物联网与云计算的应用创新，大数据挖掘技术的运用推广，智能算力算法的迭代升级，以及5G技术的提升和覆盖，数字化转型极大推动企业创新发展。随着物联网和大数据技术的进入，在工作实践中有更多的图片、视频和声音等数据进入管理的视角，如何将这些数据加以利用，提高自动化水平，减少重复性工作，并进一步增加新的高价值工作越发重要。

企业在应用传统的企业应用软件过程中积累了大量数据，在工作实践中，通过机器学习功能对企业应用软件进行改造，可以提高工作的自动化水平，以及完成很多人工很难完成的事情。前者的目标是将重复性的、手工的工作和流程加以自动化，以提高效率和改善决策质量。后者则是在机器学习的帮助下，向之前人们无法企及的领域进发。例如对于非生产性采购，只需要输入一张商品照片，余下的事情都可以交给系统来完成。企业财务管理系统并不是单一的财务系统，而是连接着企业发展命脉的重要的企业管理机制。先进的管理软件使企业的财务管理系统实现自动化、科学化和智能化，提升企业的持续性发展，这也是好运达智创科技打造智慧企业的首要目标。

比如机器学习支持的下一代智能发票匹配。该现金应用是一种云服务，它与部署在任何地方的云或本地独立部署的系统都可以集成。首先将历史清算信息发送到系统的现金应用，通过机器学习训练模型就可以导出匹配标准。当然，这里的训练不是一次性的，而是需要进行定期训练，以确保捕捉到不断变化的行为，以便模型能够不断适应新的变化。当企业收到新的银行对账单时（通常是每天一次），那些不能按照标准规则处理的账单将与未结的应收账款一起发送到现金应用的云服务中，通过机器学习模型就可以推断出如何匹配的提案，并返回给原处。系统可以定义一个信任阈值，超过这个阈值的提案将被系统自动认可并实现完全自动化的执行。财务人员就可以持续、高效开展高价值的工作。这是人工智能特别是机器学习可以大施拳脚的领域。

第五节　依托智慧企业构建智慧产业链

在智慧企业建设方面，目前无论在国际上还是国内都没有可以借鉴的成熟经验，它是一项创新性的工作。这就要求每个企业要根据自己的发展情况和行业特点选择适合自身的发展方式和路径。

面对这个将由智能主宰的新时代，“融合、生态、共享”是好运达智慧市场和业务开拓的理念，除了落地实践互联网＋设备运维、互联网＋运维管理等项目外，好运达智创平台将着重打造智慧园区、智慧高铁、智慧公路、智慧城市等，来迎接产业的大变革。

1. 智慧公路

智慧公路是城市建设中极为重要的元素，也是城市现代化发展水平的一个重要衡量标志。城市生活质量的高低，以及城市经济发展的好坏，都离不开高质量智慧公路的建设。科技创新是推动新时代轨道交通高质量发展的第一生产力。好运达智创科技利用在人工智能技术、虚拟现实与仿真技术、高速网络技术、3S（GIS，RS和GPS）技术与自动定位和导航技术等关键技术的研发优势，构建综合交通运行监测与服务系统，提供面向政府、交通行业重点企业及公众服务领域的交通解决方案，构建一个有机、准确、高效的运输和管理系统，切实提高路网的通行运输能力，提升整条公路运输系统的效率性、灵活性和安全性，助推城市智慧公路建设协调、可持续发展，为打造国内有影响力的物联网应用智慧交通示范工程提供范例。

2. 智慧地铁

当今，打造现代化、安全、高效的智能交通系统成为国家发展的重心，也是世界各国城市化进程加速与城市数字化工程发展的重要表现，成为全球普遍关注的热点话题。智慧地铁的核心是将以物联网、云计算为代表的新技术运用到地铁交通系统中，基于移动互联、人机协同等现代技术，将大数据分析、边缘算法、机器视觉等技术集成优化，推动智能轨道交通系统的全面创新，推动信息化和智能化贯穿于用户需求、设计制造、运营维护的全寿命周期，实现全流程、深层次、多维度的精益管理，加速地铁运行的自动化和智能化。基于好运达智创发展的研发优势和创新优势，充分利用互联网＋技术赋能传统交通产业，实现产业弯道超车，提速发展。

3. 智慧城市

智慧城市作为一种新兴的发展概念与模式，为中国当前城市治理以及可持续发展提供了新思路。从技术发展的视角，好运达智创科技依托以 5G、虚拟现实等现代技术，催生出众多新兴的城市应用场景和创新管理模式，助推城市建设实现全面感知、泛在互联、普适计算与融合应用，构建立体化、全方位、广覆盖的社会信息服务体系；深化推进“云”与“端”的有机结合，构筑城市各个功能互联互通，协调运作的闭环体系，为促进城市各个关键系统和谐高效运行提供强有力支撑。同时注重系统工程，科学构建智慧城市，推动经济社会高质量发展，为打造智慧城市产业链和生态链提供示范样本。

4. 智慧园区

好运达智创科技将在建设智慧园区上持续发力。聚合政策、科研、产业、人才、环境等要素，构筑资源共建共享平台，打造产业生态社区，推动产业链上下游和协作关联企业共生、互生、再生，实现基础设施网络化、管理精细化、服务功能专业化和产业发展智能化，让各种要素在园区发生“化学反应”“链式反应”，旨在打造高新技术产业集群生成示范区。在具体产业布局上，立足自身的同时，更致力于赋能智能制造转型，基于 5G+IoT 技术构建的云、物、端平台，通过更加透彻的感知、更加广泛的联接、更加集中和更有深度的计算，为园区肌理植入智慧基因。通过“互联网 +”将园区的经营者、投资者和企业无缝连接起来，与实体空间精准映射、智能交互、虚实融合实现数字孪生，进而培育区域经济新的增长点。

第十四章
创新驱动，智能引领，推进中国制造转型升级

制造业是实体经济的核心，是国民经济发展的基础，也是全球经济竞争的关键。在“工业4.0”的背景下，智能制造水平和产业国际竞争力已成为衡量国家综合实力的重要标志。对于企业自身而言，必须将提升创新能力作为高端转型的关键，以科技进步为先导，紧紧围绕国内外市场趋势和国际前沿技术发展动态，培育自主创新，提高国际竞争力。中国高铁是中国制造业的成功典范，在打造自主品牌的基础上，要努力实现技术开发、产品装备和市场拓展的国际化发展，使其获得新的市场空间与发展动能，进一步提高中国高铁的全球竞争力。在新常态下，好运达智创科技以创新驱动为引领，注重源头和问题导向，认真研究解决影响核心竞争力提升的问题，对症下药，科学施策，力求新的突破，在推进企业战略转型、实施自主创新、推进产业转型升级等方面进行了若干思考与实践，以期推进智能制造行业可持续发展、高质量发展。

第一节　突破低端制造，打造“中国制造2025”

中国历经四十多年来的改革开放与创新发展，其制造大国的形象已深入人心，但因为缺少高端核心的制造技术与独立创新的核心企业，还难以成为制造强国。为打破贸易加工低端长期以来对中国制造业的影响，在内外部双重挑战的背景下，国家提出加快深化数字化转型，有序推进制造业智能升级，而做到这一点，关键在于智能制造。

一、低端制造对中国制造业的影响

在全球化经济浪潮的时代背景下，国际分工带来全球生产和贸易模式的改变，垂直专业分工越来越对一国产业链条（知识管理、要素价格以及贸易模式等）产生深刻影响。凭借代工模式实现的工业化并不能促进产业的根本性升级，对于发展中国家，因为对加工贸易的依赖及初始专业化分工的原因，更有可能被禁锢在全球产业链的低端环节。

在全球化的背景下，我国尽管形成了长期的劳动力优势，但在全球产业链中一直位于低端从属地位，经济结构性矛盾仍很突出。而跨国公司源于自身利益和垄断竞争等因素，处于产业链上游具有较大的竞争优势。中国如何实现由技术与市场双轮驱动向“微笑曲线”两端延伸，加速高质量工业化成为逆势崛起的关键。

当前，东南亚等发展中国家依托原材料与人工等低成本优势，以及西方发达国家实施制造业回归和再工业化战略，其意图在于从高低端两个方向冲击中国的传统制造业。面对严峻挑战，中国制造业若要破局，突破低端制造束缚，大力发展以智能制造为核心的高端制造就成为产业升级和提升国际竞争力的关键所在。

二、依托比较优势与重构产业链

英国学者亚当·斯密提出的比较优势概念是国际贸易中最基本和最核心的内容，其比较优势理论是建立在宏观环境、中观产业、微观企业三方面、不同层级的贸易竞争分析及评价的基础上，以比较优势为基础核心的分工与贸易，带动劳动生产率和消费环境的提升与改善。发挥比较优势，加速推动先进的生产技术、资本积累和人才等要素的有序利用和高效配置，推进本国的工业化进程。同时，对外贸易在更大范围内加剧国内产业资本积聚与产业分工，加速市场规模持续扩张，培育经济竞争新优势，在中国加工贸易转型升级的大背景下，可以进一步促进禀赋优势和优化产业结构。

在中国制造业数字转型的新发展格局背景下，依靠技术研发进行产业链升级尤为关键。构建创新型研发人才、高新技术良性发展的闭环，打造一体化垂直产业链，加速推进范围经济、规模经济效应，实现价值链加速跃升。此外，夯实人才内驱力建设，培育科技研发人才、技能型人才构成，加速比较优势持续发展的原动力，突破中国制造业低端制造的局面，重塑全球产业链。

三、创新发展，科技支撑，助推“交通强国”战略

智能高铁已成为当前世界高速铁路发展的重要方向，中国铁路在智能高铁顶层设计、关键技术和创新应用等方面率先开展研究并取得初步成果，实现数字化建造施工、装备智能升级、数字化交付以及各业务环节的数字化集成应用的创新服务。同时，现代信息技术赋能赋智制造业日趋明显，加速制造企业数字化转型。中国铁路将瞄准智能高铁这一前沿发展方向，不断提升装备、技术、建造及运营等方面的突破与创新，为高铁“走出去”等国家战略的实施提供重要支撑。

（一）工业化与信息化的深度融合

随着在世界经济、科技、军事、文化和社会生活中广泛深入应用，工业化与信息化的深度融合和产业国际竞争力已成为衡量国家综合实力的重要标志。工业物联网赋能控制系统、工业软件及工艺流程的提升优化，5G信息技术以数据驱动、数字仿真等促使工业生产更为高效、安全，加速推进绿色生产、柔性制造持续提升。

智能高铁依托物联网、5G以及北斗导航等信息技术的不断提升，连接物理与工控系统，实现高铁智能检测与预警系统、智能车站管理系统、调度指挥系统间信息的智能互联、协同控制、融合处理、科学施策，是一体化全生命周期管理的高速铁路系统。其实质上就是将高铁基础设施、建造施工、运输配送、运营维护等相关环节中融入数据驱动技术，推进拓宽智能高铁信息化领域应用的广度和深度，持续保持我国在高速铁路智能化、数字化、网络化领域的领先优势，为我国高铁持续快速和高质量发展奠定坚实基础。

与此同时，中国高铁企业以信息化与工业化深度融合为主线，强化企业市场主体地位，以人才战略、市场全球布局战略进行产业布局，精心谋划高铁产业的海外

市场，实现中国高铁“走出去”。对于企业而言，也需要精于钻研、强化管理，提升智能化程度和精益化管理水平，创造核心竞争力，并吸收先进的国际技术标准，统筹协调铁路技术标准体系规划制定，使之获得新的发展动力和市场空间、创造新的竞争优势，促进产业转型升级，进一步提升中国高铁的国际竞争力。

（二）精益智造助推智能制造创新发展

与发达国家相比，当前我国高铁信息化仍存在着研发协同困难、智能制造基础薄弱、资源利用效率偏低、基础体系有待完善等瓶颈问题，依然影响着高铁智能制造持续快速和高质量发展。实施精益管理对于轨道交通智能制造技术及应用的产业推进，对于促进我国智能铁路轨道交通系统的良性发展具有积极意义。作为企业的一种战略管理理念，精益管理有助于企业实施精准化的产品设计研发、提升产品价值、优化流程和企业决策，从而推进企业提质增效与高效管理。实施精益化管理，发挥大数据价值，有效贯通并优化生产制造系统，推进制造参数动态优化、预防性维护策略调整、精准质量管理、精益库存管理与物流能力优化，加速企业智能化改造并提供决策支撑。将精益管理和数字化转型持续改善相结合，可以将繁复冗余的生产方式和经营管理变得更为简易化、模块化、精益化，为精益管理的构建与提升搭建数字“高速公路”。此外，凭借精益管理加速企业创新管理优化，实现集成流程管理数字化、研发协同化、生产智能化以及服务产业化，进一步提升企业整体的制造能力、管理水平和竞争力。

（三）加快科技创新，增强竞争能力，打造强大的科技创新体系

中国高铁目前已经形成了体系完整、配套完善的科技创新体系，但仍需夯实技术基础，补足基础技术和理论的短板，进一步突破在关键基础零部件等领域的技术瓶颈。首先，必须坚持问题导向、体现创新思维，从创新企业和产业集聚等多维度构建产学研融合创新技术体系，不断引导企业提高原始创新、集成创新和引进消化再创新的能力，针对关系企业生存与发展的关键技术、高端产业进行培育和发展，突破企业的核心竞争力。同时，科技创新与人才战略双轮驱动，通过资本、技术、人才、机制等创新要素来实现创新突破与系统协同，加速技术创新、知识创新和信息创新的迭代优化，培育一大批在关键领域或关键技术、重要设备的关键环节具有持续竞争优势的“专精特新”企业，推进产业集聚和企业厚积薄发，共享科技资源与成果转化，为拓宽深化科技创新体系提供有力支撑。

第二节　推动中国智能制造跨越式发展的启示与思考

作为国民经济主体的制造业向来被视为兴国之器与强国之基，一个国家没有强大的制造业，就没有民族的强盛。发展具有全球竞争力的制造业，是提升国家核心竞争力及建设经济强国的重要手段。在当前我国制造业大而不强的阶段，国家一系列的智能制造政策和战略为我国的智能制造发展指明了方向。但更为关键的是，如何更好地落实执行相关智能制造战略，推进产业转型升级和高质量发展？如何在日趋激烈的国际竞争中，推进智能制造产业新生态、新工艺、新模式，赋能智能制造产业实现跨越式发展？这成为需要专业人士认真思考和亟待解决的重要课题，从而带动更多行业发掘其价值，使国内企业树立更多的管理自觉与自信。

启示一：建立创新驱动体系是制造业转型升级的关键环节

在全球制造业高速发展的大环境下，我国制造业受到发达国家制造业回归和发展中国家低成本制造的双重挑战，要在新的格局中胜出，唯有创新驱动，加快制造业升级以实现做大变强。创新驱动与智能转型是中国版“工业 4.0”的主要突破口，经过多年发展，我国制造业依然存在着产业大而不强、自主创新能力薄弱、基础制造水平落后、重复建设等问题。提高我国制造业国际竞争力，持续地学习和创新，建立创新驱动体系是企业做大做强的根本途径。我国有必要把握这一战略机遇，做到固有思维模式的突破与创新，实施创新驱动和人才驱动战略，加快培育新的经济增长动力，从源头上推动中国经济实现质的飞跃。

具备国际竞争力的大型跨国公司历来专注于其主营业务，这是它们的共同特征。企业如果盲目扩大规模，不专注自己的主营业务，即使在短期内偶有成效，但从长期发展来看，依然缺乏持久力。企业需要脚踏实地立足主业发展，集中精力推动人才、技术及资本等各类要素资源向主业汇聚，不断优化核心业务的资源配置效率，加强市场盈利能力和竞争力，从而提升企业的国际资源配置和优化能力。

科技企业要把技术创新放在首要位置，通过科技创新推动市场创新、组织创新、产品创新和资源配置创新。企业要不断开发新技术、推出新产品、涉足新领域，促进新模式、新产业、新业态的发展，培育内生动力，提升产业国际竞争力。先进制造业是制造业中技术竞争激烈、创新要素集中、成果发展迅速的领域。要构建以企业为主体的创新体系，引导创新资源聚合，不断完善产业体系、优化产业布局、促进转型升级、提升规模效益，打造出一套以智能制造产业为核心业务的现代产业体系；坚持内涵式发展与外延式扩展相结合，对内持续加大自主创新力度，在智能化装备制造以及施工领域形成一系列拥有自主知识产权的核心技术。不仅仅致力于研发核心技术，它的发展模式也在不断创新，坚持技术产品创新与商业模式创新相结合，从单一技术产品销售逐步向集成总包和整体解决方案提供转变，使整体解决方案策划水平、大型工程项目管理能力得到提升；产品与服务相结合，积极发展设备状态监测与检修、节能服务和能源管理等多种融合产品与服务的新型业务模式，促进产品服务化和服务产品化；以高端人才引进为核心，以孵化载体、平台建设为基础，以体系完善、机制创新为重点，点面结合，层层推进，构建“人才 + 资本 + 科技 + 孵化”的模式，提升企业自身的核心竞争力；同时构建“联盟 + 平台”，探索创新产业发展组织模式，促进资源整合共享，与政府、企业共建研究机构，实现从技术到产业化无缝对接，积极推动产业向价值链高端迈进，促使更多的中国智能制造产业实现做大变强。

启示二：打造具有国际竞争力的世界级企业需要建立属于自己的研发体系

全球化是当今世界的重要特征，经济全球化带来了竞争的全球化，中国企业不仅要与本土企业竞争，更要与国外企业竞争，如何在竞争中制胜甚至获得主导的地位，不仅关系到中国企业的经济效益，也关系到国家竞争力的提高。目前，全球制造业、流通业、服务业都在向亚洲转移，亚洲将成为继美国和欧洲之后的第三个产业中心。中国市场是亚洲最大的市场，经济总量已达世界第二，已经具备产生世界级企业的条件。同时，中国市场的开放程度越来越高，消费结构加速升级，工业化进程加快，城市化速度上升，拉动了产业结构的大幅度调整和迅速升级，世界知名企业纷纷进入中国，与中国企业进行合作与竞争。这些企业的进入给国内企业的生存提出极大挑战的同时，也带来了先进的管理思想和管理方法。中国企业与世界市场的融合不可避免，在向世界级企业的升级中，迫切需要世界级的研发管理。

重点构建技术、应用与产业融合逐级间创新协同发展的闭环。以原创性理论和发明专利为核心，提高原始创新、集成创新和引进消化吸收再创新能力。以关键技术突破为抓手，以科技快速转化为生产力作为主线，将市场需求放在首位，畅通科研成果产业化渠道，实现技术创新驱动产品升级和产业转型。技术方面，第一，需要注重新信息、新制造、新智能等先进技术与生产制造应用技术的集成融合，强化5G、联合仿真、机器视觉等新技术在平台的研究与应用，加速提升生产制造的柔性智能性；第二，强化生产、仿真、运营、维护等云制造制造环节的技术手段、制造模式与产业业态的研究，加速智能的云数据驱动、评估及优化，推进智能制造工程化、产业化；第三，重视工业云的安全技术和集成技术的制造模式和和手段研究；第四，注重“共享经济”背景下商业模式创新路径分析及技术研究；第五，探索以企业为主体的产学研用“四位一体”协同创新模式，加速推进技术创新及应用创新，比如融入区块链技术，以及相关标准和评估指标新体系。同时，要与应用创新并举，从行业需求出发推动研发体系做深做实。从国外领先的智能制造企业实践来看，企业应着力打造平台与应用的耦合关系。平台需要通过培育应用解决特定工业场景下的业务痛点问题，将行业知识与平台业务相结合，在此特定行业、特定领域基础上逐步向更多领域拓展，实现良性发展。在高新技术产业的国际竞争中，技术创新具有“技术系统性强、技术群特征明显、多年持续大规模研发投入、形成大的市场份额、投资收益期较长”等特点，要形成“技术赶超和盈利能力”的良性互动，积小胜为大胜，最终实现技术的赶超。

第三节　开拓创新，打造中国“智能制造”新高地

全球制造业当前正处在加速变革、剧烈动荡的时期，发达国家的制造业回归与发展中国家的中低端制造流入对我国形成双重冲击。与此同时，国际贸易中围绕高端制造的博弈与日俱增。对于正在工业化进程中的国家，从工业化历史规律来看，智能制造是全球智造业巨头加速产业变革的重要引擎。我国制造业面临转型升级和高速发展的关键时期，正受到前所未有的外部双重挑战，中国制造业犹如逆流而上，不进则退。

中国智能制造产业依旧面临诸多严峻考验与挑战，唯有不断改进、持续变革，才能勇立潮头、创造辉煌，以创新驱动打造“智能制造”新高地。

一、人才是企业实现跨越发展的最大源动力

国以才立，业以才兴。人才永远是企业发展的核心动力。在“工业 4.0”的背景下，特别是在中国目前这个阶段，劳动力不再是可以随意挥霍的资源，劳动力已经从过去工厂挑人的买方市场转为卖方市场，企业要从本质上改变用工观念，认识到人才是企业最重要的资源，对员工智慧的浪费就是企业最大的浪费，把人才看成长远的比机器更为重要的固定成本，使人力资源实现最大效率。

如何在创新实践中发现、培育和凝聚人才，是企业实现创新发展的关键课题。创新驱动的本质在于人才驱动。好运达智创科技始终认为，创新归根结底是科学技术的竞争，是人才的竞争，好运达自始至终都非常重视人才的吸收和培养，以产业布局为导向、企业需求为重点，深入实施“智能制造高科技人才战略”，加快培育和集聚一批高端领军人才和创新团队，使企业成为高新科技人才的孵化基地，形成人尽其才、才尽其用的良性循环。把以人为本的理念贯穿于企业发展的每一个环节，在“选才”方面，运用以绩效、能力和潜质为导向的“三维人才地图”，全视角选拔人才；在“育才”方面，采取线上线下相结合的全覆盖培训体系，为人才赋能；在“用才”方面，建立多样化的职位体系，打通职业通道，搭建人才发展系统，定制管理工具，帮助人才“破茧而出”；在“励才”方面，导入“追求领先、危机意识、简单务实、开放包容”企业文化和绩效文化，为人才提供发展平台，从而构建出多层次、全方位、系统化的人才开发格局，让一大批“智能 + 科技”的优秀人才在广阔的成长空间中脱颖而出，促进企业真正成为技术创新的主体，不断激发员工的内驱力，为企业的持续发展注入强大的动力。

同时也注重创新成果的保护，尊重创新创造、保护知识产权，为企业发展保驾护航，让企业在国际化竞争中充满底气、充满信心。强化专利的创造、保护、运用，支撑创新成果，为中国制造走向中国智造，打造自主品牌提高竞争力。

二、推进工业化与数字化、信息化、智能化、绿色化的融合

全球主要国家谋划实施“再工业化”战略，均是依托本国科技优势不断夯实信息科技革命所引发的业态创新与技术变革，加速推进工业经济数字化向纵深发展和对全球价值链的掌控能力。在《中国制造 2025》行动纲领中明确指出，全面推行绿色制造，按照全生命周期的理念，革新传统技术、制造技术和生产方式，全面实现“绿色化”，加快构建起以“绿色”为特征的制造体系。在“工业 4.0”背景下，未

来智能制造的竞争不是企业与企业的竞争，而是生态之间的竞争。智能制造行业的工业化过程，是与信息技术同步发展、紧密融合的过程，注重工业化与信息化、数字化、智能化、绿色化的深度融合，围绕感知、控制、设计、决策、执行等关键环节，开展物联网、模式识别、预测维护、机器学习、云平台等新一代信息技术与工业化的深度融合与集成创新，全面提升企业研发、生产、管理和服务全流程智能化水平，同时兼顾能效管理、绿色生产深入企业管理的每一个环节中，以智赋能，以智增效，为智能制造产业注入了新动能；注重信息化与企业生产、经营、管理的融合，围绕产品市场与客户关系、人力资源与资本运作、发展战略与风险管理等关键环节，构建推广应用业务流程重组（BPR）、企业资源管理（ERP）、管理信息系统（MIS）、计算机决策支持（DSS）、数据挖掘（DM）、供应链管理（SCM）、客户关系管理（CRM）、知识管理（KM）等信息技术融合一体的管理闭环，将人、物、知识互联互通，建设智慧运营管理系统，切实提升企业数智化制造能力与运营水平。打造绿色制造工程，推进绿色共性关键技术，实施工艺突破与产业应用，加快创造绿色制造体系，创建工业节能与绿色标准，构建一批具有典型引领意义的绿色工厂、绿色园区、绿色城市的示范性建设，从而推进生态与产业的协同发展。强化协同创新，依托智能战略发展联盟的“点、群、面、网”的协同创新模式，致力于建成产、学、研紧密结合的智能制造技术开发、应用、推广体系，形成较强的智能制造技术研发和成果转化能力，打造全球智能制造高地，引领智能转型。

三、实施品牌战略，实现企业价值最大化，推动企业跨越发展

在经济全球化的背景下，一个企业能否从全球化中获益，取决于其是否参与以及以何种方式进入全球价值链体系。在这个过程中，品牌建设发挥了重要作用。目前中国的高铁行业已经经过了三十多年的产业积累，进入快速发展的黄金阶段，站在全球化的角度，中国高铁要走出一条全球化的道路，必须借助品牌之力，这是真正走出去的关键。

在“工业 4.0”的大背景下，中国制造要破茧成蝶，谋划布局从贴牌代工向自主品牌的转变。要改变这一形象，就要努力培育自主品牌，仍面临着不小的技术升级和消费升级压力。实现创造自主品牌的全球竞争力，必然经历从技术引进、借鉴吸收到自主创新的发展形态，构建技术模仿、知识创新与产品自主产权的闭环，从而占据全球价值链有利位置。企业实力、活力、潜力以及可持续发展的能力，集中体

现在品牌竞争力上，加强科技创新，大力推进智创工程，提进高铁行业智能化、自动化、信息化、数字化水平，推动行业发展与进步。用科技创新的竞争力培育属于中国自己的品牌，才能走上自强自主的道路。有魄力、有远见、有卓识的企业家，要加强品牌建设，充分发挥中国企业创新管理的“后发效应”。用匠心铸就品质，所有行动、标准等都要服从品牌、服务品牌、维护品牌、创造品牌，发挥品牌的聚集效应、扩散效应和辐射效应，创出属于企业自己的独有品牌，走出一条适合我国制造产业转型升级与跨越式发展的道路，以智能制造赋能高质量发展。

四、大力加强学习能力的演进与提升

制造企业应该选择与自身相适应的学习模式与学习类型，创建多向交流的开放学习机制，鼓励员工学习各类新技术和新知识；推动知识共享与隐性知识显性化，实现新知识的创造；加快由技术与知识的共享、创造，而实现生产工艺、设计与产品创新及整个产业链上企业内和企业间协作关系的创新，以及各创新项目的动态系统集成。同时，应该重视改进学习与吸收能力兼具策略，实现外源技术的引进、吸收与再创新，促进自主知识产权与核心技术的形成，努力创造竞争优势和更高目标，实现发展的持续性，进而推动其全球化发展。纵观全球，智能制造技术正以前所未有之势，开启一个全新的工业化时代。“共享、连接、生态、融合”已成为市场开拓和业务发展的主旋律，好运达智创科技将以自主创新为主基调，以智能工厂为载体，以全流程的智能化为切入点，以端对端的数据流为基础，以网络互联为支撑，全力构筑工业互联网新平台与新模式，拥抱产业变革的新时代，打造智能制造的主引擎，为中国制造业转型升级做出积极贡献。

参考文献

一、图书

〔1〕刘强，丁德宇等，智能制造之路〔M〕，机械工业出版社，2019

〔2〕谭建荣，刘振宇，智能制造关键技术与企业应用〔M〕，机械工业出版社，2017

〔3〕李杰，倪军，王安正，从大数据到智能制造〔M〕，上海交通大学出版社，2016

〔4〕魏毅寅，柴旭东，工业互联网：技术与实践〔M〕，电子工业出版社，2017

二、报刊、论文

〔5〕苗圩，中国制造 2025：建设制造强国的行动纲领〔N〕，《学习时报》，2015-6

〔6〕中共科学技术部党组，中共中央文献研究室，创新引领发展 科技赢得未来〔N〕，《人民日报》，2016-2

〔7〕周济，周艳红，臧冀原，面向新一代智能制造的人—信息—物理系统 (HCPS)〔J〕，《中国工程科学》，2019（8）

〔8〕魏勤，王聪，国内低轨窄带商业通信卫星产业成立首个“天基物联网产业联盟”〔N〕，中国航天报，2018-12

〔9〕王筱雪，姚春，北斗卫星及大数据在物联网中的应用〔J〕，数字通讯世界，2015（10）

〔10〕卢涛，周寄中，我国物联网产业发展的关键影响因素研究〔J〕，《经济师》，2011（3）

〔11〕高婴劢，六个“数字化”助力企业数字化转型〔N〕，人民邮电报，2021-06-03

〔12〕胡汝银，从智能制造到经济与社会全方位智能化重塑〔N〕，《上海对外经贸大学学报》，2020（5）

〔13〕朱宏任，加快企业管理创新步伐助力构建新发展格局〔J〕，企业管理，2020（12）

〔14〕汪子旭，我国企业加快布局“数智化”转型我国企业加快布局“数智化”转型〔N〕，经济参考报，2021-4-28

〔15〕余春梅，射频识别技术及其在车辆识别应用的研究〔D〕，合肥工业大学，2009（5）

〔16〕钱枫林，论现代物流供应链管理的发展演变及趋势〔J〕，《企业活力》，2004（3）

〔17〕郭淑芬，产业创新系统国内外研究进展评述〔J〕，《科技管理研究》，2009（12）

〔18〕唐华平，王萍，茆辰，创新资源：企业自主技术创新的关键〔J〕，《商场现代化》，2009（1）

〔19〕黄茂兴，全面认识全球创新环境的新变化新特征〔N〕，《福建日报》，2017-11

〔20〕朱龙凤，李小金，中小企业技术创新效果评价体系的建立及实证分析，《中小企业管理与科技》，2014（11）

〔21〕王学鸿，论企业规模与技术创新的关系及其政策意义〔D〕，《湘潭大学社会科学学报》，1999（10）

〔22〕许宏，企业自主创新的策略研究—以海尔为例〔J〕，《科技信息》，2009（10）

〔23〕李斌，信息技术的发展及前景〔J〕，《才智》，2016（32）

〔24〕胡献政，做大做强福建物联网产业的政策建议〔J〕，《发展研究》，2020（7）

〔25〕刘曦子，2019 年中国区块链发展形势展望〔J〕，《网络空间安全》，2019（1）

〔26〕吕铁，韩娜，智能制造：全球趋势与中国战略〔J〕，《学术前沿》，2016（4）

〔27〕刘爱军，物联网技术现状及应用前景展望〔J〕，《物联网技术与应用》，2012（1）
〔28〕贺正娟，泛在网络研究综述〔J〕，《电脑知识与技术》，2010（11）
〔29〕付全水，邹嘉浩，物联网通信技术的发展现状及趋势综述〔J〕，《商情》，2020（19）
〔30〕陈俊岭，物联网的发展趋势〔J〕，《大众科技》，2011（4）
〔31〕孙秀彬，对物联网的认识和思考〔J〕，《金融电子化》，2011（6）
〔32〕徐愈，规模化 协同化 智能化 未来物联网发展方向〔J〕，《中国制造业信息化》，2012（6）
〔33〕李朋飞，物联网技术在消防领域的应用探析〔J〕，《电脑编程技巧与维护》，2013（12）
〔34〕姚建铨，我国发展物联网的重要战略意义〔J〕，《人民论坛 · 学术前沿》，2016（9）
〔35〕张国明，走进精益研发时代〔J〕，《中国制造业信息化》，2008（3）
〔36〕蔡龙年，绩效管理视角下的企业软实力提升路径研究〔D〕，西南大学，2014（12）
〔37〕温兆伟，张永庆，罗一鸣，地方政府助推产业集群竞争力提升〔J〕，《中国市场》，2006（1）
〔38〕白春礼，加强基础研究 强化原始创新、集成创新和引进消化吸收再创新〔N〕，《光明日报》，2015（11）
〔39〕江友华，电子工程师实践能力培养模式探讨〔J〕，《才智》，2016（12）
〔40〕钟方伟，周平等，浅谈物联网关键技术的发展与应用〔J〕，《电脑知识与技术》2017（12）
〔41〕任保平，中国经济正在由高速增长阶段转向高质量发展阶段〔J〕，《学术界》，2018（4）
〔42〕董景辰，杨晓迎，并行推进、融合发展—新一代智能制造技术路线〔J〕，《中国工程科学》，2018（4）
〔43〕陈渊源，吴勇毅，决胜未来，构建“工业 4.0”的信息物理系统网络平台〔J〕，《家用电器》，2018（4）
〔44〕钱艺文，黄庆华，周密，数字经济促进传统制造业转型升级的内涵、逻辑与路径〔J〕，《创新科技》，2021（3）
〔45〕朱鸣，深度挖掘工业大数据价值推动智能制造、工业互联网高质量发展〔N〕，《人民邮电报》，2020（7）
〔46〕任杉，张映锋，黄彬彬，生命周期大数据驱动的复杂产品智能制造服务新模式研究〔J〕，《机械工程学报》，2018-11
〔47〕科技部李平：中国制造业面临双向挤压 应加大科研和人才投入〔J〕，证券时报，2016-7
〔48〕邹磊：国有企业应围绕国家战略做强做实自主创新〔N〕，《中国经济时报》，2019-10
〔49〕温建伟，企业信息化建设的趋势〔J〕，《中国科技投资》，2009-3
〔50〕提升产业基础高级化、产业链现代化水平，工业互联网的驱动力〔J〕，《中国经济周刊》，2020（5）
〔51〕李彦，“互联网 +”时代的工业转型升级新路径〔J〕，《先锋》，2016
〔52〕李伟，海本禄等，智能制造关键使能技术发展及应用〔J〕，制造技术与机床，2020（5）
〔53〕王峰，工业互联网的重大意义和产业推进思考〔J〕，《电信网技术》，2016（8）
〔54〕潘福林，于炎，方苏春，产业创新系统中创新网络的构建分析〔J〕，《经济师》，2012（9）

〔55〕高屏宇，物联网与智能电网〔J〕，《华北电业》，2011（10）
〔56〕侯瑞，全球智能制造发展模式及我国智能制造发展现状〔J〕，《信息化建设》，2018（9）
〔57〕陈苇，傅济锋，“新”智能制造 六大举措助推我省智能制造新突破〔J〕，《经贸实践》，2018（7）
〔58〕素文，数字经济牵手传统制造〔N〕，《人民邮电报》，2016（10）
〔59〕李杰，网络实体融合系统技术助力工业智能化〔J〕，《中国国情国力》，2018（10）
〔60〕马珣，“物联网＋”生态系统助力传统制造业升级〔J〕，《中国国情国力》，2018（10）
〔61〕王云侯，工业互联网为智能制造提供现实路径〔N〕，中国电子报，2019（4）
〔62〕工业互联网：构筑智能制造的关键基础〔J〕，《世界电信》，2015
〔63〕曹雅丽，搭乘新基建东风 工业互联网重构制造业生产模式〔N〕，中国工业报，2019-10
〔64〕王杜友，浅谈企业标准化的作用与影响—实施标准战略创造核心竞争力〔J〕，《电动自行车》，2013（9）
〔65〕于洪飞，工业物联网技术的应用及发展〔J〕，《电子技术与软件工程》，2019（7）
〔66〕乔建永，移动互联网时代北邮教学改革面临的机遇与挑战〔J〕，《铸造纵横》，2014（12）
〔67〕闫东良，“工业 4.0”——制造业的未来〔J〕，《绿色环保建材》，2015（12）
〔68〕背景——面对双重挤压下的中国制造须转型升级〔J〕，《装备制造》，2015
〔69〕中国电子信息产业发展研究院，工业和信息化发展蓝皮书发布〔J〕，《工具技术》，2014（11）
〔70〕吕薇，创新成为中国制造升级主引擎〔J〕，《装备制造》，2015（8）
〔71〕王晰巍，靖继鹏等，信息化与工业化融合的关键要素及实证研究〔J〕，《图书情报工作》，2010（4）
〔72〕赵姗，2021：中国步入智能制造新时代〔N〕，《中国经济时报》，2021-4
〔73〕袁春妹，郝玉国，做有担当的智能化推进者〔J〕，《纺织机械》，2019（5）
〔74〕刘凯铃，牛晓，互联网行业智能运维正当时〔N〕，《人民邮电报》，2020-11
〔75〕原帅，黄宗英，贺飞，交叉与融合下学科建设的思考——以北京大学为例〔J〕，《中国高校科技》，2019（12）
〔76〕以多学科交叉融合提升高校创新能力〔N〕，《科技日报》，2013-8
〔77〕徐淑琴，原始创新，集成创新和引进消化吸收再创新〔N〕，《科技日报》，2013（8）
〔78〕鲁东明，大数据时代的多学科交叉与跨界协同研究〔J〕，浙江大学报，2014（11）
〔79〕张阳，多学科协同设计过程优化设计研究〔D〕，沈阳理工大学，2013（3）
〔80〕马珣，“物联网＋”生态系统助力传统制造业升级〔J〕，《中国国情国力》，2018（10）
〔81〕王云侯，工业互联网为智能制造提供现实路径〔N〕，中国电子报，2019-4
〔82〕李建国，基于计算机软件技术的大数据应用分析〔J〕，2019（8）
〔83〕袁钺，基于大数据计算机信息处理技术〔J〕，《电子技术与软件工程》，2017（6）
〔84〕王磊，王正平等，飞机协同设计应用技术研究〔J〕，《科学技术与工程》，2007（22）
〔85〕王雪雁，李娜，并行工程及其集成框架与系统集成方法〔J〕，《矿山机械》，2005（4）

〔86〕朱明清，杨秀礼，程茂林，盾构管片生产管理系统应用研究〔J〕，《土木建筑工程信息技术》，2013（4）
〔87〕甄新伟，加速数字化转型，助力央企高质量发展〔N〕，经济参考报，2017-3
〔88〕张伟东，王超贤，孙克，探索制造业数字化转型的新路径〔J〕，《信息通信技术与政策》，2019（9）
〔89〕顾阳，做好数字化转型这道必答题〔N〕，经济日报，2020-5
〔90〕王鹏翊，建筑业企业数字化转型成功的四个关键〔N〕，中国建设报，2020-5
〔91〕张婷，推动工业互联网融合创新，支撑实现高质量发展〔J〕，《中国科技投资》，2020（3）
〔92〕何明智，企业数字化转型：大数据还是小数据〔J〕，《软件和集成电路》，2019（6）
〔93〕李东红，企业数字化转型要找准切入点〔J〕，《学习时报》，2020-8
〔94〕钟明灯，张颜艳，浅谈数字化制造技术的发展及应用〔J〕，《机电技术》，2012（06）
〔95〕陈加伟，基于共享经济背景的智慧企业发展趋势分析〔J〕，《商业经济研究》，2017（9）
〔96〕陈劲，黄海霞，智慧企业模型研究——以中国航天科工集团公司为例〔L〕，《技术经济》，2017（1）
〔97〕何素刚，“智慧企业”信息化发展的五个趋势〔J〕，《中国高新区》，2016（9）
〔98〕金江军，基于智慧企业发展对策的研究〔J〕，《企业导报》，2013（7）
〔99〕钟芳，迎接“工业云”企业要做好“加减乘除”〔J〕，《中国设备工程》，2018（4）
〔100〕余定方，构建智慧的企业“神经系统”，打造“智慧院所”〔N〕，《中国航空报》，2016（4）
〔101〕叶怀斌，韩冲，突破低端锁定 打造中国制造 2025〔N〕，中国社会科学报，2015-4
〔102〕林玮平，李颖等，5G 在工业互联网上的应用研究〔J〕，《广东通信技术》，2018（11）
〔103〕龚炳铮，加快信息技术改造传统产业的思考〔J〕，《自动化博览》，2006（5）
〔104〕彭明，浅谈智能制造与标准化〔L〕，《今日印刷》，2018（9）
〔105〕朱晓华，航空发动机制造企业生产过程柔性和弹性研究〔L〕，《航空航天》，2020（7）
〔106〕魏际刚，加快产业基础能力现代化步伐〔J〕，《中国经济评论》，2021（3）
〔107〕欧阳日辉，“十四五”时期中国发展数字经济的重点和策略〔J〕，《新经济导刊》，2021（4）
〔108〕徐剑锋，打造智能制造新高地要精准施策〔N〕，南通日报，2020-8
〔109〕王少国，正确认识我国经济形势和发展前景〔N〕，人民日报，2013-7
〔110〕兰光智能工厂解决方案〔J〕，《中国信息化》，2018（5）
〔111〕才革，机械加工工艺系统浅析〔J〕，《中国科技纵横》，2016（3）
〔112〕胡虎，工信部力推信息物理系统综合应用〔N〕，人民邮电报，2017-3
〔113〕朱国亮，杨绍功，物联新时代遭遇核心技术瓶颈〔N〕，《经济参考报》，2017（9）
〔114〕赵姗，智能经济有望实现我国数字经济更多“从 0 到 1”的突破〔J〕，《中国经济时报》，2020（9）
〔115〕中国工程院主席团名誉主席周济：以智能制造为主攻方向加快建设制造强国〔N〕，

《深圳特区报》，2018-11
〔116〕予阳，复工要把制造业作为重中之重〔N〕，《新民晚报》，2020-2
〔117〕雷如桥，企业可持续发展与核心竞争力〔D〕，武汉理工大学，2002-4
〔118〕杨善林，互联网与大数据环境下的智能产品与智慧制造〔R〕，中国系统工程学会，2019
〔119〕何哲，孙林岩，服务与制造的历次大讨论剖析和服务型制造的提出〔J〕，管理学报，2012（9）
〔120〕梁睿，“智能物流”助力我国物流装备行业转型升级〔J〕，《起重运输机械》，2017（1）
〔121〕赵立权，智能物流及其支撑技术〔J〕，《情报杂志》，南京财经大学，2005（12）
〔122〕尹丽波，工业互联网：为制造业转型升级赋能〔N〕，《光明日报》，2019-5
〔123〕杨海霞，5G 赋能的新生产与新商业管理模式〔J〕，《中国投资》，2020（11）
〔124〕韦乐平，三网融合的思考〔J〕，《电信科学》，2010（3）
〔125〕全国人大代表吉桂凤建议：充分发挥标准引领作用推动经济社会高质量发展〔N〕，中国质量报，2021-3
〔126〕贾丽，今年成物联网发展变革年民资进入引来新血液〔N〕，证券日报，2013-2
〔127〕陈塞，美国、德国工业互联网联盟机构解析〔J〕，《上海信息化》，2016（12）
〔128〕曹洋宇，传感器技术的发展和市场价值〔J〕，《消费导刊》，2012（4）
〔129〕王先琳，提高敏捷性，增强企业竞争力〔J〕，《企业文化》，2017（12）
〔130〕万周军，崔永龙，朱铎先，数字化车间的基础—生产资源管理〔J〕，《新技术新工艺》，2013（3）
〔131〕智能装备离不开智能系统〔J〕，《中国信息界 -e 制造》，2015（11）
〔132〕黄群慧，以智能制造作为新经济主攻方向〔N〕，《经济日报》，2016-10
〔133〕王镓垠，工业 4.0 背景下的我国企业如何走智能化发展道路〔J〕，《企业文明》，2015（9）
〔134〕徐晓兰，培育工业互联网产业新生态，推动“新基建”多领域融合发展〔N〕，《科技日报》，2020-4
〔135〕徐晓兰，工业互联网将如何推动制造业转型升级〔N〕，《经济日报》，2020-3
〔136〕王妙琼，魏凯，姜春宇，工业互联网中时序数据处理面临的新挑战〔J〕，《信息通信技术与政策》，2019（5）
〔137〕段海波，助力制造业转型升级的企业精益研发体系建设〔J〕，《航空制造技术》，2013（4）
〔138〕王淑丽，盾构隧道混凝土管片预制工艺及质量控制〔J〕，《现代商贸工业》，2017
〔139〕许松柏，简论建筑工程施工工序质量控制〔J〕，《今日湖北（下旬刊）》，2012（3）
〔140〕蔡清程，盾构隧道管片预制智能化控制技术〔J〕，《现代隧道技术》，2020（12）
〔141〕于洪飞，工业物联网技术的应用及发展〔J〕，《电子技术与软件工程》，2019（8）
〔142〕陈一鸣，刘栋等，科技创新正改变世界面貌〔N〕，《人民日报》，2014-6
〔143〕蔡波，张昌盛等，即将到来的“工业 4.0”〔J〕，《导航与控制》，2015（2）
〔144〕闫东良，“工业 4.0”——制造业的未来〔J〕，《绿色环保建材》，2015（12）
〔145〕陈栋栋，苏波：转型升级是制造业必须坚持的战略选择〔J〕，《铸造纵横》，2013（7）

〔146〕苏波，中国制造业的转型升级〔J〕，《中国国情国力》，2013（8）
〔147〕王逸吟，中等收入陷阱，如何跨越〔N〕，《光明日报》，2012-12
〔148〕王莉荣，跨越中等收入陷阱、挑战与发展战略〔J〕，《广西社会科学》，2013（01）
〔149〕《中国制造 2025》解读之：实施制造强国战略第一个十年的行动纲领〔J〕，《质量春秋》，2017
〔150〕程斌，智能决策的企业管理——基于数字化驱动的创新发展模式〔J〕，2020（32）
〔151〕王永忠，基于 OpenGL 的虚拟机床建模与仿真〔D〕，西北工业大学，2004
〔152〕周天勇，吕国胜，经济发展与国民经济信息化〔N〕，光明日报，1998-1
〔153〕夏德仁，把握制造业高质量发展的着力点〔N〕，人民日报，2019-11
〔154〕周向红，成鹏飞，助力智能制造高质量发展的四个抓手〔N〕经济日报，2019-4
〔155〕刘彤，方正梁，“5G+ 工业互联网”将助力数字建设取得突破性进展〔N〕，人民邮电报，2020-11
〔156〕陈皓颖，云桌面技术在高校计算机实验室中的应用〔J〕，《防护工程》，2018（12）
〔157〕李成，安纯前，射频技术及其军事应用〔J〕，《国防技术基础》，2006（7）
〔158〕岳建明，林玳玳，我国智能交通产业与物联网技术的融合与发展分析〔J〕，《生产力研究》，2012(5)
〔159〕伊平，物联网安全与隐私保护探究〔J〕，《现代交际》，2017（9）
〔160〕蒋晓静，物联网的应用情况及发展方向〔J〕，新丝路杂志，2016（11）
〔161〕吴皓琨，钟凌江，适度超前，加大信息基础设施建设力度〔N〕，人民邮电报，2021-12-23
〔162〕吴玉督，国外信息产业发展经验研究〔J〕，《宏观经济管理》，2014（5）
〔163〕张建华，创新驱动产业结构优化升级〔N〕，中国社会科学报，2019-4-23
〔164〕朱洪波，物联网，开启万物互联时代〔N〕，《人民日报》，2020-3-17
〔165〕钟方伟，周平，马斌，浅谈物联网关键技术的发展与应用〔J〕，电子商务与电子政务，2017（9）
〔166〕许宝，智能制造系统〔C〕，贵州大学，2017（9）
〔167〕王冬梅，传统制造企业智能制造发展探索〔J〕，中国设备工程，2020（3）
〔168〕张曙，智能制造及其实现途径〔J〕，《金属加工（冷加工）》，2016（17）
〔169〕张映锋，张党，任杉，智能制造及其关键技术研究现状与趋势综述 [J]，《机械科学与技术》，2019（3）
〔170〕王政，为制造强国建设插上数字化“翅膀”〔N〕，《人民日报》，2022-2-23
〔171〕陈琛，智慧发展助力产业集群转型升级〔J〕，《电气时代》，2017（5）
〔172〕余建斌，智能化释放发展新动能 加速制造向“智造”转变〔N〕，人民日报，2020-7
〔173〕尹灵芝，我国保险公司运用 ERP 系统的探讨〔D〕，西南财经大学，2003
〔174〕罗霄峰、林霞，我国企业 ERP 实施分析 [J]. 中小企业管理与科技，2011（2）
〔175〕胡滢，射频识别技术在电子商务物流中的应用〔J〕，《物流工程与管理》，2015（7）
〔176〕刘玉书，王文，中国智能制造发展现状和未来挑战〔J〕，《人民论坛·学术前沿》，2018（8）
〔177〕曲鸿瑞，张皓，智能制造是未来制造业发展重大趋势〔N〕，重庆晨报，2018-8

〔178〕朱明皓，以智能制造为主攻方向推动产业链数字化转型〔N〕，经济参考报，2021-6
〔179〕李麒，杨大雷，远程智能运维——核心要素和内涵〔J〕，宝钢技术，2019（6）
〔180〕郭文荣，贺妍，智能远程运维技术支持系统开发〔J〕，《科技与创新》，2020（24）
〔181〕庄荣文，加快数字化发展 建设数字中国〔N〕，人民日报，2021-11
〔182〕郭德龙，地铁供电系统智能运维架构与功能实现〔J〕，《城市轨道交通研究》，2020（1）
〔183〕欧阳劲松，刘丹等，德国工业4.0参考架构模型与我国智能制造技术体系的思考〔J〕，《自动化博览》，2016（3）
〔184〕孙博，康锐等，故障预测与健康管理系统研究和应用现状综述〔J〕，系统工程与电子技术，2007（10）
〔185〕周天勇，吕国胜，经济发展与国民经济信息化〔N〕，光明日报，1998-1
〔186〕庄重，基于数字孪生的设备大数据智能运维平台构建〔J〕，《四川建筑》，2021（8）
〔187〕智能高铁战略研究(2035)项目组，中国工程院重大咨询研究项目“智能高铁战略研究（2035）”通过工程院结题评审〔J〕，《中国铁路》，2020（1）
〔188〕周碧松，何智颖，傅俊翔，加强联合科研组织模式创新〔N〕，《中国军网》，2020-7-30
〔189〕肖荣美，霍鹏，以工业互联网为关键抓手推动制造业产业链现代化〔N〕，长沙大学学报，2020（1）
〔190〕谭莹，李大胜，企业自主创新——技术创新和组织创新——基于企业创新能力理论的文献回顾〔J〕，广东：《科技管理研究》，2014（4）
〔191〕中国社会科学院工业经济研究所研究员陈晓东，推动区域数字经济协调发展〔N〕，经济日报，2022-1-20
〔192〕余建华，冉艳丽，刘德明，新型智能传感器的发展与应用〔J〕，《中国建设信息化》，2017（17）
〔193〕张冈，陈幼平，谢经明，基于现场总线的网络化智能传感器研究〔J〕，《传感器与微系统》，2002（9）
〔194〕陈节节，超宽带无线网络的部分窗口多拒绝ARQ机制应用研究〔D〕，华中科技大学，2011
〔195〕吴皓琨，钟凌江，适度超前，加大信息基础设施建设力度〔N〕，人民邮电报，2021-12-23
〔196〕胡皓，市场基础作用与政府恰当干预的有效融合——韩国现代化模式的成功经验之一〔J〕，《社会科学战线》，2004（2）
〔197〕曾宝国，曾妍，高职工业物联网专业方向课程体系的构建〔J〕，物联网技术，2021（8）
〔198〕刘纪生，抓住技术创新的关键点——产业关键共性技术亟待突破〔N〕，中国冶金报，2012-9-27
〔199〕王昌林，以推动高质量发展为主题〔N〕，人民日报，2020-11-17
〔200〕蒋白桦，聚焦创新全力推进智能制造向纵深发展〔N〕，中国工业报，2022-1-20
〔201〕李正，政策力推“5G+工业互联网”融合创新发展 带动制造业提效升级〔N〕，

证券日报，2020-12-31
〔202〕智能制造业的发展现状及对策研究〔N〕，京西时报，2017-03-07
〔203〕刘军，信息物理融合系统在仓储监控管理中的应用研究〔J〕，中国流通经济，2011（7）
〔204〕黄茂兵，杨二鹏，邓渠成，县域绿色发展与改革试点的集成探索及其对策研究——以广西乐业县为例〔J〕，农业资源与环境学报，2022-04-19
〔205〕叶晓楠，小订单也能生产 个性化更有市场 柔性制造 中国智造〔N〕，人民日报（海外版），2020-11-3
〔206〕郭永安，面向物联网产业发展的协同创新人才培养研究〔J〕，《创新创业理论研究与实践》，2018（12）
〔207〕朱宏任，推进智慧企业建设，赋能高质量发展〔J〕，《企业管理》，2020（2）

三、互联网

〔208〕单志广，精准施策助力企业数字化转型"爬坡过坎"——《关于推进"上云用数赋智"行动 培育新经济发展实施方案》解读〔OL〕，国家发改委网站，2020-5-29，https://www.ndrc.gov.cn/xxgk/jd/wsdwhfz/202005/t20200529_1229457.html?code=&state=123
〔209〕杭州市人民政府，市政府关于加快推进杭州市智能制造促进产业转型发展的指导意见，2015，http://www.hangzhou.gov.cn/art/2015/8/28/art_1256295_7049381.html
〔210〕中国机械工业联合会，《"十四五"智能制造发展规划》解读之：智能制造 新时期新使命〔OL〕，2022 年 1 月，http://www.cinn.cn/zbgy/202112/t20211231_251673.shtml，
〔211〕国务院印发《中国制造 2025》明确 9 项战略任务重点〔J〕，人民网，http://finance.people.com.cn/n/2015/0519/c1004-27024042.html
〔212〕推动制造业与互联网融合有利于形成叠加效应、聚合效应、倍增效应〔DB/OL〕，中国政府网，http://www.gov.cn/xinwen/2016-05/06/content_5070869.htm
〔213〕王泽红，以"物联网 + 应用平台"为核心 构建智能制造全新技术体系〔DB/OL〕，控制工程网，2016（6），http://www.cechina.cn/m/article.aspx?ID=55185
〔214〕物联网在工业领域的应用〔DB/O〕，百度文库，2012（4），https://wenku.baidu.com/view/239ea59f763231126edb11e2.html
〔215〕智能化物流将迎来较长发展机遇期〔DB/OL〕，搜狐，2016（5），https://www.sohu.com/a/78809657_282196
〔216〕物联网技术在电力行业中的应用〔DB/OL〕，百度文库，2020（3），https://3g.163.com/dy/article/EBMHCGMD05382L54.html
〔217〕物联网白皮书：全球物联网正在进入发展新阶段〔DB/OL〕，电子发烧友，2017（1），https://blog.csdn.net/weixin_34226706/article/details/90495774
〔218〕马礼，工业物联网及其典型特征〔DB/OL〕，搜狐，2021（4），https://www.sohu.com/a/457865229_120108384
〔219〕《2019 中国区块链产业发展报告》：全方位梳理产学研发展现状及趋势〔DB/OL〕，自链财经，2019（12），https://www.zilian8.com/245629.html
〔220〕并行工程与敏捷制造〔DB/OL〕，道客巴巴，2020（4），

https://www.doc88.com/p-7748260588365.html，
〔221〕李伦，智能制造的发展趋势及启示〔DB/OL〕，中国宁波网，2016（11），https://m.sohu.com/a/118583447_162758/?pvid=000115_3w_a
〔222〕工业智能化：制造业的智能升级之路〔DB/OL〕，金融界，2019（11），https://www.sohu.com/a/308531365_120059205
〔223〕中国智能制造发展整体呈现新特征与新趋势〔DB/OL〕，电子发烧友，2020（9），https://m.elecfans.com/article/1286663.html
〔224〕国外工业互联网对我国发展的启示〔DB/OL〕，信息化观察网，2017（2），https://www.infoobs.com/article/36665/jie-jian-guo-wai-gong-ye-hu-lian-wang-dui-wo-guo-fa-zhan-de-qi-shi.html
〔225〕全球智能制造发展模式及我国智能制造发展现状〔DB/OL〕，百度文库，2018，https://wenku.baidu.com/view/a71b3b14876a561252d380eb6294dd88d1d23d6b.html
〔226〕智能制造的内涵和特征〔DB/OL〕，道客巴巴，2020（6），https://www.doc88.com/p-27539763193142.html?r=1
〔227〕智能生产：智能制造的主线〔DB/OL〕，原创力文档，2020（8），https://max.book118.com/html/2021/0726/6225150031003221.shtm
〔228〕世界制造业发展新趋势分析及启示〔DB/OL〕，百度文库，2020（2），https://wenku.baidu.com/view/8b1c83b1cd84b9d528ea81c758f5f61fb73628af.htm
〔229〕3D 软件构建全三维数字化设计平台助力中国智造〔DB/OL〕，原创力文档，2020（6），https://max.book118.com/html/2021/0928/8031100135004011.shtm
〔230〕数字化车间建设主线、实施策略及选型原则〔DB/OL〕，CIO 时代，2018（6），http://www.ciotimes.com/manufacturing/162164.html
〔231〕数字化车间，智能制造主战场〔DB/OL〕，好向圈，2018（10），https://www.kuaixunai.com/thread-1406104-1-1.html
〔232〕中国制造业智能化革命的核心环节〔DB/OL〕，搜狐，2018-8，https://www.sohu.com/a/254317406_251620
〔233〕智能制造的五种模式〔DB/OL〕，百度文库，2019-6，https://blog.csdn.net/tiantianqiutian/article/details/114281705
〔234〕全省实施“万企融合”大行动推动大数据与工业深度融合方案〔DB/OL〕，百度文库，2019-4，https://wenku.baidu.com/view/ae10bb8c91c69ec3d5bbfd0a79563c1ec4dad767.html
〔235〕一场重构能源电力产业链的“数字转型实验”〔DB/OL〕，北极星电力新闻网，2020-7，https://baijiahao.baidu.com/s?id=1672379137851666822&wfr=spider&for=pc
〔236〕发展工业互联网和工业数字经济的 14 条建议〔DB/OL〕，百度文库，2018-5，https://wenku.baidu.com/view/0db5b813940590c69ec3d5bbfd0a79563d1ed417.html
〔237〕促进虚拟经济与实体经济良性互动〔DB/OL〕，南开大学，2020-5，https://esd.nankai.edu.cn/2020/0528/c5677a275047/page.htm
〔238〕赛博—实体系统 CPS 如何助力工业智能化？〔DB/OL〕，搜狐，2017-4，https://www.sohu.com/a/142977473_680938

〔239〕工业互联网迎发展元年工业机器人加速成长〔DB/OL〕，控制工程网，2018-4，
http://article.cechina.cn/18/0416/09/20180416095411.htm
〔240〕程硕，首入政府工作报告“新基建”为产业发展注入数字动力〔DB/OL〕，新华社，2020-3，https://baijiahao.baidu.com/s?id=1667627198894458131&wfr=spider&for=pc
〔241〕物联网“新基建”发展关键问题面临“十年”之变〔DB/OL〕，腾讯网，2020-4，
https://xw.qq.com/cmsid/20200402a0brku00
〔242〕工业物联网及其关键技术〔DB/OL〕，百度文库，2020-1，
https://baijiahao.baidu.com/s?id=1654514327055713001&wfr=spider&for=pc
〔243〕方向标：物联网产业发展综述和技术创新趋势〔DB/OL〕，搜狐，2018-10，
https://www.sohu.com/a/260243021_505884
〔244〕工业云和IT云、大数据、物联网、工业软件、先进制造的关系〔DB/OL〕，个人图书馆，2020（11），http://www.360doc.com/content/12/0121/07/72286766_944515509.shtml
〔245〕工业互联网要做到全要素、全产业链、全价值链的全面连接〔DB/OL〕，新华网，2019（10），http://www.xinhuanet.com/info/2020-07/26/c_139241067.htm
〔246〕远程运维服务模式研究〔DB/OL〕，原创力文档，2020-5，
https://max.book118.com/html/2021/0117/6032150235003051.shtm
〔247〕企业业务推动力 深挖智慧时代背后的研发体系〔DB/OL〕，知科技，2018（1），
https://g.pconline.com.cn/x/1061/10619245.html
〔248〕智能研发的八大支撑要素〔DB/OL〕，网易，2018（6），
https://3g.163.com/dy/article/DSAA69GO0511PT5V.html
〔249〕智能研发的实现途径〔DB/OL〕，搜狐，2019（8），
https://www.sohu.com/a/333270418_99960805
〔250〕软件开放服务平台将是数字经济下的新趋势〔DB/OL〕，华尔街见闻，2018（12），
https://baijiahao.baidu.com/s?id=1620269381395644558&wfr=spider&for=pc
〔251〕全球数字经济十大发展趋势，深入分析全球各国数字经济主要战略〔DB/OL〕，天天文库，2020（8），https://www.wenku365.com/p-27849946.html
〔252〕在云环境下构建集团管控平台的建议〔DB/OL〕，道客巴巴，2017（9），
http://www.doc88.com/p-4072258010599.html
〔253〕SAP：智慧企业是未来企业的发展方向〔DB/OL〕，搜狐，2012（3），
https://www.sohu.com/a/253401024_118794
〔254〕智能自主，全面赋能，聚焦中国企业的智慧发展之路DB/OL〕，网易，2019（12），
https://www.163.com/dy/article/F0Q5QGB50514C9UO.html
〔255〕MES的基础数据管理模块功能简介〔DB/OL〕，百度文库，2020-1，
https://wenku.baidu.com/view/d3cf28f0c2c708a1284ac850ad02de80d4d80681.html
〔256〕云WMS系统：让仓库管理更加的智能化〔DB/OL〕，知乎网，2017-12，
https://zhuanlan.zhihu.com/p/31684823
〔257〕设备全生命周期管理平台，助力实现闭环设备管理〔DB/OL〕，豆丁网，2022-9，
https://www.docin.com/p-3289046036.html

〔258〕十大核心要素助力智能工厂规划建设〔EB/OL〕，百度文库，2018-5，
https://baijiahao.baidu.com/s?id=1600681601282807116&wfr=spider&for=pc
〔259〕智能工厂，未来制造业发展方向〔EB/OL〕，百度文库，
https://wenku.baidu.com/view/aaff927cff0a79563c1ec5da50e2524de418d052.html
〔260〕传感器，百度百科，
https://baike.baidu.com/item/%E4%BC%A0%E6%84%9F%E5%99%A8/26757?fr=aladdin
〔261〕传感器行业现状及未来发展前景深度解读〔OL〕，百度文库，
https://wenku.baidu.com/view/06c0dd35660e52ea551810a6f524ccbff121cafa.html
〔262〕新基建为智慧城市建设提供更广阔的前景〔OL〕，信息化观察网，
https://www.infoobs.com/article/20200715/40681.html
〔263〕2018 年我国区块链发展现状及未来趋势分析，百度文库，
https://max.book118.com/html/2022/0210/8132136057004056.shtm
〔264〕徐明：聚焦创新，力维启航智联网 (AIoT) 战略，百度文库，
https://baijiahao.baidu.com/s?id=1608947804193456720&wfr=spider&for=pc
〔265〕中国智能制造发展现状和未来挑战，腾讯，https://xw.qq.com/cmsid/20220222A08XPH00
〔266〕面向工业互联网的智能制造体系〔OL〕，豆丁网，
https://www.docin.com/p-2180503686.html
〔267〕智慧工厂人员定位系统解决方案案例详解〔OL〕，物联网世界网，
http://www.iotworld.com.cn/html/html/Sol/197a07dce578e0e2.shtml
〔268〕智能制造技术体系的新思考〔OL〕，控制工程网，
http://article.cechina.cn/16/0406/07/20160406072336.htm
〔269〕DSHP 分层强化学习在故障诊断与预测中的研究〔D〕，豆丁网，西北工业大学，
https://www.docin.com/p-56957141.html
〔270〕2019 年中国智能制造的发展现状以及十大趋势〔OL〕，凤凰新闻网，
https://ishare.ifeng.com/c/s/7qHEwFwzH67
〔271〕SCM 供应链管理，百度文库，https://blog.csdn.net/puppyli/article/details/1473261
〔272〕自动化立体仓库，道客巴巴，http://www.doc88.com/p-356295977985.html
〔273〕工业互联网产业联盟——工业大数据分析指南〔OL〕，原创力文档，
https://max.book118.com/html/2019/0403/7046000050002016.shtm
〔274〕《中国制造 2025》，百度文库，
https://wenku.baidu.com/view/81e4b806b9d528ea80c77934.html
〔275〕苏州智能工业六大环节解释〔DB/OL〕，道客巴巴，
https://www.doc88.com/p-3985541726987.html
〔276〕智能制造与智能装备的关键技术和发展趋势〔OL〕，百度文库，
https://wenku.baidu.com/view/3320c9c53d1ec5da50e2524de518964bcf84d2ef.htm
〔277〕《信息物理系统白皮书（2017）》〔OL〕，道客巴巴，
http://www.doc88.com/p-8728618276847.html
〔278〕cad capp cam 发展趋势〔DB/OL〕，豆丁网，https://www.docin.com/p-482339988.html

〔279〕张劲泉：移动互联网催生道路交通的新模式、新业态，搜狐网，
https://www.sohu.com/a/194447449_526279
〔280〕工业物联网白皮书〔OL〕，道客巴巴，
https://www.doc88.com/p-3925945383662.html?r=1
〔281〕预测与健康管理 (PHM) 技术现状与发展〔OL〕，百度文库，
https://wenku.baidu.com/view/2160f6e0524de518964b7db8.html
〔282〕工业互联网体系架构〔OL〕，百度文库，
https://wenku.baidu.com/view/f76b2150c9aedd3383c4bb4cf7ec4afe05a1b171.html
〔283〕智能化物流将迎来较长发展机遇期〔DB/OL〕，艘狐，
https://www.sohu.com/a/78809657_282196
〔284〕朱宏任：携手共进聚资源 加快企业数字化转型〔DB/OL〕，百度文库，
https://www.bilibili.com/read/cv8430534/
〔285〕移动互联时代的高效企业管理术：OA 向智慧协同进化〔DB/OL〕，搜狐，
https://www.sohu.com/a/201502288_297156
〔286〕智能制造装备行业现状及十四五发展趋势分析〔DB/OL〕，玻璃工业网，
http://www.chinaglassnet.com/info_main/202056/35330.html
〔287〕基于 5G 边缘计算的智能柔性生产〔DB/OL〕，凤凰新闻网，
https://ishare.ifeng.com/c/s/7v01l5dj4kx
〔288〕企业业务推动力 深挖智慧时代背后的研发体系〔EB/OL〕，维科网光通讯，
https://fiber.ofweek.com/2018-01/ART-210007-8500-30186870.html
〔289〕物联网场景应用十大领域，布局智慧城市，搜狐，
https://www.sohu.com/a/323349293_594016
〔290〕智能制造：中国制造业转型升级的必由之路〔OL〕，电子发烧友，2020-10，
http://www.elecfans.com/article/89/2020/202010141330342.html
〔291〕PHM 故障预测与健康管理〔OL〕，国际智能制造产业联盟，
http://smartmfg.org/sa_lmzk/shownews.php?lang=cn&id=481
〔292〕智能制造——跨入精益管理新时代〔DB/OL〕，信息化观察网，
https://baijiahao.baidu.com/s?id=1611960467149473137&wfr=spider&for=pc
〔293〕工业物联网：智能制造的关键〔OL〕，物联网世界，
http://news.rfidworld.com.cn/2017_02/20d46bb191e32615.html
〔294〕区块链构建智慧城市运转新内核〔OL〕，豆丁网，2020-8，
https://www.docin.com/p-2455423473.html
〔295〕广西“未来工厂”、智能工厂和数字化车间关键要素〔OL〕，百度文库，
https://wenku.baidu.com/view/f9719c3ea000a6c30c22590102020740be1ecd6d.html
〔296〕中华人民共和国国民经济和社会发展第十四个五年规划和 2035 年远景目标纲要〔OL〕，中国政府网，http://www.gov.cn/xinwen/2021-03/13/content_5592681.htm
〔297〕中国服务型制造行业发展现状及对策分析〔DB/OL〕，控制工程网，2018（11），
http://article.cechina.cn/18/0601/09/20180601093704.htm